能源与动力工程概论

潘小勇 编著

江西高校出版社
JIANGXI UNIVERSITIES AND COLLEGES PRESS

图书在版编目(CIP)数据

能源与动力工程概论/潘小勇编著. --南昌:江西高校出版社,2019.11(2022.2重印)

ISBN 978-7-5493-9117-2

Ⅰ. ①能… Ⅱ. ①潘… Ⅲ. ①能源—概论 ②动力工程—概论 Ⅳ. ①TK

中国版本图书馆CIP数据核字(2019)第228859号

出版发行	江西高校出版社
社　　址	江西省南昌市洪都北大道96号
总编室电话	(0791)88504319
销售电话	(0791)88522516
网　　址	www.juacp.com
印　　刷	天津画中画印刷有限公司
经　　销	全国新华书店
开　　本	700mm×1000mm　1/16
印　　张	18
字　　数	280千字
版　　次	2019年11月第1版
	2022年2月第2次印刷
书　　号	ISBN 978-7-5493-9117-2
定　　价	58.00元

赣版权登字-07-2019-878

前　　言

本书涵盖了能源与动力工程领域的主要分支学科，以为读者提供更多的能源与动力知识为目标。全书共分七个部分：绪论、常规能源、可再生能源、能源与动力、能源与环境、能源与交通、节能。本书有较强的实用性和知识性，高等院校热能与动力工程专业的学生可根据其选修方向有针对性地学习相关单元。

当今社会能源紧缺，全球化石资源储量的稀缺毋庸置疑，开发新能源是未来广为关注的研究课题。新能源的研发和应用会直接影响到交通行业的未来命运，率先生产出新能源产品将成为利在当代、功在千秋的伟业。

人民的生活已离不开能源。但是在发展的同时，人们也越来越感受到大规模使用化石燃料所带来的严重后果：资源日益枯竭，环境不断恶化，还诱发了不少国家之间、地区之间的政治经济纠纷甚至是冲突和战争。为了人类社会的永久和谐，我们必须寻找一种清洁的、安全可靠的可持续能源系统。因此，发展新能源交通成为世界交通发展的必然选择。石油价格不断飙升以及新能源交通显示出的使用成本低的优势，让各大厂商看到了新能源交通的发展空间，开始加大研发和推广的力度。

目　　录

第一章　绪　　论

第一节　能源的基本概念

1. 能源的定义

能源亦称能量资源或能源资源，是可产生各种能量（如热量、电能、光能和机械能等）或可做功的物质的统称。

2. 能源与自然资源的区别

（1）能源和自然资源的概念外延是交叉关系，即有一些自然资源不属于能源，如铁矿石、铝土等；而有一些自然资源本身也属于能源，如煤、石油、天然气等。另外，还有一些能源不属于自然资源，如核电、水电、火电等。

（2）自然资源必须直接来源于自然界，而且具有自然属性；而能源则不同，它既可以直接来源于自然界，也可以间接来源于自然界，既具有自然属性又具有经济属性。

3. 能源的分类

能源种类繁多，而且经过人类不断的开发与研究，更多新型能源已经开始能够满足人类需求。根据不同的划分方式，能源也可分为不同的类型。

首先，根据产生的方式以及是否可以再利用，能源可分为一次能源和二次能源、可再生能源和不可再生能源。

一次能源：从自然界取得的未经任何改变或转换的能源，包括可再生的水力资源和不可再生的煤炭、石油、天然气资源，其中包括水、石油和天然气在内的三种能源是一次能源的核心，它们成为全球能源的基础。此外，太阳能、风能、地热能、潮汐能、生物能以及核能等可再生能源也被包括在一次能源的范围内。

二次能源：一次能源经过加工或转换得到的能源，包括电力、煤气、汽油、柴油、焦炭、洁净煤、激光和沼气等。一次能源转换成二次能源会有转换损失，但二次能源有更高的终端利用效率，也更清洁和便于使用。

可再生能源：指在自然界中可以不断再生、永续利用、取之不尽、用之不竭的资源。它对环境无害或危害极小，而且资源分布广泛，适宜就地开发利用。可再生能源主要包括太阳能、风能、水能、生物质能、地热能和海洋能等。

不可再生能源：泛指人类开发利用后，在现阶段不可能再生的能源资源。如煤和石油都是古生物的遗体被掩压在地下深层中，经过漫长的地质年代而形成的（故也称为“化石燃料”），一旦被燃烧耗用后，不可能在数百年乃至数万年内再生，因而属于“不可再生能源”。

其次，根据能源消耗后是否造成环境污染，能源可分为污染型能源和清洁型能源。污染型能源包括煤炭、石油等，清洁型能源包括水力、电力、太阳能、风能以及核能等。绿色能源也称清洁能源，它可分为狭义和广义两种概念。狭义的绿色能源是指可再生能源，如水能、生物能、太阳能、风能、地热能和海洋能。这些能源消耗之后可以恢复补充，很少产生污染。广义的绿色能源则包括在能源的生产及其消费过程中，选用对生态环境低污染或无污染的能源，如天然气、清洁煤（将煤通过化学反应转变成煤气或“煤”油，通过高新技术严密控制的燃烧转变成电力）和核能等。

中国作为一个发展中国家，经济实力和科技水平有限，要实现可持续发展，今后几十年内仅仅着眼于再生能源的开发利用是不现实的，所以广义的绿色能源概念对中国更有意义。

再次，根据使用的类型，能源又可分为常规能源和新型能源。

常规能源：在现有经济和技术条件下已经大规模生产和广泛使用的能源，包括一次能源中的可再生的水力资源和不可再生的煤炭、石油、天然气、水能和核裂变能等资源。

新型能源：在新技术上系统开发利用的能源，包括太阳能、风能、地热能、海洋能、生物能以及用于核能发电的核燃料等能源。新能源大部分是天然和可再生的，是未来世界持久能源系统的基础。

最后，能源还可以分为商品能源和非商品能源。

商品能源：作为商品流通环节大量消耗的能源。目前，商品能源主要有煤炭、石油、天然气、水电和核电5种。

非商品能源:就地利用的薪柴、秸秆等农业废弃物及粪便等能源,通常是可再生的。非商品能源在发展中国家农村地区的能源供应中占有很大比重。2005年,我国农村居民生活用能源有53.9%是非商品能源。

随着全球各国经济发展对能源需求的日益增加,现在许多发达国家更加重视对可再生能源、环保能源以及新型能源的开发与研究;同时我们也相信随着人类科学技术的不断进步,专家们会不断研究开发出更多新能源来替代现有能源,以满足全球经济发展与人类生存对能源的高度需求,而且我们能够预计地球上还有很多尚未被人类发现的新能源正等待我们去探寻与研究。

4. 常见能源介绍

原煤:原煤是指煤矿生产出来的未经洗选、筛选加工而只经人工捡矸的产品,包括天然焦及劣质煤等。按其炭化程度,原煤可分为泥煤、褐煤、烟煤、无烟煤。原煤主要用于动力,也有一部分用于工业原料和民用原料。

焦炉煤气:焦炉煤气是指用几种烟煤配成炼焦用煤,在炼焦炉中经高温干馏(隔绝空气情况下加热分解)后,在产出焦炭和焦油产品的同时所得到的可燃气体,是炼焦产品的副产品。焦炉煤气主要用作燃料和化工原料。

天然气:天然气是指地层内自然存在的以碳氢化合物为主体的可燃性气体,在动力工业、民用燃料、工业燃料、冶金、化工各方面有广泛应用。

汽油:汽油是指从原油分馏和裂化过程中取得的挥发性高、燃点低、无色或淡黄色的轻质油。汽油按用途可分航空汽油、车用汽油、工业汽油等。

煤油:煤油是一种精制的燃料,挥发度在车用汽油和轻柴油之间,不含重碳氢化合物,按用途可分为灯用煤油、拖拉机用煤油、航空用煤油和重质煤油。煤油除了作为燃料,还可作为机器洗涤剂以及医药工业和油漆工业的溶剂。

柴油:柴油是指炼油厂炼制石油时,从蒸馏塔底部流出来的液体,属于轻质油,其挥发性比煤油低,燃点比煤油高。根据凝点和用途的不同,柴油分为轻柴油、中柴油和重柴油。轻柴油主要作为柴油机车、拖拉机和各种高速柴油机的燃料。中柴油和重柴油主要作为船舶、电站等各种柴油机的燃料。

燃料油:燃料油也称重油,是炼油厂炼油时,提取汽油、煤油、柴油之后,从蒸馏塔底部流出来的渣油,加入一部分轻油配制而成,其主要用于锅炉燃料。

液化石油气:液化石油气亦称液化气或压缩汽油,是炼油精制过程中产生并回收的气体在常温下经过加压而成的液态产品。液化石油气主要用于石油化工原料,脱硫后可直接做燃料。

热力:热力是指可提供热源的热水和过热或饱和蒸汽,包括使用单位的外购蒸汽和热水,不包括企业自产自用的蒸汽和热水。

电力:电力是指发电机组进行能量转换产出的电能量,包括火力发电、水力发电、核能发电和其他动能发电。

第二节 能源与人类文明

1. 人类利用能源的几个阶段

人类的文明始于火的使用,燃烧现象是人类最早的化学试验之一,燃烧把化学与能源紧密地联系在一起。人类巧妙地利用化学变化过程中所伴随的能量变化,创造了五光十色的物质文明。在人类社会的发展历史进程中,我们可以找到能源品种不断开发、不断更替的案例。以所使用的主要能源作为划分依据,人类利用能源的阶段主要分为柴草能源时期、煤炭能源时期、石油能源时期和多元化新能源时期。

柴草能源时期:从火的发现到18世纪工业革命期间,树枝、杂草一直是人类使用的主要能源。柴草不仅能烧烤食物,驱寒取暖,还被用来烧制陶器和冶炼金属。

陶器是人类利用火制造出来的第一种自然界不存在的器具,世界古文明发源地都在新石器时代中后期出现过陶器。把自然界的黏土加水调和,揉捏成一定形状的泥坯,晾干后用柴火烧烤,使黏土的部分成分发生化学变化,冷却后即成为质地坚硬的陶器。在陶器的基础上发展演变而来的瓷器,至今还受到人们的青睐。制陶技术的成熟也为金属冶炼和铸造技术的发展提供了条件。在金属冶炼技术的发展史中,以铜为先,翠绿色的孔雀石和深蓝色的蓝铜矿是铜的两种常见矿石,它们的主要成分是碱式碳酸铜。铜的熔点比较低,为1083.4 ℃(铁的熔点是1538 ℃)。在陶制容器中用木炭可将碱式碳酸铜还原成金属铜,然后铸成各种形状的器皿和用具。考古学已证实在公元前3000年,亚、非、欧广大地区已普遍掌握了用木炭炼铜的技术。金属材料的出现加速了人类文明的进程。

煤炭能源时期:煤炭的开采始于13世纪,而大规模开采并使其成为世界的主要能源则是18世纪中叶的事了。1769年,瓦特改良了蒸汽机,煤炭作为蒸汽机的动力之源而受到关注。第一次工业革命期间,冶金工业、机械工业、交通运输业、化学工业等的发展,使煤炭的需求量与日俱增,直至20世纪40年代末,在世界能源消费中,煤炭仍占首位。煤是发热量很高的一种固体燃料。它的主要成分是碳(C),还有一定量的氢(H)和少量的氧(O)、氮(N)、硫(S)和磷(P)等。煤是既含有机物又含无机物的复杂混合物。煤可以直接当燃料使用,但从物尽其用的角度来看,应多提倡煤的综合利用。例如煤经过干馏,可以分别得到焦炭、煤焦油和焦炉气。焦炭可以供炼铁用;煤焦油可提取苯、萘、酚等多种化工原料;从焦炉气中也可提取一定量的化工原料,也可直接作为气体燃料,其污染性远低于直接烧煤。煤炭的利用使人类获得了更高的温度,推动了金属冶炼技术的发展,工业革命后100多年生产力的发展促进了人类近代社会的进步。

石油能源时期:第二次世界大战之后,在美国、中东、北非等地区相继发现了大油田及伴生的天然气,每吨原油产生的热量比每吨煤高一倍。石油炼制得到的汽油、柴油等是汽车、飞机用的内燃机燃料。世界各国纷纷开始进行石油的勘探和炼制,新技术和新工艺不断涌现,石油产品的成本大幅降低,发达国家的石油消费量猛增。到20世纪60年代初期,在世界能源消费统计表里,石油和天然气的消耗比例开始超过煤炭而居首位。

多元化新能源时期:20世纪至今,随着矿物能源使用的负面影响越来越大,人们更加重视通过不同途径寻求能源。利用核能是人类发展史上的大事。核能的军事利用,使人类面临着毁灭的潜在危险。核能的和平利用,使人类找到了一种潜力巨大的能源。这一时期,人类开发利用的新能源还有太阳能、风能、地热能、海洋能、生物质能、氢能等,其中对风能、水能、生物质能的利用已经大大超越了古时候效率低下的利用形式。

2. 能源危机

人类利用能源的历史表明，随着科学技术和社会生产力的发展，旧能源不断被新能源所取代，因而能源的更替是一种不可避免的趋势，在大力发展和利用常规能源的同时，必须充分注意探索和发展新能源。“二战”后，特别是20世纪50年代中期至70年代初期，世界工业发达国家在石油廉价的特殊历史条件下，先后完成了从以煤为主到以石油为主的能源转换，许多发达国家的经济增长迅速，而经济的增长又导致了这些国家对石油的需求量猛增。总体来看，能源生产能力增长缓慢，能源消费需求却快速上升。世界能源会议统计，世界已探明可采煤炭储量共计15980亿吨，预计还可开采200年；探明可采石油储量共计1211亿吨，预计还可开采30～40年；探明可采天然气储量共计119万亿立方米，预计还可开采60年；探明可采铀储量共计235.6万吨（未包括中央计划国家）。进入21世纪以来，国际市场的能源价格持续走高，能源的日益紧缺也造成了国际局势的紧张。大国纷纷加强对能源产地的控制，以夺得未来竞争的优势。

所谓能源危机，是指可供我们人类利用的能源的不充分，而不是能源本身的不足。能源危机具体包括以下几点：一是能源转化的方向性，即并不是所有的能源都能够被人类利用；二是能源分布的不均性；三是日益增加的人口导致能量分配不足。总之，由于石油、煤炭等目前大量使用的传统化石能源枯竭，同时新的能源生产供应体系又未能建立而在交通运输、金融业、工商业等方面造成的一系列问题统称能源危机。

凡是超越社会制度的差异和意识形态的分歧，具有全球规模的普遍性和复杂性，涉及整个人类当前和长远的共同利益，对人类的生存和发展关系重大，并需要不同社会制度国家在全球范围内共同关注，通过协调一致的国际行动来加以解决的一系列问题，都可称为全球性问题。能源危机就是一个很典型的全球性问题，关系到人类社会的未来。它是以石油为代表的化石能源资源总量已达极限、产量即将出现拐点，同时人类还没有找到能够大量替代化石能源的新能源而导致的结果。

导致能源危机的原因不仅仅是人类的过度开采，还包含着一个深刻的复杂的大自然本身发展的规律性因素，这就是能量转换的守恒定律和能量转换的不可逆定律。前一定律指的是宇宙间的总能量是一个恒定的常量,能量在转换过程中既不创生也不消失;后一定律指的是宇宙间的能量总是从有效能向无效能转换,转换过程中其方向是不可逆的,这也就是人们通常所说的热力学第二定律或熵增定律。正是这两大最基本的能量定律从根本上决定了世界范围内的能源必将日益短缺,环境必将逐步恶化。这是因为,无论是自然界的演化还是人类社会的发展都离不开能量这个最基本的要素。能量是一切物质存在和运动的根本动因,关于能量的基本定律也正是一切物质存在和运动所必须遵从的基本规律。尽管人类社会的发展还需遵从更高层次的发展规律,但是作为自然的物质的一面,人类社会也必然要遵从这最底层的基本规律。人类的一切活动都离不开能量,而且在人类的活动中总会把一部分有效能转换为无效能。

从人类利用能源的进程中可以看出,旧能源不断被新能源所取代的过程就是一次能源危机与解决能源危机的过程。由此得出,能源危机不仅是工业革命与经济增长的原因,是能量守恒与转化定律的必然结果,还是人类社会发展前进、人类文明进步的深层代价。假设地球上没有人类,地球也不会安然无恙地存在下去,仍有它诞生、演化和衰亡的规律,只是在人类诞生以后,自然界不再按照原有的缓慢的规律运动,而是逐步演化成了人化的自然。其运动的速度因人类的活动而大大加剧。这次能源危机与以往的能源危机相比,其本质仍是自然界最基本的定律——能量定律的作用,不同的是人类活动的程度。如果把地球比作一个人体,人类的开采已经使地球的五脏六腑步入了中年。

因此,从哲学意义上来说,能源危机是自然规律和自然演变的结果,但是从现实来看,却是人类自身造成的后果。

第三节 能量

能量的英文单词“Energy”源于希腊语:ἐνέργεια。该单词首次出现在公元前 4 世纪亚里士多德的作品中。文艺复兴时期已出现了“能量”的思想,但还没有“能”这一术语。能量概念出自 17 世纪莱布尼茨的“活力”想法,定义于一个物体质量和其速度的平方的乘积,相当于今天的动能的两倍。为了解释因摩擦而令速度减缓的现象，莱布尼茨的理论认为热能是由物体内的组成物质随机运动所构成的，而这种想法和牛顿一致，虽然这种观念过了一个世纪后才被普遍接受。

能量（Energy）这个词是托马斯·杨于1807年在伦敦国王学院讲自然哲学时引入的，针对当时的“活力”或“上升力”的观点，他提出用“能量”这个词表述，并和物体所做的功相联系，但未引起重视，人们仍认为不同的运动中蕴藏着不同的力。1831年，法国学者科里奥利又引进了力做功的概念，并且在“活力”前加了1/2系数，称为动能，通过积分给出了功与动能的联系。1853年出现了“势能”，1856年出现了“动能”这些术语。直到能量守恒定律被确认后，人们才认识到能量概念的重要意义和实用价值。

能量是物质运动转换的量度，简称“能”。世界万物是不断运动的，在物质的一切属性中，运动是最基本的属性，其他属性都是运动的具体表现。能量是表征物理系统做功的本领的量度。

与物质的各种运动形式相对应，能量也有各种不同的形式，它们可以通过一定的方式互相转换：在机械运动中表现为物体或体系整体的机械能，如动能、势能、声能等；在热现象中表现为系统的内能，它是系统内各分子无规则运动的动能、分子间相互作用的势能、原子和原子核内的能量的总和，但不包括系统整体运动的机械能。对于热运动能（热能），人们是通过它与机械能的相互转换而认识的（见热力学第一定律）。

空间属性是物质运动的广延性体现；时间属性是物质运动的持续性体现；引力属性是物质在运动过程中由于质量分布不均所引起的相互作用的体现；电磁属性是带电粒子在运动和变化过程中的外部表现；等等。物质的运动形式多种多样，每一个具体的物质运动形式存在相应的能量形式。

宏观物体的机械运动对应的能量形式是动能；分子运动对应的能量形式是热能；原子运动对应的能量形式是化学能；带电粒子的定向运动对应的能量形式是电能；光子运动对应的能量形式是光能；等等。除了这些，还有风能、潮汐能等。当运动形式相同时，物体的运动特性可以采用某些物理量或化学量来描述。物体的机械运动可以用速度、加速度、动量等物理量来描述；电流可以用电流强度、电压、功率等物理量来描述。但是，如果运动形式不相同，物质的运动特性唯一可以相互描述和比较的物理量就是能量,能量是一切运动着的物质的共同特性。

因此可以对能量做出定义:

能量在古希腊语中意指“活动、操作”,是一个间接观察的物理量,被视为某一个物理系统对其他的物理系统做功的能力。功被定义为力在物体沿力的方向发生位移的空间积累效应,并且等于力与在力的方向上通过的位移的乘积。

一个物体所含的总能量基于其总质量,能量同质量一样既不会凭空产生,也不会凭空消失。能量和质量一样都是标量。在国际单位制(SI)中,能量的单位是焦耳,但有时使用其他单位如千瓦·时和千卡,这些也是功的单位。能量是用以衡量所有物质运动规模的统一量度。

A 系统可以借由简单的物质转移将能量传递到 B 系统中(因为物质的质量等价于能量)。如果能量不是借由物质转移而传递能量,而是由其他方式传递,会使 B 系统产生变化,因为 A 系统对 B 系统做功。功的效果如同一个力以一定的距离作用在接收能量的系统中。例如,A 系统可以经过电磁辐射到 B 系统,使吸收辐射能量的 B 系统内部的粒子产生热运动。一个系统也可以通过碰撞传递能量,在这种情况下被碰撞的物体会在一段距离内受力并获得运动的能量,称为动能。热能的传递则可以由以上两个方法产生:热可以由辐射能转移能量,或者直接由系统间粒子的碰撞而转移动能。

能量可以不用表现为物质、动能或是电磁能的方式而储存在一个系统中。当粒子在与其有相互作用的一个场中移动一段距离(需借由一个外力来移动),此粒子移动到这个场的新的位置所需的能量便被储存了。当然粒子必须借由外力才能保持在新位置上,否则其所处在的场会借由推或者是拉的方式让粒子回到原来的状态。这种借由粒子在力场中改变位置而储存的能量就称为位能(势能)。一个简单的例子就是在重力场中往上提升一个物体到某一高度所需要做的功就是位能(势能)。

任何形式的能量可以转换成另一种形式。举例来说,当物体在力场中自由移动到不同的位置时,位能可以转化成动能。当能量属于非热能的形式时,它转化成其他种类的能量的效率可以很高甚至是完全转换,包括电力或者新的物质粒子的产生。然而如果是热能的话,则在转换成另一种形态时,就如同热力学第二定律所描述的,总会有转换效率的限制。

在所有能量转换的过程中,总能量保持不变,原因在于总系统的能量是在各系统间做能量的转移,当在某个系统损失能量,必定会有另一个系统得到这损失的能量,使得失去和获得达成平衡,所以总能量不改变。这个能量守恒定律,是在19世纪初提出,并应用于任何一个孤立系统。根据诺特定理,能量守恒是由于物理定律不会随时间而改变所得到的自然结果。

虽然一个系统的总能量不会随时间改变,但其能量的值可能会因为参考系而有所不同。例如一个坐在飞机里的乘客,相对于飞机,其动能为零;但是相对于地球,动能却不为零,也不能以单独动量去与地球相比较。

第二章　常规能源

第一节　煤炭

煤炭是地球上蕴藏量最丰富、分布地域最广的化石燃料。构成煤炭有机质的元素主要有碳、氢、氧、氮和硫等，此外还有极少量的磷、氟、氯和砷等元素。

一、中国煤炭资源分布

碳、氢、氧是煤炭有机质的主体，占95%以上，煤化程度越深，碳的含量越高，氢和氧的含量越低。碳和氢是煤炭燃烧过程中产生热量的元素，氧是助燃元素。煤炭燃烧时，氮不产生热量，在高温下转变成氮氧化合物和氨，以游离状态析出。硫、磷、氟、氯和砷等是煤炭中的有害成分，其中以硫最为重要。煤炭燃烧时绝大部分的硫被氧化成二氧化硫（SO_2），随烟气排放，污染大气，危害动、植物生长及人类健康，腐蚀金属设备；当含硫多的煤用于冶金炼焦时，还影响焦炭和钢铁的质量。所以，“硫分”含量是评价煤质的重要指标之一。

煤中的有机质在一定温度和条件下，受热分解后产生的可燃性气体，被称为“挥发分”。它是由各种碳氢化合物、氢气、一氧化碳等化合物组成的混合气体。挥发分也是主要的煤质指标，在确定煤炭的加工利用途径和工艺条件时，挥发分有重要的参考作用。煤化程度低的煤，挥发分较多。如果燃烧条件不适当，挥发分高的煤燃烧时易产生未燃尽的碳粒，俗称“黑烟”，并产生更多的一氧化碳、多环芳烃类、醛类等污染物，热效率降低。因此，我们要根据煤的挥发分选择适当的燃烧条件和设备。

煤中的无机物质含量很少，主要有水分和矿物质，它们的存在降低了煤的质量和利用价值。矿物质是煤炭的主要杂质，如硫化物、硫酸盐、碳酸盐等，其中大部分属于有害成分。

“水分”对煤炭的加工利用有很大影响。水分在燃烧时变成蒸汽要吸热，因而降低了煤的发热量。煤炭中的水分可分为外在水分和内在水分,一般以内在水分作为评定煤质的指标。煤化程度越低,煤的内部表面积越大,水分含量越高。

“灰分”是煤炭完全燃烧后剩下的固体残渣,是重要的煤质指标。灰分主要来自煤炭中不可燃烧的矿物质。矿物质燃烧灰化时要吸收热量,大量排渣要带走热量,因而灰分越高,煤炭燃烧的热效率越低;灰分越多,煤炭燃烧产生的灰渣越多,排放的飞灰也越多。一般,优质煤和洗精煤的灰分含量相对较低。

在各大陆、大洋岛屿都有煤分布,但煤在全球的分布很不均衡,各个国家煤的储量也不相同。中国、美国、俄罗斯、德国是煤炭储量丰富的国家,也是世界上主要的产煤国,其中中国是世界上煤产量最高的国家。中国的煤炭资源在世界居于前列,仅次于美国和俄罗斯。

二、煤炭的历史

虽然煤炭的重要位置已被石油替代,但在相当长的一段时间内,由于石油的日渐枯竭,导致它必然走向衰败,而煤炭因储量巨大,加之科学技术的飞速发展,煤炭气化等新技术日趋成熟,并得到广泛应用。

根据成煤的原始物质和条件不同,自然界的煤可分为三大类,即腐殖煤、残植煤和腐泥煤。

中国是世界上最早利用煤的国家。辽宁省新乐文化遗址就发现了煤制工艺品,河南巩义市也发现有西汉时用煤饼炼铁的遗址。

《山海经》中称煤为石涅,魏晋时称煤为石墨或石炭。明代李时珍的《本草纲目》首次使用煤这一名称。

古希腊和古罗马也是用煤较早的国家,希腊学者泰奥弗拉斯托斯在公元前约 300 年著有《论石》,其中记载了煤的性质和产地;古罗马大约在两千年前已开始用煤加热。

三、煤炭的形成

煤炭是千百万年来植物的枝叶和根茎在地面上堆积而成的一层极厚的黑色的腐殖质,由于地壳的变动不断地埋入地下,长期与空气隔绝,并在高温高压下,经过一系列复杂的物理化学变化等因素,形成的黑色可燃沉积岩。

一座煤矿的煤层厚薄与该地区的地壳下降速度及植物遗骸堆积的多少有

关。地壳下降的速度快，植物遗骸堆积得厚，这座煤矿的煤层就厚，反之，地壳下降的速度缓慢，植物遗骸堆积得薄，这座煤矿的煤层就薄。又由于地壳的构造运动使原来水平的煤层发生褶皱和断裂，有一些煤层埋到地下更深的地方，有的又被排挤到地表，甚至露出地面，比较容易被人们发现。还有一些煤层相对比较薄，而且面积也不大，所以没有开采价值，有关煤炭的形成至今尚未找到更新的说法。

煤炭是这样形成的吗？有些论述是否应当进一步加以研究和探讨。一座大的煤矿，煤层很厚，煤质很优，但总的来说它的面积并不算很大。如果是千百万年植物的枝叶和根茎自然堆积而成的，它的面积应当是很大的。因为在远古时期，地球上到处是森林和草原，因此，地下也应当到处有储存煤炭的痕迹；煤层也不一定很厚，因为植物的枝叶、根茎腐烂变成腐殖质，又会被植物吸收，如此反复，最终被埋入地下时也不会那么集中，土层与煤层的界限也不会划分得那么清楚。

但是，无可否认的事实是，煤炭千真万确是植物的残骸经过一系列的演变形成的，这是颠扑不破的真理，只要仔细观察一下煤块，就可以看到有植物的叶和根茎的痕迹；如果把煤切成薄片放到显微镜下观察，就能发现非常清楚的植物组织和构造，而且有时在煤层里还保存着像树干一类的东西，有的煤层里还包裹着完整的昆虫化石。

在地表常温、常压下，由堆积在停滞水体中的植物遗体经泥炭化作用或腐泥化作用，转变成泥炭或腐泥；泥炭或腐泥被埋藏后，由于盆地基底下降而沉至地下深部，经成岩作用而转变成褐煤；当温度和压力逐渐增高，再经变质作用转变成烟煤至无烟煤。泥炭化作用是指高等植物遗体在沼泽中堆积经生物化学变化转变成泥炭的过程。腐泥化作用是指低等生物遗体在沼泽中经生物化学变化转变成腐泥的过程。腐泥是一种富含水和沥青质的淤泥状物质。冰川过程可能有助于成煤植物遗体汇集和保存。

在整个地质年代中，全球范围内有三个大的成煤期：

古生代的石炭纪和二叠纪，成煤植物主要是孢子植物。主要煤种为烟煤和无烟煤。

中生代的侏罗纪和白垩纪，成煤植物主要是裸子植物。主要煤种为褐煤和烟煤。

新生代的第三纪,成煤植物主要是被子植物。主要煤种为褐煤,其次为泥炭,也有部分年轻烟煤。

四、煤炭分类

煤炭是世界上分布最广阔的化石能资源,主要分为烟煤和无烟煤、次烟煤和褐煤等四类。世界煤炭可采储量的60%集中在美国(25%)、前苏联地区(23%)和中国(12%)。此外,澳大利亚、印度、德国和南非4个国家共占29%。上述7国或地区的煤炭产量占世界总产量的80%,已探明的煤炭储量在石油储量的63倍以上,世界上煤炭储量丰富的国家同时也是煤炭的主要生产国。

根据国家科委推荐的《中国煤炭分类方案》,我国煤炭分为十大类,一般将瘦煤、焦煤、肥煤、气煤、弱粘煤、不粘煤、长焰煤等统称为烟煤;贫煤称为半无烟煤;挥发分大于40%的称为褐煤。

无烟煤可用于制造煤气或直接用作燃料,烟煤用于炼焦、配煤、动力锅炉和气化工业,褐煤一般用于气化、液化工业、动力锅炉等。

煤炭分类表(以炼焦用煤为主)

类别	无烟煤	贫煤	瘦煤	焦煤	肥煤	气煤	弱粘煤	不粘煤	长焰煤	褐煤
挥发分	0~10	>10~20	>14~20	14~30	26~37	>30	>20~37	>20~37	>37	>40
焦渣特征	—	0(粉状)	0(成块) 8~20	12~25	12~25	9~25	0(成块)~8 0(成块)~9	0(粉状)	0~5	—

煤炭粒度分类

分类	特大块	大块	中块	小块	末煤	混煤
粒度(mm)	>100	50~100	25~50	13~25	0~13	0~50 0~100

国标把煤分为三大类,即无烟煤、烟煤和褐煤,共29个小类。无烟煤分为3个小类,数码为01、02、03,数码中的“0”表示无烟煤,个位数表示煤化程度,数字小表示煤化程度高;烟煤分为12个煤炭类别、24个小类,数码中的十位数(1~4)表示煤化程度,数字小表示煤化程度高;个位数(1~6)表示黏结性,数

字大表示黏结性强;褐煤分为2个小类,数码为51、52,数码中的“5”表示褐煤,个位数表示煤化程度,数字小表示煤化程度低。

在各类煤的数码编号中,十位数字代表挥发分的大小,如无烟煤的挥发分最小,十位数字为0,褐煤的挥发分最大,十位数字为5,烟煤的十位数字介于1~4之间。个位数字对烟煤类来说,是表征其黏结性或结焦性好坏,如个位数字越大,表征其黏结性越强,如个位数字为6的烟煤类,都是胶质层最大厚度Y值大于25mm的肥煤或气肥煤类,个位数为1的烟煤类,都是一些没有黏结性的煤,如贫煤、不粘煤和长烟煤。个位数字为2~5的烟煤,其黏结性随着数码的增大而增强。

五、质量指标

(1)水分(M)

煤的水分分为两种:一是内在水分(Minh),是由植物变成煤时所含的水分;二是外在水分(Mf),是在开采、运输等过程中附在煤表面和裂隙中的水分。全水分是煤的外在水分和内在水分的总和。一般来讲,煤的变质程度越大,内在水分越低。褐煤、长焰煤内在水分普通较高,贫煤、无烟煤内在水分较低。

水分的存在对煤的利用极其不利,它不仅浪费了大量的运输资源,而且当煤作为燃料时,煤中水分会成为蒸汽,在蒸发时消耗热量;另外,精煤的水分对炼焦也产生一定的影响。一般水分每增加2%,发热量降低100 kcal/kg(千卡/千克);冶炼精煤中水分每增加1%,结焦时间延长5~10 min。

(2)灰分(A)

煤在彻底燃烧后所剩下的残渣称为灰分,灰分分为外在灰分和内在灰分。外在灰分是来自顶板和夹矸中的岩石碎块,它与采煤方法的合理与否有很大关系。外在灰分通过分选大部分能去掉。内在灰分是成煤的原始植物本身所含的无机物,内在灰分越高,煤的可选性越差。灰是有害物质,动力煤中灰分增加,发热量降低,排渣量增加,煤容易结渣;一般灰分每增加2%,发热量降低100 kcal/kg左右。冶炼精煤中灰分增加,高炉利用系数降低,焦炭强度下降,石灰石用量增加;灰分每增加1%,焦炭强度下降2%,高炉生产能力就下降3%,石灰石用量增加4%。

(3)挥发分(V)

煤在高温和隔绝空气的条件下加热时,所排出的气体和液体状态的产物称为挥发分。挥发分的主要成分为甲烷、氢及其他碳氢化合物等。它是鉴别煤炭类别和质量的重要指标之一。一般来讲,随着煤炭变质程度的增加,煤炭挥发分降低。褐煤、气煤挥发分较高,瘦煤、无烟煤挥发分较低。

(4)固定碳含量(FC)

固定碳含量是指除去水分、灰分和挥发分的残留物,它是确定煤炭用途的重要指标。以100为总量,减去煤的水分、灰分和挥发分后的差值即为煤的固定碳含量。根据使用的计算挥发分的基准,可以计算出干基、干燥无灰基等不同基准的固定碳含量。

(5)发热量(Q)

发热量是指单位质量的煤完全燃烧时所产生的热量,主要分为高位发热量和低位发热量。煤的高位发热量减去水的汽化热即是低位发热量。发热量国际单位为百万焦耳/千克(MJ/kg),常用单位是千卡/千克,换算关系为:1 MJ/kg = 239.14 kcal/kg,1 J = 0.239 gcal,1 cal = 4.18 J。如5500 kcal/kg,换算成百万焦耳/千克即:5500 ÷ 239.14 ≈ 23 MJ/kg。为便于比较,我们在衡量煤炭消耗时,要把实际使用的不同发热量的煤炭换算成标准煤,标准煤的发热量为29.27 MJ/kg (7000 kcal/kg)。国内贸易常用发热量标准为收到基低位发热量(Qnet,ar),它反映煤炭的应用效果,但外界因素影响较大,如水分等,因此Qnet,ar不能反映煤的真实品质。国际贸易通用发热量标准为空气干燥基高位发热量(Qgr,ad),它能较为准确地反映煤的真实品质,不受水分等外界因素影响。在同等水分、灰分等情况下,空气干燥基高位发热量比收到基低位发热量高1.25 MJ/kg(300 kcal/kg)左右。

(6)胶质层最大厚度(Y)

烟煤在加热到一定温度后,所形成的胶质层最大厚度是烟煤胶质层指数测定中利用探针测出的胶质体上F层面差的最大值。它是煤炭分类的重要标准之一。动力煤胶质层厚度大,容易结焦;冶炼精煤对胶质层厚度有明确要求。

(7)黏结指数(G)

在规定条件下以烟煤在加热后黏结专用无烟煤的能力。它是煤炭分类的重要标准之一,是冶炼精煤的重要指标。黏结指数越高,结焦性越强。

六、应用范围

煤炭的用途十分广泛,可以根据其使用目的总结为三大主要用途:动力煤、炼焦煤、煤化工用煤。主要包括气化用煤、低温干馏用煤、加氢液化用煤等。

1. 动力煤

(1)发电用煤:中国约1/3以上的煤用来发电,平均发电耗煤为标准煤370 g/(kW·h)左右。电厂利用煤的热值,把热能转变为电能。

(2)蒸汽机车用煤:占动力用煤3%左右,蒸汽机车锅炉平均耗煤指标为100 kg/(万吨·km)左右。

(3)建材用煤:约占动力用煤的13%以上,以水泥用煤量最大,其次为玻璃、砖、瓦等。

(4)一般工业锅炉用煤:除热电厂及大型供热锅炉,一般企业及取暖用的工业锅炉型号繁多,数量大且分散,用煤量约占动力煤的26%。

(5)生活用煤:生活用煤的数量也较大,约占燃料用煤的23%。

(6)冶金用动力煤:冶金用动力煤主要为烧结和高炉喷吹用无烟煤,其用量不到动力用煤量的1%。

2. 炼焦煤

中国虽然煤炭资源比较丰富,但我国的炼焦煤储量低,优质资源稀缺。我国炼焦煤的储量仅为2758亿吨,仅占中国煤炭总储量的27.65%。

炼焦煤类包括气煤(占13.75%)、肥煤(占3.53%)、主焦煤(占5.81%)、瘦煤(占4.01%),其他为未分牌号的煤(占0.55%);非炼焦煤类包括无烟煤(占10.93%)、贫煤(占5.55%)、弱粘煤(占1.74%)、不粘煤(占13.8%)、长焰煤(占12.52%)、褐煤(占12.76%)、天然焦(占0.3%),未分牌号的煤(占13.80%)和牌号不清的煤(占1.06%)。

炼焦煤的主要用途是炼焦炭。焦炭由焦煤或混合煤高温冶炼而成,一般1.3吨左右的焦煤才能炼1吨焦炭。焦炭多用于炼钢,是钢铁等行业的主要生产原料,被喻为钢铁工业的"基本食粮"。

中国是焦炭生产大国,也是世界焦炭市场的主要出口国。2003年,全球焦炭产量是3.9亿吨,中国焦炭产量达到1.78亿吨,约占全球总产量的46%。在出口方面,2003年中国共出口焦煤1475万吨,其中出口欧盟458万吨,约占1/3。2004年,中国共出口焦炭1472万吨,相当于全球焦炭贸易总量的56%,国际焦炭市场仍供不应求。2008年中国焦炭产量总计约32700万吨,2009年1月至9月焦炭产量25276.87万吨。

七、中国现状

1.资源概述

中国煤炭资源丰富,除上海以外的其他各省、自治区、直辖市均有分布,但分布极不均衡。在中国北方的大兴安岭—太行山、贺兰山之间的地区,地理范围包括煤炭资源量大于1000亿吨以上的内蒙古、山西、陕西、宁夏、甘肃、河南6省区的全部或大部,是中国煤炭资源集中分布的地区,其资源量占全国煤炭资源量的50%左右,占中国北方地区煤炭资源量的55%以上。在中国南方,煤炭资源量主要集中于贵州、云南、四川三省,这三省煤炭资源量之和为3525.74亿吨,占中国南方煤炭资源量的91.47%;探明保有资源量也占中国南方探明保有资源量的90%以上。

2007年度中国能源矿产新增探明资源储量有较大增加,17种主要矿产新增大型矿产地62处,其中煤炭新探明41处大型矿产地,资源储量超过10亿吨的特大型矿产地有14处,净增查明资源储量448亿吨。中国已经查证的煤炭储量达到7241.16亿吨,其中生产和在建已占用储量为1868.22亿吨,尚未利用储量达4538.96亿吨。

2006年1—12月中国煤炭开采和洗选行业实现累计工业总产值698,829,619,000元,比上年同期增长了23.45%;实现累计产品销售收入709,234,867,000元,比上年同期增长了23.72%;实现累计利润总额67,726,662,000元,比上年同期增长了25.34%。

2007年1—12月中国煤炭开采和洗选行业实现累计工业总产值916,447,509,000元,比上年同期增长了31.14%。2008年1—10月中国煤炭开采和洗选行业实现累计工业总产值1,155,383,579,000元,比上年同期增长了57.81%。

“十一五”期间是煤炭工业结构调整、产业转型的最佳时期。煤炭是中国的基础能源,在一次能源构成中占70%左右。“十一五”规划建设中进一步确立了“煤为基础,多元发展”的基本方略,为中国煤炭工业的兴旺发展奠定了基础。

“十一五”期间需要新建煤矿规模3亿吨左右，其中投产2亿吨，转结“十二五”1亿吨。中国煤炭工业将继续保持旺盛的发展趋势，今后一个较长时期内，中国煤炭工业的发展前景都将非常广阔。

海关总署公布的数据显示，2014年8月份，中国煤炭进口量降至1886万吨，环比下降18.11%，同比下降27.3%，已经连降六个月，并且降幅将进一步扩大。

2015年12月1日，陕西省政府网站消息，为破解煤炭市场需求不足、价格走低等难题，榆林市积极创新区域合作机制，打造终端销售市场，畅通运输网络。2015年1—10月，榆林市累计销售煤炭达3.1亿吨，其中累计销往河北省煤炭1.1亿吨、山西省4000万吨、陕西关中地区2800万吨、内蒙古2400万吨、河南1800万吨、山东1700万吨、宁夏1000万吨、甘肃800万吨、北京700万吨、湖北450万吨，占榆林市煤炭销售总量的86%。

2. 基本情况

中国幅员辽阔，物产丰富，这是中华民族赖以生息繁衍、发展壮大、立足世界民族之林的物质基础。在已发现的142种矿物中，煤炭占有特别重要的位置，资源丰富，分布广泛。我国煤田面积约55万平方公里，居世界产煤国家之前列。

中国聚煤期的地质时代由老到新主要是：早古生代的早寒武世、晚古生代的早石炭纪、晚石炭纪—早二叠纪、晚二叠纪；中生代的晚三叠纪，早、中侏罗纪、晚侏罗纪—早白垩纪和新生代的第三纪。其中以晚石炭纪—早二叠纪，晚二叠纪，早、中侏罗纪和晚侏罗纪—早白垩纪四个聚煤期的聚煤作用最强。中国含煤地层遍布全国，包括元古界、早古生界、晚古生界、中生界和新生界，各省（区）都有大小不一、经济价值不等的煤田。

中国聚煤期及含煤地层的分布在华北、华南、西北、西南（滇、藏）、东北和台湾，六个聚煤区各有不同。

国务院办公厅在2014年发布的《能源发展战略行动计划（2014—2020年）》中确定，将重点建设晋北、晋中、晋东、神东、陕北、黄陇、宁东、鲁西、两淮、云贵、冀中、河南、内蒙古东部、新疆等14个亿吨级大型煤炭基地。数据显示，2013年14个大型煤炭基地产量33.6亿吨，占全国总产量的91%。

第二节 石油

石油,地质勘探的主要对象之一,是一种黏稠的深褐色液体,被称为“工业的血液”。地壳上层部分地区有石油储存。石油的主要成分是各种烷烃、环烷烃、芳香烃的混合物。

石油的成油机理有生物沉积变油和石化油两种学说。前者较广为接受,认为石油由古代海洋或湖泊中的生物经过漫长的演化形成,属于生物沉积变油,不可再生;后者认为石油由地壳内本身的碳生成,与生物无关,可再生。石油主要被用作燃油和汽油,也是许多化学工业产品,如溶液、化肥、杀虫剂和塑料等的原料。

一、性质

石油的性质因产地而异,密度为0.8～1.0 g/cm^3,黏度范围很宽,凝固点差别很大(30～60摄氏度),沸点范围为常温到500摄氏度以上,可溶于多种有机溶剂,不溶于水,但可与水形成乳状液。不过,不同油田的石油在成分和外貌上有很大区别。石油主要被用作燃油和汽油,燃料油和汽油在2012年成为世界上最重要的二次能源之一。石油也是许多化学工业产品如溶剂、化肥、杀虫剂和塑料等的原料。2012年开采的石油,88%被用作燃料,剩余的12%作为化工业的原料。实际上,石油是一种不可再生原料。

世界海洋面积3.6亿平方千米,约为陆地的2.4倍。大陆架和大陆坡约5500万平方千米,相当于陆上沉积盆地面积的总和。地球上已探明石油资源的1/4和最终可采储量的45%埋藏在海底。世界石油探明储量的蕴藏重心将逐步由陆地转向海洋。

二、颜色

原油的颜色非常丰富,有红、金黄、墨绿、黑、褐红甚至透明;原油的颜色是它本身所含胶质、沥青质的含量决定的,含量越高颜色越深。我国重庆黄瓜山和华北大港油田有的井产无色石油,克拉玛依石油呈褐至黑色,大庆、胜利、玉门石油均为黑色。无色石油在美国加利福尼亚、阿塞拜疆巴库、罗马尼亚和印尼的苏门答腊均有产出。无色石油的形成,可能同运移过程中带色的胶质和沥青质被岩石吸附有关。但是,不同程度的深色石油占绝对多数,几乎遍布于世界各大含油气盆地。

三、成分

1. 物质成分

石油的成分主要有:油质(这是其主要成分)、胶质(一种黏性的半固体物质)、沥青质(暗褐色或黑色脆性固体物质)、碳质。石油是由碳氢化合物为主混合而成的,具有特殊气味的、有色的可燃性油质液体。严格地说,石油以氢与碳构成的烃类为主要成分,分子量最小的 4 种烃,全都是煤气。构成石油的化学物质用蒸馏能分解。原油作为加工的产品,有煤油、苯、汽油、石蜡、沥青等。

2. 元素组成

石油主要是碳氢化合物。它由不同的碳氢化合物混合组成,组成石油的化学元素主要是碳(83% ~87%)、氢(11% ~14%),其余为硫(0.06% ~0.8%)、氮(0.02% ~1.7%)、氧(0.08% ~1.82%)及微量金属元素(镍、钒、铁、锑等)。由碳和氢化合形成的烃类构成石油的主要组成部分,约占 95% ~99%,各种烃类按其结构分为:烷烃、环烷烃、芳香烃。一般天然石油不含烯烃,而二次加工产物中常含有数量不等的烯烃和炔烃。含硫、氧、氮的化合物对石油产品有害,在石油加工中应尽量除去。

四、炼制特点

(1)炼油生产是装置流程生产。石油沿着工艺顺序流经各装置,在不同的温度、压力、流量、时间条件下,分解为不同馏分,完成产品生产的各个阶段。一套装置可同时生产几种不同的产品,而同一产品又可以由不同的装置来生产,产品品种多。因此,为了充分利用资源,在管理上需采用先进的组织管理方法,恰当安排不同装置的生产。

(2)炼油装置一般是联动装置,作为加工对象的液体或气体,需要在密闭的管道中输送,生产过程连续性强,工序间连接紧密。在管理上需按照要求保持平稳连续作业,确保均衡生产。

(3)炼油生产有高温、高压、易燃、易爆、有毒、腐蚀等特点,安全上要求特别严格。在管理上要防止油气泄漏,保持良好通风,严格控制火源,保证安全生产。

(4)炼油生产过程基本上是密闭的,直观性差,且不同原料的加工要求和工艺条件也不同。在管理上需要正确确定产品加工方案,优选工艺条件和工艺过程。

(5)炼油生产过程通过高温加热使石油分离,经冷却后调和为不同油品或进一步加工为其他产品。在管理上必须保持整个生产过程的物料平衡,按工艺规定比例配料生产,同时还要组织好企业的热平衡,以不断降低能耗。

(6)炼油产品深加工的可能性大、效益高,且原料代用范围广。在管理上应采取现代管理方法,加强综合规划与科学管理,不断提高炼油生产的综合经济效益。

(7)不同的炼油厂生产的产品品种可能有所不同,但它们的生产过程特点是相同或相近的,它们的经济关系流是相同的。因此,可以采用统一的方法和模式来分析炼油厂的生产经营总体状况,制定企业的综合发展规划,指导企业生产。

五、分布

原油的分布从总体上来看极不平衡:从东西半球来看,约3/4的石油资源集中于东半球,西半球占1/4;从南北半球看,石油资源主要集中于北半球;从纬度分布看,石油资源主要集中在北纬20°~40°和50°~70°两个纬度带内。波斯湾及墨西哥湾两大油区和北非油田均处于北纬20°~40°内,该纬度带集中了51.3%的世界石油储量;50°~70°纬度带内有著名的北海油田、俄罗斯伏尔加及西伯利亚油田和阿拉斯加湾油区。约80%可以开采的石油储藏位于中东,其中62.5%位于沙特阿拉伯(12.5%)、阿拉伯联合酋长国、伊拉克、卡塔尔和科威特。

1. 非洲

非洲是近几年原油储量和石油产量增长最快的地区,被誉为“第二个海湾地区”。2006年,非洲探明的原油总储量为156.2亿吨,主要分布于西非几内亚湾地区和北非地区。专家预测,到2010年,非洲国家石油产量在世界石油总产量中的比例有望上升到20%。

利比亚、尼日利亚、阿尔及利亚、安哥拉和苏丹排名非洲原油储量前五位。

尼日利亚是非洲地区第一大产油国。尼日利亚、利比亚、阿尔及利亚、安哥拉和埃及等5个国家的石油产量占非洲石油总产量的85%。

2. 北美洲

北美洲原油储量最丰富的国家是加拿大、美国和墨西哥。加拿大原油探明储量为245.5亿吨,居世界第二位。美国原油探明储量为29.8亿吨,主要分布在墨西哥湾沿岸和加利福尼亚湾沿岸,以得克萨斯州和俄克拉荷马州最为著名,阿拉斯加州也是重要的石油产区。美国是世界第二大产油国,但因消耗量过大,每年仍需进口大量石油。墨西哥原油探明储量为16.9亿吨,是西半球第三大传统原油战略储备国,也是世界第六大产油国。

3. 中南美洲

中南美洲是世界重要的石油生产和出口地区之一,也是世界原油储量和石油产量增长较快的地区之一,委内瑞拉、巴西和厄瓜多尔是该地区原油储量最丰富的国家。2006年,委内瑞拉原油探明储量为109.6亿吨,居世界第七位。2006年,巴西原油探明储量为16.1亿吨,仅次于委内瑞拉。巴西东南部海域坎波斯盆地和桑托斯盆地的原油资源,是巴西原油储量最主要的构成部分。厄瓜多尔位于南美洲大陆西北部,是中南美洲第三大产油国,境内石油资源丰富,主要集中在东部亚马孙盆地,另外,在瓜亚斯省西部半岛地区和瓜亚基尔湾也有少量油田分布。

4. 亚太地区

亚太地区原油探明储量约为70亿吨,也是世界石油产量增长较快的地区之一。中国、印度、印度尼西亚和马来西亚是该地区原油探明储量最丰富的国家,分别为45亿吨、12亿吨、9亿吨和6亿吨。中国和印度虽原油储量丰富,但是每年仍需大量进口。

由于地理位置优越和经济的飞速发展,东南亚国家已经成为世界新兴的石油生产国。印尼和马来西亚是该地区最重要的产油国,越南也于2006年取代文莱成为东南亚第三大石油生产国和出口国。印尼的苏门答腊岛、加里曼丹岛,马来西亚近海的马来盆地、砂拉越盆地和沙巴盆地是主要的原油分布区。

5. 中东

中东海湾地区地处欧、亚、非三洲的枢纽位置,原油资源非常丰富,被誉为

“世界油库”。美国《油气杂志》2018 年最新的数据显示，截至 2017 年年底，全球探明石油储量达到 1.6966 万亿桶。其中中东地区的原油探明储量为 1012.7 亿吨，约占世界总储量的 2/3。在世界原油储量排名的前十位中，中东国家占了五位，依次是沙特阿拉伯、伊朗、伊拉克、科威特和阿联酋。其中，沙特阿拉伯已探明的储量为 355.9 亿吨，居世界首位。伊拉克已探明的石油储量从先前的 115.0 亿吨升至 143.1 亿吨，跃居全球第四。伊朗已探明的原油储量为 186.7 亿吨，居世界第三位。

6. 欧亚大陆

欧洲及欧亚大陆原油探明储量为 157.1 亿吨，约占世界总储量的 8%。其中，俄罗斯原油探明储量为 82.2 亿吨，居世界第八位，但俄罗斯是世界第一大产油国，2006 年的石油产量为 4.7 亿吨。中亚的哈萨克斯坦也是该地区原油储量较为丰富的国家，已探明的储量为 41.1 亿吨。挪威、英国、丹麦是西欧已探明原油储量最丰富的三个国家，分别为 10.7 亿吨、5.3 亿吨和 1.7 亿吨，其中挪威是世界第十大产油国。

六、生成原因

1. 生物成油理论（罗蒙诺索夫假说）

研究表明，石油的生成至少需要 200 万年的时间，在现今已发现的油藏中，时间最老的达 5 亿年之久，有一些石油是在侏罗纪生成的。在地球不断演化的漫长历史过程中，有一些“特殊”时期，如古生代和中生代，大量的植物和动物死亡后，构成其身体的有机物质不断分解，与泥沙或碳酸质沉淀物等物质混合组成沉积层。由于沉积物不断地堆积加厚，导致温度和压力上升，随着这种过程的不断进行，沉积层变为沉积岩，进而形成沉积盆地，这就为石油的生成提供了基本的地质环境。大多数地质学家认为石油像煤和天然气一样，是古代有机物通过漫长的压缩和加热后逐渐形成的。按照这个理论，石油是由史前的海洋动物和藻类尸体变化形成的（陆上的植物则一般形成煤）。经过漫长的地质年代，这些有机物与淤泥混合，被埋在厚厚的沉积岩下，在地下的高温和高压下它们逐渐转化，首先形成蜡状的油页岩，后来退化成液态和气态的碳氢化合物。由于这些碳氢化合物比附近的岩石轻，它们向上渗透到附近的岩层中，直到渗透到上面紧密无法渗透的、本身则多空的岩层中。这样聚集到一起的石油形成油田。通过钻井和泵取,人们可以从油田中获得石油。地质学家将石油形成的温度范围称为“油窗”。温度太低石油无法形成,温度太高则会形成天然气。

实际上,这个假说并不成立,因为即使把地球所有的生物都转化为石油,成油量与地球上探明的储量仍相差过大。

2. 非生物成油理论

非生物成油的理论是天文学家托马斯·戈尔德在俄罗斯石油地质学家尼古莱·库德里亚夫切夫(Nikolai Kudryavtsev)的理论基础上发展的。这个理论认为,在地壳内已经有许多碳,有些碳自然地以碳氢化合物的形式存在。碳氢化合物比岩石空隙中的水轻,因此沿岩石缝隙向上渗透。石油中的生物标志物是由居住在岩石中的、喜热的微生物导致的,与石油本身无关。在地质学家中,这个理论只有少数人支持。一般它被用来解释一些油田中无法解释的石油流入现象,不过这种现象很少发生。

七、历史

早在公元前10世纪之前,古埃及、古巴比伦和古印度等文明古国已经采集天然沥青,用于建筑、防腐、黏合、装饰、制药,古埃及人甚至能估算出油苗中渗出石油的数量。楔形文字中也有关于在死海沿岸采集天然石油的记载:“它黏结起杰里科和巴比伦的高墙,诺亚方舟和摩西的筐篓可能按当时的习惯用沥青砌缝防水。”

公元前5世纪,在阿契美尼德王朝(波斯第一帝国)的首都苏撒附近出现了人类用手工挖成的石油井。最早把石油用于战争也在中东。《石油、金钱、权力》一书中说,荷马的名著《伊利亚特》中有“特洛伊人不停地将火投上快船,那船顿时升起难以扑灭的火焰”的描述。当波斯国王大流士一世准备夺取巴比伦时,有人提醒他巴比伦人有可能进行巷战。大流士说可以用火攻:“我们有许多沥青和碎麻,可以很快把火引向四处,那些在房顶上的人要么迅速离开,要么被火吞噬。”

公元7世纪,拜占庭人用原油和石灰混合,点燃后或用弓箭远射,或用手投掷,以攻击敌人的船只。阿塞拜疆的巴库地区有丰富的油苗和气苗。这里的居民很早就从油苗处采集原油作为燃料,也用于医治骆驼的皮肤病。1837年,这里有52个人工挖的采油坑,1827年增加到82个,不过产量很小。

欧洲从德国的巴伐利亚、意大利的西西里岛和波河河谷，到加利西亚、罗马尼亚，中世纪以来，人们就有关于石油从地面渗出的记载，并且把原油当作“万能药”。加利西亚、罗马尼亚等地的农民早就挖井采油。最早从原油中提炼出煤油用作照明的不是美国人，而是欧洲人。19 世纪四五十年代，利沃夫的一位药剂师在一位铁匠帮助下，做出了煤油灯。1854 年，灯用煤油已经成为维也纳市场上的商品。1859 年，欧洲开采 36000 桶原油，主要产自加利西亚和罗马尼亚。

中国也是世界上最早发现和利用石油的国家之一。东汉的班固(公元 32—92 年)所著《汉书》中有“高奴有洧水，可燃”的记载。高奴在今陕西省延长县，洧水是延河的支流，“水上有肥，可接取用之”(见北魏郦道元的《水经注》)。这里的“肥”指的就是石油。张华的《博物志》(成书于公元 267 年)和郦道元的《水经注》都记载了延寿县(今甘肃省酒泉市)南山出石油：“水有肥，如肉汁，取著器中，始黄后黑，如凝膏，燃极明，与膏无异，膏车及水碓缸甚佳，彼方人谓之石漆。”公元 863 年前后，唐代小说家段成式在《酉阳杂俎》中载：“高奴县石脂水，水腻浮水上，如漆，采以燃灯，极明。”

中国宋朝的沈括在《汉书》中读到“高奴有洧水，可燃”这句话，觉得很奇怪，“水”怎么可能燃烧呢？他决定进行实地考察。考察中，沈括发现了一种褐色液体，当地人叫它“石漆”“石脂”，用它烧火做饭、点灯和取暖。沈括弄清楚这种液体的性质和用途后，给它取了一个新名字——石油，并动员老百姓推广使用，从而减少砍伐树木。沈括在其著作《梦溪笔谈》中写道：“鄜、延境内有石油……颇似淳漆，燃之如麻，但烟甚浓，所沾幄幕甚黑……此物后必大行于世，自余始为之。盖石油至多，生于地中无穷，不若松木有时而竭。”他试着用原油燃烧生成的煤烟制墨，“黑光如漆，松墨不及也”。沈括发现了石油，并且预言“此物后必大行于世”，是非常难得的。

到了元朝，《元一统志》记载：“延长县南迎河有凿开石油一井，其油可燃，兼治六畜疥癣，岁纳一百一十斤。延川县西北八十里，永平村有一井，岁办四百斤，入路之延丰库。”该书还说：“宜君县西二十里姚曲村石井中，汲水澄而取之，气虽臭而味可疗驼、马、羊、牛疥癣。”这说明约 800 年前，陕北已经正式手工挖井采油，其用途已扩大到治疗牲畜皮肤病，而且由官方收购入库。

八、石油钻探

为了将钻头钻下来的碎屑以及润滑和冷却液运输出钻孔,钻柱和钻头是中空的。在钻井时使用的钻柱(专业术语也称作钻具)越来越长,钻柱可以使用螺旋连接在一起。钻柱的端头是钻头。今天使用的钻头大多数由三个相互之间呈直角的、带齿的钻盘组成。在钻坚硬岩石时,钻头上也可以配有金刚石。不过有些钻头也有其他的形状。一般钻头和钻柱由地上的驱动机构来旋转,钻头的直径比钻柱要大,这样钻柱周围形成一个空洞,在钻头的后面使用钢管(专业术语也称作套管)来防止钻孔的壁塌落。

钻井液由中空的钻柱被高压送到钻头。钻井泥浆则被这个高压通过钻孔送回地面。钻井液必须具有高密度和高黏度。有些钻头使用钻井液来驱动钻头,其优点是只有钻头旋转,而不必让整个钻柱旋转。为了操作非常长的钻柱,在钻孔的上方一般建立一个钻井架。在必要的情况下,今天工程师也可以使用定向钻井的技术绕弯钻井。这样可以绕过被居住的、地质上复杂的、受保护的或者被军事使用的地面来从侧面开采一个油田。地壳深处的石油受到上面底层以及可能伴随出现的天然气的挤压,加之石油又比周围的水和岩石轻,因此在钻头触及含油层时它往往会被压力挤压而喷射出来。为了防止这种喷井现象的发生,现代的钻机在钻柱的上端都有一个特殊的装置。一般来说,刚刚开采的油田的油压足够高,可以自己喷射到地面。随着石油被开采,其油压不断降低,后来就需要使用一个从地面通过钻柱驱动的泵来抽油。通过向油井内压水或天然气可以提高开采的油量。通过压入酸来溶解部分岩石(比如碳酸盐)可以提高含油层岩石的渗透性。随着开采时间的延长,抽上来的液体中水的成分越来越大,后来水的成分大于油的成分,今天有些矿井中水的成分占90%以上。通过上述手段,按照当地的情况不同,今天一个油田中20%至50%的含油可以被开采。剩下的油今天无法从含油的岩石中分解出来。通过以下手段可以提高能够被开采的石油的量。

1. 手段

(1)通过压入沸水或高温水蒸气,甚至通过燃烧部分地下的石油;

(2)压入氮气;

(3)压入二氧化碳来降低石油的黏度;

(4)压入轻汽油来降低石油的黏度;

(5)压入能够将油从岩石中分解出来的有机物的水溶液;

(6)压入改善油与水之间的表面张力的物质(清洁剂)的水溶液,使油从岩石中分解出来;

(7)这些手段可以结合使用。

尽管如此,依然有相当大量的油无法被开采。

水下的油田的开采最困难。开采水下的油田要使用浮动的石油平台,定向钻井的技术使用得最多,使用这个技术可以扩大平台的开采面积。

2. 特点

与一般的固体矿藏相比,石油有三个显著特点:①开采的对象在整个开采的过程中不断地流动,油藏情况不断地变化,一切措施必须针对这种情况来进行,因此,油气田开采的整个过程是一个不断了解、不断改进的过程;②开采者在一般情况下不与矿体直接接触,油气的开采,对油气藏中情况的了解以及对油气藏施加影响的各种措施,都要通过专门的测井来进行;③油气藏的某些特点必须在生产过程中,甚至必须在井数较多后才能认识到,因此,在一段时间内勘探和开采阶段常常互相交织在一起。

要开发好油气藏,必须对它进行全面了解,要钻一定数量的探边井,配合地球物理勘探资料来确定油气藏的各种边界(油水边界、油气边界、分割断层、尖灭线等);要钻一定数量的评价井来了解油气层的性质(一般都要取岩心),包括油气层厚度变化、储层物理性质、油藏流体及其性质、油藏的温度、压力的分布等,进行综合研究,以得出对油气藏的比较全面的认识。在油气藏研究中不能只研究油气藏本身,还要同时研究与之相邻的含水层及二者的连通关系。

在开采过程中还需要通过生产井、注入井和观察井对油气藏进行开采、观察和控制。油、气的流动有三个互相连接的过程:①油、气从油层中流入井底;②从井底上升到井口;③从井口流入集油站,经过分离脱水处理后,流入输油气总站,转输出矿区。

3. 技术

测井工程在井筒中应用地球物理方法,把钻过的岩层和油气藏中的原始状况和发生变化的信息,特别是油、气、水在油藏中分布情况及其变化的信息,通过电缆传到地面,加以综合判断,确定应采取的技术措施。

钻井工程在油气田开发中,有着十分重要的地位,建设一个油气田,钻井工程往往要占总投资的50%以上。一个油气田的开发,往往要打几百口、几千口甚至更多的井,对用于开采、观察和控制等不同目的的井(如生产井、注入井、观察井以及专为检查水洗油效果的检查井等)有不同的技术要求。钻井时应保证钻出的井对油气层的污染最少,固井质量高,能经受开采几十年中的各种井下作业的影响。改进钻井技术和管理,提高钻井速度,是降低钻井成本的关键。

采油工程是把油井中的油、气从井底举升到井口的整个过程的工艺技术。油气的上升可以依靠地层的能量自喷,也可以依靠抽油泵、气举等人工增补的能量举出。各种有效的修井措施,能排除油井经常出现的结蜡、出水、出砂等故障,保证油井正常生产。水力压裂或酸化等增产措施,能提高因油层渗透率太低,或因钻井技术措施不当污染、损害油气层而降低的产能。对注入井来说,则是提高注入能力。

油气集输工程是在油田上建设完整的油气收集、分离、处理、计量和储存、输送的工艺技术,使井中采出的油、气、水等混合流体,在矿场进行分离和初步处理,获得尽可能多的油、气产品。水可回注或加以利用,以防止污染环境,减少无效损耗。

4. 产油方法

随着油价的飞涨,其他生产油的技术越来越重要。这些技术中最重要的是从焦油砂和油母页岩提取石油。虽然地球上已知的有不少这些矿物,但是要廉价地和尽量不破坏环境地从这些矿物中提取石油依然是一个艰巨的挑战。另一个技术是将天然气或者煤转化为油(这里指的是石油中含有的不同的碳氢化合物)。

这些技术中研究得最透彻的是费·托工艺。这个技术是第二次世界大战中纳粹德国为了补偿德国进口石油被切断而研究出来的。当时德国使用国产的煤来制造代替石油。“二战”中德国半数的用油是使用这个工艺产生的。但是这个工艺的成本比较高。在油价低的情况下它无法与石油竞争,只有在油价高的情况下它才有竞争力。

通过费·托工艺这个技术可以将高烟煤转换为合成油,在理想状况下从一吨煤中可以提炼200升原油和众多副产品。目前有两个公司出售它们的费·托工艺技术。马来西亚民都鲁的壳牌公司使用天然气作为原料生产低硫柴油燃料。南非的沙索公司使用煤作为原料来生产不同的合成油产品。今天南非的大多数柴油是使用这个技术生产的,当时南非发展这个技术用于克服因为种族隔离受到制裁所导致的能源紧缺。

另一个将煤转化为原油的技术是20世纪30年代在美国发明的卡里克工艺。最新的类似的技术是热解聚,使用这个工艺理论上可以将任何有机废物转化为原油。

5. 现代石油

现代石油历史始于1846年,当时生活在加拿大大西洋省区的亚伯拉罕·季斯纳(Abraham Gesner)找到了从煤中提取煤油的方法。1852年,波兰人依格纳茨·卢卡西维茨(Ignacy Lukasiewicz)发明了使用更易获得的石油提取煤油的方法。次年,波兰南部克洛斯诺附近开辟了第一座现代的油矿。这些发明很快就在全世界普及开来了。1861年,外高加索的巴库建立了世界上第一座炼油厂。当时巴库出产世界上90%的石油。后来斯大林格勒(现为伏尔加格勒)保卫战就是为夺取高加索石油区而展开的。

19世纪,石油工业发展缓慢,提炼的石油主要用作油灯的燃料。20世纪初,随着内燃机的发明,情况骤变,石油至今是最重要的内燃机燃料。尤其是美国得克萨斯州、俄克拉荷马州和加利福尼亚州的油田的发现,掀起一阵"淘金热"。

1910年在加拿大(尤其是在艾伯塔)、荷属东印度(印度尼西亚)、波斯(伊朗)、秘鲁、委内瑞拉和墨西哥发现了新的油田。这些油田全部被工业化开发。

直到20世纪50年代中期,煤依然是世界上最重要的燃料,但石油的消耗量增长迅速。1973年能源危机和1979年能源危机爆发后,媒体开始注重对石油提供程度进行报道。这也使人们意识到石油是一种有限的原料,最后会耗尽。不过至今为止,所有石油即将用尽的预言都没有实现,所以也有人对这个讨论并不在意。石油的未来至今还无定论。2004年一份《今日美国》的新闻报道说地下的石油还够用40年。有些人认为,由于石油的总量是有限的,因此20世纪70年代预言的耗尽今天虽然没有发生,但是这不过是被迟缓而已。也有人认为，随着技术的发展，人类总是能够找到足够便宜的碳氢化合物的来源。地球上还有大量焦油砂、沥青和油母页岩等石油储藏，它们足以提供未来的石油来源。已经发现的加拿大的焦油砂和美国的油母页岩就含有相当于所有已知的油田的石油。

今天90%的运输能量是依靠石油获得的。石油运输方便、能量密度高，因此是最重要的运输驱动能源。此外，它是许多工业化学产品的原料，是目前世界上最重要的商品之一。在许多军事冲突（包括第二次世界大战和海湾战争）中，占据石油资源是一个重要因素。

随着国际原油的持续低迷，多家监测机构表示，截至外盘2012年5月25日，作为我国成品油调价重要标杆的三地原油变化率跌破-4%已成定局，6月国内成品油下调也板上钉钉。业内人士更表示，本轮计价期内国际原油价格大幅下滑，更将导致其他与成品油关联性不是很强的市场，也将无法得到成本支撑，6月整个油品市场可能陷入全面疲软。

第三节　天然气

天然气是指自然界中天然存在的一切气体，包括大气圈、水圈和岩石圈中各种自然过程形成的气体。

而人们长期以来通用的“天然气”的定义，是从能量角度出发的狭义定义，是指天然蕴藏于地层中的烃类和非烃类气体的混合物。在石油地质学中，天然气通常指油田气和气田气。其组成以烃类为主，并含有非烃气体。

天然气蕴藏在地下多孔隙岩层中，包括油田气、气田气、煤层气、泥火山气和生物生成气等，也有少量出于煤层。它是优质的燃料和化工原料。

天然气主要用作燃料，可制造炭黑、化学药品和液化石油气，由天然气生产的丙烷、丁烷是现代工业的重要原料。天然气主要由气态低分子烃和非烃气体混合组成，其成分主要是甲烷（85%）和少量乙烷（9%）、丙烷（3%）、氮（2%）和丁烷（1%），又称“沼气”。天然气主要用作燃料，也用于制造乙醛、乙炔、氨、炭黑、乙醇、甲醛、烃类燃料、氢化油、甲醇、硝酸、合成气和氯乙烯等化学物的原料。天然气被压缩成液体进行贮存和运输。煤矿工人、硝酸制造者、发电厂工人、有机化学合成工、燃气使用者、石油精炼工等有机会接触本品。天然气主要经呼吸道进入人体,属单纯窒息性气体。浓度高时因置换空气而引起缺氧,导致呼吸短促,知觉丧失;严重者可因血氧过低窒息死亡。高压天然气可致冻伤,不完全燃烧可产生一氧化碳。

1. 理化性质

天然气是存在于地下岩石储集层中以烃为主体的混合气体的统称,比重约0.65,比空气轻,具有无色、无味、无毒之特性。

天然气主要成分是烷烃,其中甲烷占绝大多数,另有少量的乙烷、丙烷和丁烷,此外一般有硫化氢、二氧化碳、氮、水汽和少量一氧化碳及微量的稀有气体,如氦和氩等。天然气在送到最终用户之前,为助于泄漏检测,还要用硫醇、四氢噻吩等来添加气味。

天然气不溶于水,密度为0.7174 kg/Nm^3,相对密度(水=1)为0.45(液化),燃点(℃)为650,爆炸极限(V%)为5—15。在标准状况下,甲烷至丁烷以气体状态存在,戊烷以上为液体。甲烷是最短和最轻的烃分子。

有机硫化物和硫化氢(H_2S)是常见的杂质,在大多数利用天然气的情况下都必须预先除去。含硫杂质多的天然气用英文的专业术语形容为“Sour(酸的)”。

天然气每立方米燃烧热值为8000千卡至8500千卡。每公斤液化气燃烧热值为11000千卡。气态液化气的比重为0.55。每立方米液化气燃烧热值为25200千卡。每瓶液化气重14.5公斤,总计燃烧热值159500千卡,相当于20立方米天然气的燃烧热值。

甲烷燃烧方程式

完全燃烧:$CH_4 + 2O_2 = CO_2 + 2H_2O$(反应条件为点燃)

甲烷+氧气⟶二氧化碳+水蒸气

不完全燃烧:$2CH_4 + 3O_2 = 2CO + 4H_2O$

甲烷+氧气⟶一氧化碳+水蒸气

计量单位

千瓦时(kW·h)或焦耳(J)

加气站销售单位

CNG(压缩天然气):元/立方米(元/m^3)

LNG(液化天然气):元/公斤

2. 组成分类

(1)天然气按在地下存在的相态可分为游离态、溶解态、吸附态和固态水合物。只有游离态的天然气经聚集形成天然气藏,才可开发利用。

(2)天然气按照存生成形式又可分为伴生气和非伴生气两种。

伴生气:伴随原油共生,与原油同时被采出的油田气。其中伴生气通常是原油的挥发性部分,以气的形式存在于含油层之上,凡有原油的地层中都有,只是油、气量比例不同。即使在同一油田中的石油和天然气来源也不一定相同。它们由不同的途径、经不同的过程汇集于相同的岩石储集层中。

非伴生气:包括纯气田天然气和凝析气田天然气两种,在地层中都以气态存在。凝析气田天然气从地层流出井口后,随着压力的下降和温度的升高,分离为气液两相,气相是凝析气田天然气,液相是凝析液,又叫凝析油。若为非伴生气,则与液态集聚无关,可能产生于植物物质。世界天然气产量主要是气田气和油田气。对煤层气的开采,现已日益受到重视。

(3)天然气依蕴藏状态,又分为构造性天然气、水溶性天然气、煤矿天然气三种。构造性天然气又可分为伴随原油出产的湿性天然气、不含液体成分的干性天然气。

(4)天然气按成因可分为生物成因气、油型气和煤型气。

(5)按天然气在地下的产状又可以分为油田气、气田气、凝析气、水溶气、煤层气及固态气体水合物等。

3. 基本特点

天然气是较为安全的燃气之一,它不含一氧化碳,也比空气轻,一旦泄漏,立即会向上扩散,不易积聚形成爆炸性气体,安全性较其他燃体而言相对较高。

采用天然气作为能源,可减少煤和石油的用量,因而大大改善环境污染问题;天然气作为一种清洁能源,能减少二氧化硫和粉尘排放量近100%,减少二氧化碳排放量60%和氮氧化合物排放量50%,并有助于减少酸雨形成,舒缓地球温室效应,从根本上改善环境质量。

天然气作为汽车燃料，具有单位热值高、排气污染小、供应可靠、价格低等优点，已成为世界车用清洁燃料的发展方向，而天然气汽车则已成为发展最快、使用量最多的新能源汽车。

但是，对于温室效应，天然气跟煤炭、石油一样会产生二氧化碳。因此，不能把天然气当作新能源。其优点有：

(1)绿色环保

天然气是一种洁净环保的优质能源，几乎不含硫、粉尘和其他有害物质，燃烧时产生二氧化碳少于其他化石燃料，造成温室效应较低，因而能从根本上改善环境质量。

(2)经济实惠

天然气与人工煤气相比，同比热值价格相当，并且天然气清洁干净，能延长灶具的使用寿命，也有利于用户减少维修费用的支出。天然气是洁净燃气，供应稳定，能够改善空气质量，因而能为该地区经济发展提供新的动力，带动经济繁荣及改善环境。

(3)安全可靠

天然气无毒、易散发，比重轻于空气，不宜积聚成爆炸性气体，是较为安全的燃气。

(4)改善生活

家庭使用安全、可靠的天然气，将会极大改善家居环境，提高生活质量。

天然气耗氧情况计算：1 立方米天然气(纯度按 100% 计算)完全燃烧约需 2.0 立方米氧气，大约需要 10 立方米的空气。

4. 形成原因

天然气的成因是多种多样的，天然气的形成则贯穿于成岩、深成、后成直至变质作用的始终，各种类型的有机质都可形成天然气，腐泥型有机质则既生油又生气，腐殖型有机质主要生成气态烃。

(1)生物成因

成岩作用(阶段)早期，在浅层生物化学作用带内，沉积有机质经微生物的群体发酵和合成作用形成的天然气称为生物成因气。其中有时混有早期低温降解形成的气体。生物成因气出现在埋藏浅、时代新和演化程度低的岩层中，以含甲烷气为主。生物成因气形成的前提条件是更加丰富的有机质和强还原环境。

最有利于生气的有机母质是草本腐殖型—腐泥腐殖型,这些有机质多分布于陆源物质供应丰富的三角洲和沼泽湖滨带,通常含陆源有机质的砂泥岩系列最有利。硫酸岩层中难以形成大量生物成因气,是因为硫酸对产甲烷菌有明显的抵制作用,H_2 优先还原硫酸根为硫离子形成金属硫化物或硫化氢等,因此二氧化碳不能被氢气还原为甲烷。

甲烷菌的生长需要合适的地化环境,首先是足够强的还原条件,一般 EH < -300 mV 为宜(即地层水中的氧和 SO_4^{2-} 依次全部被还原以后,才会大量繁殖);其次对 pH 值要求以靠近中性为宜,一般为 6.0 ~ 8.0,最佳值为 7.2 ~ 7.6;再者,甲烷菌生长温度 0 ℃ ~ 75 ℃,最佳值为 37 ℃ ~ 42 ℃。没有这些外部条件,甲烷菌就不能大量繁殖,也就不能形成大量甲烷气。

(2)有机成因

1)油型气

沉积有机质特别是腐泥型有机质在热降解成油过程中,与石油一起形成的天然气,或者是在后成作用阶段由有机质和早期形成的液态石油热裂解形成的天然气称为油型气,包括湿气(石油伴生气)、凝析气和裂解气。

与石油经有机质热解逐步形成一样,天然气的形成也具明显的垂直分带性。在剖面最上部(成岩阶段)是生物成因气,在深成阶段后期是低分子量气态烃(C2 ~ C4)即湿气,以及由于高温高压使轻质液态烃逆蒸发形成的凝析气。在剖面下部,由于温度上升,生成的石油裂解为小分子的轻烃直至甲烷,有机质亦进一步生成气体,以甲烷为主石油裂解气是生气序列的最后产物,通常将这一阶段称为干气带。

由石油伴生气→凝析气→干气,甲烷含量逐渐增多,故干燥系数升高。

2)煤型气

煤系有机质(包括煤层和煤系地层中的分散有机质)热演化生成的天然气称为煤型气。

煤田开采中,经常出现大量瓦斯涌出的现象,如重庆合川区一口井的瓦斯突出,排出瓦斯量竟高达 140 万立方米,这说明,煤系地层确实能生成天然气。

煤型气是一种多成分的混合气体，其中烃类气体以甲烷为主，重烃气含量少，一般为干气，但也可能有湿气，甚至凝析气，有时可含较多 Hg 蒸气和 N_2 等。

煤型气也可形成特大气田，20 世纪 60 年代以来，在西西伯利亚北部 K2、荷兰东部盆地和北海盆地南部 P 等地层发现了特大的煤型气田，这三个气区探明储量 22 万亿立方米，占世界探明天然气总储量的 1/3。据统计（M. T. 哈尔布蒂，1970），在世界已发现的 26 个大气田中，有 16 个属煤型气田，数量占 60%，储量占 72.2%。由此可见，煤型气在世界可燃天然气资源构成中占有重要的地位。

成煤作用与煤型气的形成：成煤作用可分为泥炭化和煤化作用两个阶段。前一阶段，堆积在沼泽、湖泊或浅海环境下的植物遗体和碎片，经生化作用形成煤的前身——泥炭；随着盆地沉降、埋藏加深和温度压力增高，由泥炭化阶段进入煤化作用阶段，在煤化作用中泥炭经过微生物酶解、压实、脱水等作用变为褐煤；当埋藏逐步加深，已形成的褐煤在温度、压力和时间等因素作用下，按长焰煤→气煤→肥煤→焦煤→瘦煤→贫煤→无烟煤的序列转化。

实测表明，煤的挥发分随煤化作用增强明显降低，由褐煤→烟煤→无烟煤，挥发分大约由 50% 降到 5%。这些挥发分主要以 CH_4、CO_2、H_2O、N_2、NH_3 等气态产物的形式逸出，是形成煤型气的基础，是煤化作用中析出的主要挥发性产物。

从形成煤型气的角度出发，应该注意在煤化作用过程中成煤物质的四次较为明显变化（煤岩学上称之为煤化跃变）：

第一次跃变发生于长焰煤开始阶段，碳含量 Cr = 75% ~ 80%，挥发分 Vr = 43%，RO = 0.6%；

第二次跃变发生于肥煤阶段，Cr = 87%，Vr = 29%，RO = 1.3%；

第三次跃变发生于烟煤→无烟煤阶段，Cr = 91%，Vr = 8%，RO = 2.5%；

第四次跃变发生于无烟煤→变质无烟煤阶段，Cr = 93.5%，Vr = 4%，RO = 3.7%，芳香族稠环缩合程度大大提高。

在这四次跃变中，导致煤质变化最为明显的是第一、第二次跃变。煤化跃变不仅表现为煤的质变，而且每次跃变都相应地为一次成气（甲烷）高峰。

煤型气的形成及产率不仅与煤阶有关，而且与煤的煤岩组成有关，腐殖煤在显微镜下可分为镜质组、类脂组和惰性组三种显微组分，中国大多数煤田的腐殖煤中，各组分的含量以镜质组最高，约占 50% ~80%，惰性组占 10% ~20%（高者达 30% ~50%），类脂组含量最低，一般不超过 5%。

在成煤作用中，各显微组分对成气的贡献是不同的。长庆油田与中国科院地化所（1984）在成功地分离提纯煤的有机显微组分基础上，开展了低阶煤有机显微组分热演化模拟实验，并探讨了不同显微组分的成烃贡献和成烃机理。发现三种显微组分的最终成烃效率比约为类脂组：镜质组：惰性组 =3：1：0.71，产气能力比约为 3.3：1：0.8，说明惰性组也具有一定生气能力。

（3）无机成因

地球上的所有元素都无一例外地经历了类似太阳上的核聚变的过程，当碳元素由一些较轻的元素核聚变形成后的一定时期里，它与原始大气里的氢元素反应生成甲烷。

地球深部岩浆活动、变质岩和宇宙空间分布的可燃气体，以及岩石无机盐类分解产生的气体，都属于无机成因气或非生物成因气。它属于干气，以甲烷为主，有时含 CO_2、N_2、He 及 H_2S、Hg 蒸汽等，甚至以它们的某一种为主，形成具有工业意义的非烃气藏。

稀有气体 He、Ar 等，由于其特殊的地球化学行为，科学家们常把它们作为地球化学过程的示踪剂。He、Ar 的同位素比值 3He/4He、40Ar/36Ar 是查明天然气成因的极重要手段，因沿大气→壳源→壳、幔源混合→幔源，二者不断增大，前者由 $1.39\times10^{-6}\rightarrow>10^{-5}$，后者则由 $295.6\rightarrow>2000$。此外，根据围岩与气藏中 Ar 同位素放射性成因，还可计算出气体的形成年龄（朱铭，1990）。

1）甲烷

无机合成：$CO_2+H_2\longrightarrow CH_4+H_2O$　条件：高温（250 ℃）、铁族元素

地球原始大气中甲烷：吸收于地幔，沿深断裂、火山活动等排出

板块俯冲带甲烷：大洋板块俯冲高温高压下脱水，分解产生的 H、C、CO/CO_2→CH4

2）CO_2

天然气中高含 CO_2 与高含烃类气一样，同样具有重要的经济意义，对于 CO_2 气藏来说，有经济价值者是 CO_2 含量 >80%（体积浓度）的天然气，可广泛

用于工业、农业、气象、医疗、饮食业和环保等领域。中国广东省三水盆地沙头圩水深9井天然气中CO_2含量高达99.55%，日产气量500万立方米，成为有很高经济价值的气藏。

世界上已发现的CO_2气田藏主要分布在中—新生代火山区、断裂活动区、油气富集区和煤田区。从成因上看，共有以下几种。

无机成因：

①上地幔岩浆中富含CO_2气体，当岩浆沿地壳薄弱带上升，压力减小，其中CO_2逸出。

②碳酸盐岩受高温烘烤或深成变质可成大量CO_2，当有地下水参与或含有Al、Mg、Fe杂质，98 ℃～200 ℃也能生成相当量CO_2，这种成因CO_2特征：CO_2含量>35%，δ13CCO_2 > -8‰。

③碳酸盐矿物与其他矿物相互作用也可生成CO_2，如白云石与高岭石作用即可。

另外，有机成因有：生化作用、热化学作用、油田遭氧化煤氧化作用。

3）N_2

N_2是大气中的主要成分，据研究，分子氮的最大浓度和逸度出现在古地台边缘的含氮地层中，特别是蒸发盐岩层分布区的边界内。氮是由水层迁移到气藏中的，由硝酸盐还原而来，其先体是NH_4^+。

N_2含量大于15%者为富氮气藏，天然气中N_2的成因类型主要有：

①有机质分解产生的N_2：100 ℃～130 ℃达高峰，生成的N_2量占总生气量的2.0%，含量较低；

②地壳岩石热解脱气：如辉绿岩热解析出气量，N_2可高达52%，此类N_2可富集；

③地下卤水（硝酸盐）脱氮作用：硝酸盐经生化作用生成$N_2O + N_2$；

④地幔源的N_2：如铁陨石含氮数十至数百个ppm；

⑤大气源的N_2：大气中N_2随地下水循环向深处运移，混入最多的主要是温泉气。

从同位素特征看，一般来说最重的氮集中在硝酸盐岩中，较重的氮集中在芳香烃化合物中，而较轻的氮则集中在铵盐和氨基酸中。

4) H_2S

全球已发现的气藏中,几乎都存在 H_2S 气体, H_2S 含量 >1% 的气藏为富 H_2S 的气藏,具有商业意义者必须 >5% 。

据研究(Zhabrew 等,1988),具有商业意义的 H_2S 富集区主要是大型的含油气沉积盆地,在这些盆地的沉积剖面中均含有厚的碳酸盐—蒸发盐层系。

自然界中的 H_2S 生成主要有以下两类:

①生物成因(有机):包括生物降解和生物化学作用;

②热化学成因(无机):有热降解、热化学还原、高温合成等。根据热力学计算,自然环境中石膏($CaSO_4$)被烃类还原成 H_2S 的需求温度高达 150 ℃,因此自然界发现的高含 H_2S 气藏均产于深部的碳酸盐—蒸发盐层系中,并且碳酸盐岩储集性好。

5. 衍生产品

天然气是一种重要的能源,广泛用作城市煤气和工业燃料。但通常所称的天然气只指贮存于地层较深部的一种富含碳氢化合物的可燃气体,而与石油共生的天然气常称为油田伴生气。

天然气燃料是各种替代燃料中最早广泛使用的一种,它分为压缩天然气(CNG)和液化天然气(LNG)两种。工业用天然气可用外混式烧嘴进行燃烧。

(1)液化气体

1)液化天然气

天然气在常压下,冷却至约 -162 ℃时,则由气态变成液态,称为液化天然气(英文 Liquefied Natural Gas,简称 LNG)。LNG 的主要成分为甲烷,还有少量的乙烷、丙烷以及氮等。天然气在液化过程中进一步得到净化,甲烷纯度更高,几乎不含二氧化碳和硫化物,且无色无味、无毒。

液化天然气(LNG)在中国已经成为一门新兴工业,正在迅猛发展。液化天然气(LNG)技术除了用来解决运输和储存问题,还广泛地用于天然气使用时的调峰装置上。由于天然气的产地往往不在工业或人口集中地区,因此必须解决运输和储存问题。天然气的主要成分是甲烷,其临界温度为 190.58 K,在常温下无法仅靠加压将其液化。天然气的液化、储存技术已逐步成为一项重大的先进技术。

2)液化天然气优势

液化天然气与天然气比较有以下优点:

①便于贮存和运输

液化天然气密度是标准状态下甲烷的625倍。也就是说,1立方米液化天然气可气化成625立方米天然气,由此可见贮存和运输的方便性。

②安全性好

天然气的储藏和运输主要方式是压缩(CNG)。由于压缩天然气的压力高,带来了很多安全隐患。

③间接投资少

压缩天然气(CNG)体积能量密度约为汽油的26%,而液化天然气(LNG)体积能量密度约为汽油的72%,是压缩天然气(CNG)的两倍还多,因而使用LNG的汽车行程远,相对可大大减少汽车加气站的建设数量。

④调峰作用

天然气作为民用燃气或发电厂的燃料,不可避免会有需要量的波动,这就要求供应上具有调峰作用。

⑤环保性

天然气在液化前必须经过严格的预净化,因而LNG中的杂质含量远远低于CNG,为汽车尾气或作为燃料使用时排放满足更加严格的标准(如“欧Ⅱ”甚至“欧Ⅲ”)创造了条件。

3)液化石油气

液化石油气是石油产品之一。英文名称 Liquefied Petroleum Gas,简称LPG。它是由炼厂气或天然气(包括油田伴生气)加压、降温、液化得到的一种无色、挥发性气体。

液化石油气(简称液化气)是石油在提炼汽油、煤油、柴油、重油等油品过程中剩下的一种石油尾气,通过一定程序,对石油尾气加以回收利用,采取加压的措施,使其变成液体,装在受压容器内,液化气的名称即由此而来。它的主要成分有乙烯、乙烷、丙烯、丙烷和丁烷等,同时含有少量戊烷、戊烯和微量硫化合物杂质。由于天然气所得的液化气的成分基本不含烯烃,在气瓶内呈液态状,一旦流出会汽化成比原体积大约250倍的可燃气体,并极易扩散,遇到明火就会燃烧或爆炸，因此，使用液化气要特别注意。

4）液化煤层气

中国是世界煤炭生产大国，煤层气相应的储藏量也很大，和天然气基本一样。煤层气的基本成分是甲烷，它是廉价的化工原料，主要作为燃料使用。它不仅作为居民的生活燃料，而且还被用作汽车、船舶、飞机等交通运输工具的燃料。由于煤层气热值高，燃烧产物对环境污染少，因此被认为是优质洁净燃料。

将煤层气液化后使用，主要有几方面好处：

①经济性

投资成本较低，回收快。

②安全性

"先采气，后采煤"的方式已成为发达国家能源利用的基本方式。"先采气，后采煤"大大提高了采煤的安全性。

③政策性

此方式可节约能源，做到能源的彻底利用，符合国家的相关政策，有利于获得政府的支持。

煤层气液化设备和天然气液化设备基本一样，只是由于大多数煤层气中氧、氮的含量比天然气略高，需要增加一套精馏系统。

（2）压缩气体

压缩天然气（Compressed Natural Gas，简称 CNG）是天然气加压并以气态储存在容器中。压缩天然气除了可以用于油田及天然气田，还可以用于人工制造生物沼气（主要成分是甲烷）。

压缩天然气与管道天然气的组分相同，主要成分为甲烷（CH_4）。CNG 可作为车辆燃料使用。CNG 可以用来制作 LNG（Liquefied Natural Gas），这种以 CNG 为燃料的车辆叫作 NGV（Natural Gas Vehicle）。液化石油气（Liquefied Petroleum Gas，简称 LPG）经常容易与 CNG 混淆，其实它们有明显的区别。

CNG 压缩天然气的火灾危险性：

燃烧爆炸性——可燃气体处于爆炸浓度范围内，遇引火源能发生燃烧或爆炸。

扩散性——气体扩散性受气体本身密度的影响。密度比空气越轻，扩散性越大。

膨胀性——压缩气体因受热膨胀,使气瓶承受压力增大,可引起气瓶破裂或爆炸。

人们生活中的燃烧气源大致分为液化石油气(Y)、人工煤气(R)、天然气(T)三大类。

(3)人工煤气

煤气是用煤或焦炭等固体原料,经干馏或汽化制得的,其主要成分有一氧化碳、甲烷和氢等。因此,煤气有毒,易于空气中形成爆炸性混合物,使用时应引起高度注意。

6. 具体用途

(1)工业燃料

以天然气代替煤,用于工厂采暖,生产用锅炉以及热电厂燃气轮机锅炉。天然气发电是缓解能源紧缺、降低燃煤发电比例、减少环境污染的有效途径,且从经济效益看,天然气发电的单位装机容量所需投资少,建设工期短,上网电价较低,具有较强的竞争力。

天然气发电,在处理天然气以后,通过安装天然气发电机组来提供电能。

(2)工艺生产

如烤漆生产线、烟叶烘干、沥青加热保温等。

(3)天然气化工工业

天然气是制造氮肥的最佳原料,具有投资少、成本低、污染少等特点。世界上天然气占氮肥生产原料的平均百分比为80%左右。

(4)城市燃气事业

特别是居民生活用燃料,包括常规天然气以及煤层气和页岩气这两种非常规天然气。这些燃料经生产后并入管道,日常使用的是天然气。随着人民生活水平的提高及环保意识的增强,大部分城市对天然气的需求明显增加。天然气作为民用燃料的经济效益也大于工业燃料。

(5)压缩天然气汽车

以天然气代替汽车用油,具有价格低、污染小、安全等优点。国际天然气汽车组织的统计显示,天然气汽车的年均增长速度为20.8%,全世界共有大约

1270 万辆使用天然气的车辆,2020 年总量将达 7000 万辆,其中大部分是压缩天然气汽车。

天然气是优质高效的清洁能源,二氧化碳和氮氧化物的排放仅为煤炭的一半和五分之一左右,二氧化硫的排放几乎为零。天然气作为一种清洁、高效的化石能源,其开发利用越来越受到世界各国的重视。全球范围来看,天然气资源量要远大于石油,发展天然气具有足够的资源保障。

(6)增效天然气

增效天然气是以天然气为基础气源,经过气剂智能混合设备与天然气增效剂混合后形成的一种新型节能环保工业燃气,燃烧温度能达到 3300 ℃,可用于工业切割、焊接打坡口,可完全取代乙炔气、丙烷气,可广泛应用于钢厂、钢构、造船行业,可在船舱内安全使用,现在市面上的产品有锐锋燃气、锐锋天然气增效剂。

随着人们环保意识的增强,世界需求干净能源的呼声高涨,各国政府也通过立法程序来加以规范。天然气曾被视为最干净的能源之一,而 1990 年中东的波斯湾危机加大了美国及主要石油消耗国家研发替代能源的决心,因此,在还未发现真正的替代能源前,天然气需求量自然会增加。

7. 分布地域

中国沉积岩分布面积广,陆相盆地多,形成了优越的多种天然气储藏的地质条件。1993 年全国天然气远景资源量预测显示,中国天然气总资源量达 38 万亿立方米,陆上天然气主要分布在中部和西部地区,分别占陆上资源量的 43.2% 和 39.0%。

中国天然气资源的层系分布以新生界第三系和古生界地层为主,在总资源量中,新生界占 37.3%,中生界占 11.1%,上古生界占 25.5%,下古生界占 26.1%。天然气资源的成因类型是高成熟的裂解气和煤层气占主导地位,分别占资源总量的 28.3% 和 20.6%,油田伴生气占 18.8%,煤层吸附气占 27.6%,生物气占 4.7%。

中国天然气探明储量集中在 10 个大型盆地,依次为:渤海湾盆地、四川盆地、松辽盆地、准噶尔盆地、莺歌海—琼东南盆地、柴达木盆地、吐鲁番—哈密盆地、塔里木盆地、渤海盆地、鄂尔多斯盆地。中国气田以中小型为主,大多数气田的地质构造比较复杂,勘探开发难度大。1991—1995 年间,中国天然气产量从 160.73 亿立方米增加到 179.47 亿立方米,平均年增长速度为 2.22%。

中国天然气资源量区域主要分布在中国的中、西部盆地。同时,中国还具有主要富集于华北地区非常规的煤层气远景资源。在中国 960 万平方公里的土地和 300 多万平方公里的管辖海域下,蕴藏着十分丰富的天然气资源。专家预测,我国的天然气资源总量为 40 万亿至 60 多万亿立方米,是一个天然气资源大国。

中国煤炭资源丰富,据统计有 6000 亿吨,居世界第三位,现已发现有煤型气聚集的有华北、鄂尔多斯、四川、台湾—东海、莺歌海—琼东南以及吐鲁番—哈密等盆地。经研究,鄂尔多斯盆地中部大气区的气多半来自上古生界 C-P 煤系地层(上古: 下古气源 =7 : 3 或 6 : 4),可见煤系地层生成天然气的潜力很大。

对中国四川盆地气田的研究(包茨,1988)认为,该盆地的古生代气田是高温甲烷生气期形成的,从三叠纪至震旦纪,干燥系数由小到大(T:35.5→P:73.1→Z:387.1),重烃由多到少。川南气田中,天然气与热变沥青共生,说明天然气是由石油热变质而成的。

东,就是东海盆地,那里已经喷射出天然气的曙光。

南,就是莺歌海—琼东南及云贵地区,那里也已展现出大气区的雄姿。

西,就是新疆的塔里木盆地、吐鲁番—哈密盆地、准噶尔盆地和柴达木盆地。在那古丝绸之路的西端,石油、天然气会战的鼓声越擂越响。它们不但会成为中国石油战略接替的重要地区,而且天然气之火也已熊熊燃起,燎原之势不可阻挡。

北,就是东北、华北的广大地区。那里有着众多的大油田、老油田,它们在未来高科技的推动下,不但要保持油气稳产,还将有可能攀上新的高峰。

中,就是鄂尔多斯盆地和四川盆地。鄂尔多斯盆地的天然气勘探战场越扩越大,探明储量年年递增,开发工程正在展开。四川盆地是中国天然气生产的主力地区,又有新的发现、大的突破,天然气的发展将进入一个全新的阶段,再上一个新台阶。

8. 开采方法

天然气也同原油一样埋藏在地下封闭的地质构造之中,有些和原油储藏在同一层位,有些单独存在。和原油储藏在同一层位的天然气,会伴随原油一起开采出来。

对于只有单相气存在的,我们称之为气藏,其开采方法既与原油的开采方法十分相似,又有其特殊的地方。由于天然气密度小,为0.75～0.8千克/立方米,井筒气柱对井底的压力小;黏度小,在地层和管道中的流动阻力也小;膨胀系数大,其弹性能量也大,因此天然气开采一般采用自喷方式。这和自喷采油方式基本一样。不过因为气井压力一般较高,加上天然气属于易燃、易爆气体,所以对采气井口装置的承压能力和密封性能比对采油井口装置的要求要高得多。

天然气开采也有其自身特点。

首先,天然气和原油一样与底水或边水常常是一个储藏体系。伴随天然气的开采进程,水体的弹性能量会驱使水沿高渗透带蹿入气藏。在这种情况下,由于岩石本身的亲水性和毛细管压力的作用,水的侵入不是有效地驱替气体,而是封闭洞缝或空隙中未排出的气体,形成死气区。这部分被圈闭在水侵带的高压气,数量可以高达岩石孔隙体积的30%～50%,从而大大地降低了气藏的最终采收率。

其次,气井产水后,气流入井底的渗流阻力会增加,气液两相沿油井向上的管流总能量消耗将显著增大。随着水侵影响的日益加剧,气藏的采气速度下降,气井的自喷能力减弱,单井产量迅速递减,直至井底严重积水而停产。

治理气藏水患主要从两方面入手,一是堵水,一是排水。堵水就是采用机械卡堵、化学封堵等方法将产气层和产水层分隔开或是在油藏内建立阻水屏障。排水的办法较多,主要原理是排除井筒积水,专业术语叫排水采气法,可分为小油管排水采气法、泡沫排水采气法、柱塞气举排水采气法、深井泵排水采气法等。小油管排水采气法利用在一定的产气量下,油管直径越小则气流速度越大、携液能力越强的原理,如果油管直径选择合理,就不会形成井底积水。这种方法适用于产水初期地层压力高、产水量较少的气井。泡沫排水采气法就是将发泡剂通过油管或套管加入井中,发泡剂溶入井底积水与水作用形成气泡,不但可以降低积液相对密度,还能将地层中产出的水随气流带出地面。这种方法适用于地层压力高、产水量相对较少的气井。柱塞气举排水采气法就是在油管内放进一个柱塞,放入时柱塞中的流道处于打开状态,柱塞在其自重的作用下向下运动。当到达油管底部时,柱塞中的流道自动关闭,由于作用在柱塞底部的压力大于作用在其顶部的压力,柱塞开始向上运动并将柱塞以上的积水排到地面。当其到达油管顶部时,柱塞中的流道又被自动打开,又转为向下运动。通过柱塞的往复运动,可不断将积液排出。这种方法适用于地层压力比较充足、产水量又较大的气井。深井泵排水采气法是利用放入井中的深井泵、抽油杆和地面抽油机,通过油管抽水、套管采气的方式控制井底压力。这种方法适用于地层压力较低的气井,特别是产水气井的中后期开采,但是运行费用相对较高。

第三章　可再生能源

一次能源可以进一步分为再生能源和非再生能源两大类型。再生能源包括太阳能、水能、风能、生物质能、波浪能、潮汐能、海洋温差能、地热能等。它们在自然界可以循环再生，是取之不尽、用之不竭的能源，不需要人力参与便会自动再生，是相对于会穷尽的非再生能源的一种能源。

第一节　太阳能

随着世界经济的快速发展，能源的需求越来越大。目前，世界各国大多以石油、天然气和煤炭等化学原料作为主要能源，这必将导致能源的日益枯竭与环境污染的日益突出，能源与环境已成为21世纪人类面临的两项重大难题，包括太阳能、风能、水能、生物质能、海洋能、地热能等在内的可再生能源的发展与应用受到广泛关注。

一、太阳及太阳能概述

太阳能是由太阳中的氢经过聚变而产生的一种能源。它分布广泛，可自由利用，取之不尽，用之不竭，是人类最终可以依赖的能源。太阳能以辐射的形式每秒钟向太空发射 3.8×10^{19} MW 能量，其中有二十二亿分之一投射到地球表面。地球上一年中接收到的太阳辐射能高达 1.8×10^{18} kW · h，是全球能耗的数万倍。由此可见，太阳的能量有多么巨大。利用太阳能的分布式能源系统逐渐受到各国政府的重视。要想合理地利用太阳能，首先要了解太阳的物理特性、太阳辐射的性质以及我国的太阳能资源分布与利用形式等。

1. 太阳的物理特性

人类对太阳的利用已有悠久的历史，中国早在两千多年前的战国时期就已经懂得用金属做成凹面镜聚集太阳光来点火。那么，太阳的能量是从哪里来的呢？正像一年四季人们亲身感受到的那样，太阳是一个热烘烘的大火球，每天都在向人们居住的地球放射大量的光和热。太阳位于地球所在的太阳系的中心。

太阳与地球、月亮最大的区别在于它是一个发光的巨大的气体恒星，是一个炽热的大气球。天文学家通常把其结构分成“里三层”和“外三层”。太阳内部的“里三层”，由中心向外依次是核反应区、辐射区和对流区：核反应区是太阳能产生的基地；辐射区是向外传播太阳能的区域；对流区是将太阳能向表层传播的区域。太阳外部有“外三层”，也就是我们日常所能看见的太阳大气层，它从里向外分别为光球层、色球层和日冕层。太阳表面温度约 5770 K，中心温度约 1.56×10^{8} K，压力约为 2000 多亿大气压。由于太阳内部温度极高，压力极大，其内部物质早已离化而呈离子态，不同原子核的相互碰撞引起一系列类似氢弹爆炸的核子反应是太阳能量的主要来源。

2. 太阳能辐射与吸收

太阳以光辐射的方式将能量输送到地球表面，其中一部分光线被反射或散射，一部分光线被吸收，只有大约 70% 的光线通过大气层到达地球表面。太阳光在到达地球平均距离处，垂直于太阳光方向的辐射强度（也称辐照强度，是指在单位时间内，垂直投射到地球某一单位面积上的太阳辐射能量，通常用 W/m^2 或 kW/m^2 表示）为一常数 1.367 kW/m^2，此值称为太阳常数（Solar Constant）。到达地球表面的太阳辐照度（也称辐射通量，是指在单位时间内，投射在地球某一单位面积上太阳辐射能的量值，通常用 $kW\cdot h/m^2$ 表示）与穿透大气层的厚度有关，通过太阳在任何位置与在天顶时日照通过大气到达测点路径的比值来描述大气质量 AM（Air Mass）。

大气质量为零的状态（AM 0），是指在地球空间外接收太阳光的情况。太阳与天顶轴重合时，路程最短，只通过一个大气层的厚度，太阳光线的实际路程与此最短距离之比称为光学大气质量。光学大气质量为 1 时的辐射也称为大气质量为 1（AM 1）的辐射。当太阳光线与地面垂直线呈一个角度 θ 时，大气质量 $=1/\cos\theta$。估算大气质量的简易方法是，测量高度为 h 的物体的投射阴影长度 s，则大气质量 $=\sqrt{1+\left(\frac{s}{h}\right)^2}$。

由于地面阳光的强度和光谱成分变化都很大,因此为了对不同地点测得的不同太阳能电池的性能进行有意义的比较,就必须确定一个地面标准,然后参照这个标准进行测量(一般采用 AM 1.5 的分布,总功率密度为 1 kW/m^2,即接近地球表面接收到的功率密度最大值)。太阳光的波长范围为 10 pm ~ 10 km,但绝大多数太阳辐射能的波长在 0.29 ~ 3.0 μm。

3. 日地运动

地球以椭圆形的轨道绕太阳运行,椭圆形的轨道称为黄道,在黄道平面内,长轴为 1.52×10^8 km,短轴为 1.47×10^8 km。

①黄赤交角　地球与太阳赤道面大约呈 23.45°(23°26′)夹角方向运行被太阳俘获,变成绕太阳旋转的行星。地轴即地球斜轴,又称地球自转轴,与黄道平面的夹角称为黄赤交角。

②角速度　地轴相对太阳的转动速度不一样:对北半球而言,夏天快、冬天慢;对南半球而言,夏天慢、冬天快。

③南北回归线与夏至、冬至日　当北半球为夏至日(6 月 21 日或 22 日)时,南半球恰好为冬至日,太阳直射北纬 23.45°的天顶,因而称北纬 23.45°N 纬度圈为北回归线。当北半球为冬至日(12 月 21 日或 22 日)时,南半球恰好为夏至日,太阳直射南纬 23.45°的天顶,因而称南纬 23.45°S 为南回归线。

④春分与秋分日　春分日(3 月 20 日或 21 日)与秋分日(9 月 22 日或 23 日),太阳恰好直射地球的赤道平面。

4. 天球坐标

观察者站在地球表面,仰望星空,平视四周所看到的假想球面,按照相对运动原理,太阳似乎在这个球面上自东向西周而复始地运动。要确定太阳在天球上的位置,最方便的方法是采用天球坐标,常用的天球坐标有赤道坐标系和地平坐标系两种。

(1)赤道坐标系

赤道坐标系是以天赤道 QQ' 为基本圈,以天子午圈的交点 O 为原点的天球坐标系,PP' 分别为北天极和南天极。由图 3-1 可见,通过 PP' 的大圆都垂直于天赤道。显然,通过 P 和球面上的太阳(S_θ)的半圆也垂直于天赤道,两者相交于 B 点。在赤道坐标系中,太阳的位置 S_θ 由时角 ω 和赤纬角 δ 两个坐标决定。

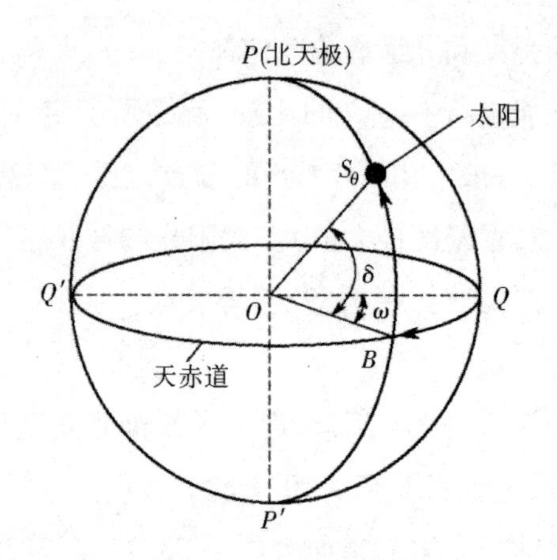

图 3-1　赤道坐标系图

①时角 ω　相对于圆弧 QB,从天子午圈上的 Q 点起算(即从太阳的正午起算),规定顺时针方向为正,逆时针方向为负,即上午为负,下午为正,通常用 ω 表示,其数值等于离正午的时间(小时)乘以 15°。

②赤纬角 δ　同赤道平面平行的平面与地球的交线称为地球的纬度。通常将太阳的直射点的纬度,即太阳中心和地心的连线与赤道平面的夹角称为赤纬角,以 δ 表示。地球上赤纬角的变化如图 3-2 所示。对于太阳来说,春分日和秋分日的 $\delta = 0°$,向北极由 0°变化到夏至日的 +23.45°;向南极由 0°变化到冬至日的 -23.45°。赤纬角是时间的连续函数,其变化率在春分日和秋分日最大,大约一天变化 0.5°。赤纬角仅仅与一年中的哪一天有关,而与地点无关,即地球上任何位置的赤纬角都是相同的。

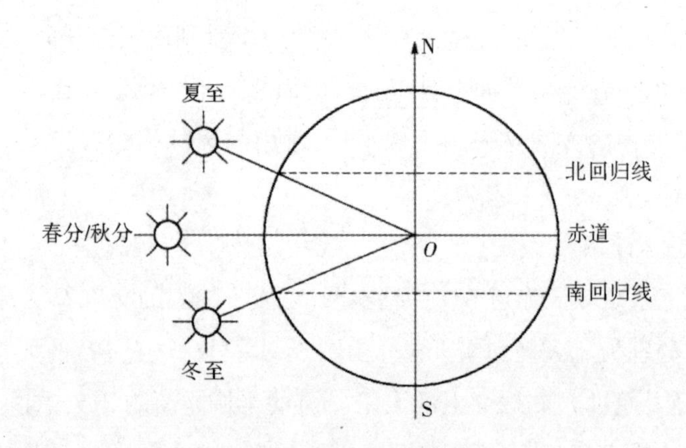

图 3-2　地球上赤纬角的变化

赤纬角可用 Cooper 方程近似计算：

$$\delta = 23.45\sin\left[360 \times \frac{284 + n}{365}\right]$$

上述公式中，n 为一年中的日期序号。例如，$n = 1$ 指的是元旦，$n = 81$ 指的是春分，$n = 365$ 指的是 12 月 31 日。这是一个近似计算公式，具体计算时不能得到春分日、秋分日的 δ 值同时为 0 的结果。更加精确的计算可用以下近似计算公式：

$$\delta = 23.45\sin\left[\frac{\pi}{2}\left(\frac{\alpha_1}{N_1} \times \frac{\alpha_2}{N_2} \times \frac{\alpha_3}{N_3} \times \frac{\alpha_4}{N_4}\right)\right]$$

式中，$N_1 = 92.975$，为春分日到夏至日的天数；α_1 为从春分日开始计算的天数；

$N_2 = 93.269$，为夏至日到秋分日的天数；α_2 为从夏至日开始计算的天数；

$N_3 = 89.865$，为秋分日到冬至日的天数；α_3 为从秋分日开始计算的天数；

$N_4 = 89.012$，为冬至日到春分日的天数；α_4 为从冬至日开始计算的天数；

例如，在春分日，$\alpha_1 = 0$，以此类推。

下式比上式计算值的精确度提高了数倍，但计算较复杂，所以在一般情况下都用上式来计算赤纬角 δ。

（2）地平坐标系

人在地面上观看空中的太阳相对地面的位置时，太阳相对地球的位置是相对于地面而言的，通常用高度角和方位角两个坐标决定。在某个时刻，由于地球上各处的位置不同，因而各处的高度角和方位角也不相同。

①天顶角 θ_Z　天顶角就是太阳光线 OP 与地平面法线 QP 之间的夹角。

②高度角 α_S　高度角就是太阳光线 OP 与其在地平面上投影线 Pg 之间的夹角，它表示太阳高出水平面的角度。高度角与天顶角之间的关系为：$\theta_Z + \alpha_S = 90°$

③方位角 γ_S　方位角就是太阳光线在地平面上的投影与地平面上正南方向间的夹角 γ_S。它表示太阳光线的水平投影偏离正南方向的角度，取正南方向为起始点（即 0°），向西（顺时针方向）为正，向东为负。

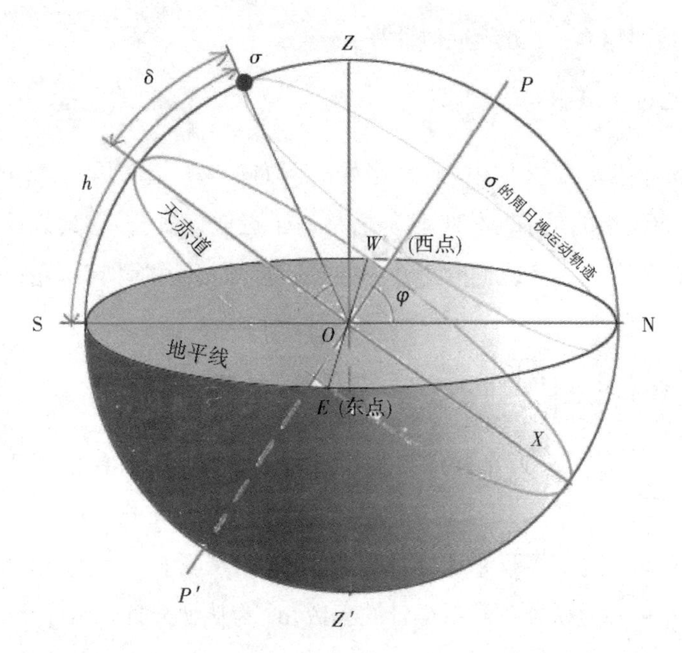

图3-3 地平坐标系

(3)太阳能角的计算

①太阳高度角的计算　高度角与天顶角、纬度(φ)、赤纬角及时角之间的关系为 $\sin\alpha_S=\cos\theta_Z=\sin\varphi\sin\delta+\cos\varphi\cos\delta\cos\omega$

在太阳正午时,$\omega=0$(正午以前为负,正午以后为正),上式可简化为

$\sin\alpha_S=\cos\theta_Z=\sin\varphi\sin\delta+\cos\varphi\cos\delta=\cos(\varphi-\delta)=\sin[90°\pm(\varphi-\delta)]$

当正午太阳在天顶角以南(即对于北半球而言,$\varphi>\delta$)时,$\alpha_S=90°-(\varphi-\delta)$

当正午太阳在天顶角以北(即对于南半球而言,$\varphi<\delta$)时,$\alpha_S=90°+(\varphi-\delta)$

②方位角 γ_S 的计算　方位角与赤纬角、高度角、纬度及时角之间的关系为

$\sin\gamma_S=\cos\delta\sin\omega/\sin\alpha_S$

$$\cos\gamma_S=\frac{\sin\alpha_S\sin\varphi-\sin\delta}{\cos\alpha_S\cos\varphi}$$

③日出、日落时的时角 ω_S　日出、日落时太阳高度角为0°,由太阳高度角的计算公式可得:$\cos\omega_S=-\tan\varphi\tan\delta$

日出时的时角为 ω_{Sr},其角度为负值;日落时的时角为 ω_{Ss},其角度为正值。对于某一地点而言,太阳日出与日落时的时角相对于太阳正午是对称的。

④日照时间 N　日照时间是当地从日出到日落之间的时间间隔。由于地

球每小时自转 15°,所以日照时间 N 可以用日出、日落时角的绝对值之和除以 15°得到。

$$N=\frac{\omega_{Ss}+|\omega_{Sr}|}{15}=\frac{2}{15}\arccos(-\tan\varphi\tan\delta)$$

⑤日出、日落时的方位角　日出、日落时太阳高度角为 0°,此时,$\cos\alpha_S=1$,$\sin\alpha_S=0$,由此可得:

$$\cos\gamma_{S,0}=\frac{\sin\alpha_{S,0}\sin\varphi-\sin\delta}{\cos\alpha_{S,0}\cos\varphi}=-\frac{\sin\delta}{\cos\varphi}$$

由此可知,由上述公式所得到的日出、日落时的方位角都有两组解,但只有一组是正确的。我国所处位置大致可划分为北热带(0° ~23.45°)和北温带(23.45° ~66.55°)两个气候带,当太阳赤纬角 $\delta>0°$(夏半年)时,太阳升起和降落都落在北面的象限(即数学上的第一、二象限);当太阳赤纬角 $\delta<0°$(冬半年)时,太阳升起和降落都落在南面的象限(即数学上的第三、四象限)。

5. 太阳能利用的基本形式

太阳能利用的基本形式有三种:太阳能热利用、太阳能热发电和太阳能光伏发电。

(1)太阳能热利用

太阳能热利用的基本原理是将太阳辐射能收集起来,通过与物质的相互作用转换成热能加以利用。目前使用最多的太阳能收集装置主要有平板型集热器、真空管集热器和聚焦集热器三种。根据其所能达到的温度和用途的不同,太阳能热利用可分为低温利用(<200 ℃)、中温利用(200 ℃ ~800 ℃)和高温利用(>800 ℃)。目前低温利用主要有太阳能热水器、太阳能干燥器、太阳能蒸馏器、太阳房、太阳能温室、太阳能空调制冷系统等,中温利用主要有太阳灶、太阳能热发电聚光集热装置等,高温利用主要有高温太阳炉等。

太阳能热利用技术有几大特点:①技术比较成熟,商业化程度较高;②太阳能热效率比较高,如太阳能热水器、太阳灶、太阳能干燥器,其平均热效率能达到 50% 左右;③应用范围广,具有广阔的市场,如农业、畜牧业、种植业、建筑业、工业、服务业和人类日常生活领域均能推广和应用。

(2)太阳能热发电

太阳能热发电是先将太阳辐射能转换为热能,然后再按照某种发电方式将热能转换为电能的一种发电方式。

太阳能热发电技术可分为两大类型:一类是利用太阳热能直接发电,如利用半导体材料或金属材料的温差发电、真空器件中的热电子和热离子发电、碱金属的热电转换以及磁流体发电等。其特点是发电装置本体无活动部件,但它们目前的功率均很小,有的仍处于原理性试验阶段,尚未进入商业化应用。另一类是太阳能热动力发电,就是说,先把热能转换成机械能,然后再把机械能转换为电能。这种类型已达到实际应用的水平。美国、西班牙、以色列等国家和地区已建成具有一定规模的实用电站,通常所说的太阳能热发电即为这种类型的太阳能热发电系统。太阳能热发电是利用聚光集热器把太阳能聚集起来,将某种工质加热到数百摄氏度的高温,然后经过热交换器产生高温高压的过热蒸汽,驱动汽轮机并带动发电机发电。从汽轮机出来的蒸汽,压力和温度均已大为降低,经冷凝器凝结成液体后,被重新泵回热交换器,又开始新的循环。世界上现有的太阳能热发电系统大致可分为槽式线聚焦系统、塔式系统和碟式系统三大基本类型。

亚洲首座太阳能热发电实验电站,我国首个、亚洲最大的塔式太阳能热发电电站——八达岭太阳能热发电实验电站,历经 6 年科研攻关和施工建设于 2012 年 8 月在延庆建成,并成功发电。这也使我国成为继美国、西班牙、以色列之后,世界上第四个掌握太阳能热发电技术的国家。该实验电站位于八达岭镇大浮坨村,热发电实验基地占地 300 亩,基地内包括一个高 119 米的集热塔和 100 面共 10000 平方米的定日镜。2013 年 6 月,该电站发电并入国家电网。电站正在建设 1 MW 槽式热发电系统,投入使用后,发电量将进一步增加。

随着新技术、新材料和新工艺的不断发展,研究开发工作的不断深入,并随着常规能源的涨价和资源的逐步匮乏,以及大量燃用化石能源对环境影响的日益突出,发展太阳能热发电技术将会逐渐显现出其经济社会的合理性。特别是在常规能源匮乏、交通不便而太阳能资源丰富的边远地区,当需要热电联合开发时,采用太阳能热发电技术是切实可行的。

(3)太阳能光伏发电

太阳能光伏发电是利用半导体的光生伏特效应将太阳辐射能直接转换成

电能，太阳能光伏发电的基本装置是太阳能电池。

太阳能电池本身无法单独构成发电系统，还必须根据不同的发电系统配备不同的辅助设备，如控制器、逆变器、储能蓄电池等。光伏发电系统可以配以蓄电池而构成可以独立工作的发电系统，也可以不带蓄电池，直接将太阳能电池发出的电力馈入电网，构成并网发电系统。

光伏发电具有许多优点，如安全可靠、无噪声、无污染，能量随处可得，不受地域限制，无须消耗燃料，无机械转动部件，故障率低，维护简便，可以无人值守，建站周期较短，规模大小随意，无须架设输电线路，可以方便地与建筑物相结合等。这些优点都是常规发电和其他发电方式所不具备的。理论上讲，光伏发电技术可以用于任何需要电源的场合，上至航天器，下至家用电源，大到兆瓦级电站，小到玩具，光伏电源可以无处不在。

二、太阳能光伏发电现状与发展前景

太阳能光伏发电最早可追溯自1954年由美国贝尔实验室所发明出来的太阳能电池，当时研发的动机只是为偏远地区提供电能供给，那时太阳能电池的效率只有6%。从1957年苏联发射第一颗人造卫星开始，一直到1969年美国宇航员登陆月球，太阳能光伏发电技术在空间领域得到了充分发挥，在其他领域也得到了越来越广泛的应用。

1. 世界光伏发电的发展现状

(1)发展综述

受欧债危机等影响，传统光伏装机大国如德国、意大利等普遍下调补贴费率，但在2016年全球仍新增光伏装机容量29.7 GW，同比增长3.6%。从装机分布看，欧洲新增光伏装机量约为18.2 GW，其中德国以7.6 GW的装机容量重回全球首位，同比增长2%；意大利则由2011年的全球第一下滑至全球第四，装机量为3.0 GW。与此同时，全球光伏装机市场发展重心逐渐向新兴光伏国家倾斜，中、美、日光伏市场正在加快崛起。中国在2016年的新增光伏装机容量达到4.5 GW，同比增长66.7%，成为仅次于德国的全球第二大光伏市场；美国以3.3 GW的装机容量位居全球第三，同比增长78.6%；日本光伏应用市场延续了2011年的上升势头，光伏新增装机容量近2.0 GW，约占全球新增光伏装机市场的6%，同比增长53.8%。截至2016年底，全球光伏累计装机容量突破100 GW。

(2)全球光伏制造业发展现状

1)多晶硅行业

从产量看,多晶硅产量保持平稳发展。2016 年全球产能达 40 万吨,同比增长 20%,产量约 23.4 万吨。其中,电子级多晶硅产量约 2.5 万吨,其余为太阳能级多晶硅。受供需关系影响,多晶硅价格下降较快,全球多晶硅价格降幅达 30% 以上,至 2016 年底,多晶硅现货价格仅约为 16 美元/千克。从区域发展角度看,全球多晶硅进入四国争霸阶段。2016 年,我国以 7.1 万吨的产量位居全球首位,美国以 5.9 万吨位居第二,韩国、德国和日本产量分别为 4.1 万吨、4 万吨和 1.3 万吨。其中,我国和韩国主要生产太阳能级多晶硅,日本主要供应电子级多晶硅,美国和德国则兼而有之。而在产能方面,我国以 19 万吨的产能稳居全球第一,美国以 8.6 万吨的产能位居第二,韩国以 5.7 万吨的产能位居第三,德国和日本约为 5.5 万吨和 1.9 万吨。从发展势头看,多晶硅产量逐渐形成中、美、韩、德四国拉锯,日本则盯紧电子级多晶硅这一细分市场。

从企业发展角度看,全球多晶硅产业集中度高。在全球前十家多晶硅产量排名表中,德国 Wacker 公司以 3.8 万吨的产量位居全球首位,我国江苏中能公司以 3.7 万吨的产量位居次席,韩国 OCI、美国 Hemlock 和美国 REC 公司分别以 3.3 万吨、3.1 万吨和 2.1 万吨位居三到五位。前十家多晶硅产量已占据全球多晶硅总产量的 79%。号称“四大金刚”的前四家多晶硅企业产能占全球的 45%,产量则占据全球的 59.4%。

2)硅片行业

产业规模保持平稳发展,产业集中度不断提高。2012 年,全球硅片产能超过 60 GW,同比增长 7.1%,每瓦耗硅量已下降至 6 g/W 以下,部分企业的耗硅量已下降至 5.2 g/W。2016 年全球硅片产量保持平稳,达 36 GW,与 2011 年基本持平。从 2007 年至 2016 年全球硅片产能/产量情况可以看出,近年来硅片产量的增长由前几年的快速增长转向平稳发展。从发展区域看,全球硅片产量逐渐集中在亚太地区,尤其是我国。我国硅片产能已超过 40 GW,占全球总产能的 67% 以上,2016 年全球硅片产量主要分布在中国、日本、韩国和欧洲等国家。从 2016 年生产规模最大的前十家硅片企业的产能情况可以看出,前十家硅片企业产能达 26 GW,产量达 16.6 GW,约占全球总产量的 46%。其中中国大陆占据7家,这7家硅片企业的产能也占据了前十大硅片产能的75%,最大的保利协鑫硅片产能已达8 GW,产量达5.6 GW。

3)电池片行业

全球电池片生产规模保持增长势头。2012年,全球太阳能电池片产能超过70 GW(含薄膜电池),产量达37.4 GW,与2011年的35 GW相比,同比增长6.9%。在电池种类上,晶体硅电池产量约为33 GW,薄膜电池约为4 GW,聚光电池约为100 MW。在区域分布上,中国大陆以21 GW产量位居全球首位,接下来分别为中国台湾、日本、欧洲、美国等国家或地区。值得关注的是,由于2012年美国对中国大陆生产的晶硅电池片征收23%~249%不等的关税,因此部分中国大陆企业纷纷通过使用中国台湾等第三方电池片,以规避美国"双反"征税,使得中国台湾等地区的晶硅电池片行业快速发展。尤其是中国台湾地区,依托于自身强劲的半导体产业基础,再加上美国"双反"的有利因素,产量同比增长达22%,远高于全球增幅。

产业集中度略有提高。从生产企业看,全球前十家企业电池片产量达到14.6 GW,约占全球总产量的39%,同比增长2%。在电池类型上,九家为晶硅电池生产企业,只有美国First Solar一家薄膜电池企业(CdTe薄膜电池)。在区域布局上,中国大陆和中国台湾地区共占据8席,另外两家分别为美国First Solar和韩国韩华集团(韩华集团2016年收购德国最大电池片生产企业Q-Cell的晶硅电池业务,其总产能达到2250 MW),其中中国英利以2 GW的产量位居全球首位,其晶硅电池片产能已达到2450 MW,美国First Solar公司以1.9 GW的产量位居第二,而中国晶澳则以1.8 GW的产量位居全球第三,其产能也已达到2.8 GW。

4)电池组件行业

组件产量依然保持平稳增长势头。2016年产能达70 GW,同比增长11.1%,产量达37.2 GW,同比增长6.3%。从区域看,中国依然是太阳能电池组件的最大生产国,产量达23 GW,主要是晶体硅电池(占比达到98%),欧洲则以近4 GW的产量位居第二(其中薄膜电池占比约为20%),日本以约2.4 GW产量位居第三(其中薄膜电池约600 MW,占比达25%)。而韩国、马来西亚、新加坡等亚洲国家的产量也达到GW量级。

从产业集中度看,全球出货量最大的前十家组件企业产量达13.9 GW,占世界总产量的38%,同比增长2个百分点。在这十家光伏企业中,中国占据六席,美国占据两席,日本和韩国各占一席。其中英利以近2.3 GW的产量位居第一,First Solar以1.9 GW位居第二,尚德、天合、阿特斯、晶澳、夏普(日本)、SunPower(美国)、韩华(韩国)和晶科分别以1.7 GW、1.7 GW、1.6 GW、1.1 GW、1.06 GW、0.925 GW、0.85 GW和0.84 GW分列第三到第十位。

5)薄膜电池行业

由于晶硅电池生产成本与售价大幅下降,造成薄膜电池因为光电转换的效率不及晶硅电池、成本优势不明显等原因丧失了对晶硅电池的竞争优势。因此,近年来薄膜电池产量出现下滑态势。2016年,全球薄膜电池产量约3530 MW,同比下降13.9%。其中硅基薄膜电池950 MW,CIGS约680 MW,CdTe约1900 MW,中国大陆薄膜电池产量约400 MW,几乎均为硅基薄膜电池。虽然薄膜电池产量出现下滑,但有分析机构统计,薄膜电池市场规模在2016年近30亿美元。如果First Solar等CIGS主要薄膜厂商在效率、成本、产量和市场路线方面取得突破的话,薄膜市场在2016年有望回暖至76亿美元的规模。

在薄膜电池产量下降的同时,其占全球光伏市场的市场份额也在逐步下滑。在2010年之前,由于多晶硅价格较高,晶硅电池生产成本一直居高不下,薄膜电池相较于晶硅电池成本优势明显,因此虽然薄膜电池的光电转换效率较低,但其市场份额依然不断上升,并在2009年达到最高16.5%的市场份额。但由于晶硅电池组件生产成本大幅下降(0.6美元/瓦左右),产业化转换效率不断提高(单晶硅组件16.5%,多晶硅组件15.5%),而薄膜电池技术却迟迟得不到突破,薄膜电池相较晶硅电池的优势逐渐丧失,因此市场份额也逐渐下滑,至2012年,薄膜电池所占市场份额为9.4%。

6)光伏设备行业

因欧债危机冲击,加上德国和意大利政府对光伏发电补助对策的动向不明,光伏产品生产厂设备投资趋向慎重。据统计,2011年全球光伏设备销售收入130亿美元,2016年下降到36亿美元。2011年有23家供应商的光伏设备营收超过1亿美元,而2012年仅有8家,相信这种局面不会持续太久,在不久的将来,全球光伏设备销售收入仍会突破100亿美元的大关。

三、光伏发电系统的类型

太阳能光伏发电系统根据负载性质、应用领域以及是否与电力系统并网等可以有多种多样的形式。根据负载性质的不同,太阳能光伏发电系统可分为直流光伏系统和交流光伏系统。根据应用领域的不同,太阳能光伏发电系统可分为住宅用、公共设施用以及产业设施用太阳能光伏系统等。住宅用太阳能光伏系统可以用于一家一户,也可以用于居民小区等;公共设施用太阳能光伏系统主要用于学校、机关办公楼、道路、机场设施以及其他公用设施等;产业设施用太阳能光伏系统主要用于工厂、营业场所、宾馆以及加油站等设施。根据是否与电力系统并网,太阳能光伏发电系统可分为独立光伏发电系统和并网光伏发电系统。此外,太阳能光伏发电系统还有互补型光伏发电系统(混合系统以及小规模新能源系统等)。本章将着重介绍独立光伏发电系统、并网光伏发电系统以及互补型光伏发电系统的构成、特点及其应用。

(一)独立光伏发电系统

独立光伏发电系统(Stand-alone photovoltaic power generation system)不与电网相连,直接向负载供电,其主要应用在以下几个方面:一是通信工程和工业应用,包括微波中继站、卫星通信和卫星电视接收系统、铁路公路信号系统、气象台站、地震台站等;二是农村和边远地区应用,包括太阳能户用系统、太阳能路灯、水泵等各种带有蓄电池的可以独立运行的光伏发电系统。鉴于我国边远山区多、海岛多的特点,独立运行的光伏发电系统有着广阔的市场。

独立光伏发电系统根据负载的种类,即是直流负载还是交流负载,是否使用蓄电池以及是否使用逆变器,可分为以下几种:直流负载直结型,直流负载蓄电池使用型,交流负载蓄电池使用型,直、交流负载蓄电池使用型等系统。

(1)直流负载直结型系统

在直流负载直结型系统中,太阳能电池与负载(如换气扇、抽水机)直接连接。该系统是一种不带蓄电池的独立系统,它只能在日照不足或太阳能光伏系统不工作等无关紧要的情况下使用。例如灌溉系统、水泵系统等。

(2)直流负载蓄电池使用型系统

直流负载蓄电池使用型系统,由太阳能电池、蓄电池组、充放电控制器以及直流负载等构成。蓄电池组用来存储电能以供直流负载使用。白天阳光充足时，太阳能光伏发电系统把其所产生的电能，一部分供直流负载使用，另一部分（剩余电能）则存入蓄电池组；夜间、阴雨天时，蓄电池组向负载供电。这种系统一般用在夜间照明（如庭园照明等）、交通指示用电源、边远地区设置的微波中转站等通信设备备用电源、远离电网的农村用电源等场合。目前这种系统比较常用。

(3)交流负载蓄电池使用型系统

如图3－4所示，交流负载蓄电池使用型系统由太阳能电池、蓄电池组、充放电控制器、逆变器以及交流负载等构成。该系统主要用于家用电器设备，如电视机、电冰箱和洗衣机等。由于这些设备为交流设备，而太阳能电池输出的为直流电，因此必须使用逆变器将太阳能电池输出的直流电转换成交流电。当然，根据不同系统的实际需要，也可不使用蓄电池组，而只在白天为交流负载提供电能。

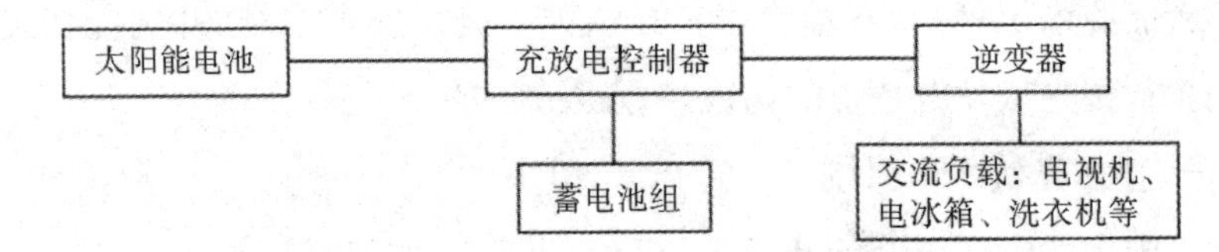

图3－4 交流负载蓄电池使用型系统

(4)直、交流负载蓄电池使用型系统

如图3－5所示，直、交流负载蓄电池使用型系统由太阳能电池、蓄电池组、充放电控制器、逆变器、直流负载以及交流负载等构成。该系统可同时为直流设备以及交流电气设备提供电能。由于该系统为直流、交流负载混合系统，除了要供电给直流设备，还要为交流设备供电。因此，同样要使用逆变器将直流电转换成交流电。

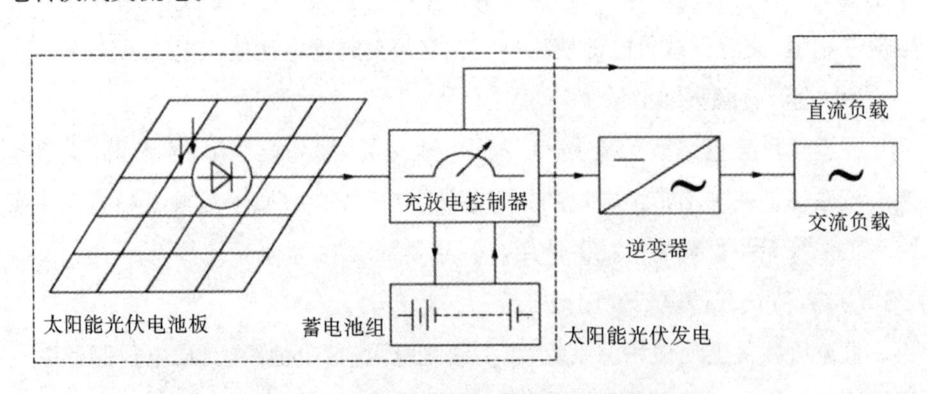

图3－5 直、交流负载蓄电池使用型系统

住宅用太阳能光伏发电系统大多采用直、交流负载蓄电池使用型系统，主要为无电、缺电的家庭和小单位以及野外流动工作的场所提供所需的电能，行业内经常称之为家用太阳能光伏发电系统或用户太阳能光伏发电系统等。其工作过程是：光伏阵列首先将接收来的太阳辐射能量直接转换成电能，一部分经充放电控制器直接供给直流负载，另一部分经过逆变器将其直流电转换为交流电供给交流负载使用，与此同时还将多余的电能经充放电控制器以化学能的形式存储于蓄电池组中。在日照不足或夜间时，储存在蓄电池组中的能量经过逆变器后变成方波或 SPWM 波，然后再经滤波和工频变压器升压后变成交流 220 V、50 Hz 的正弦电源供给交流负载使用。此时逆变器工作于无源逆变状态，为电压控制性电压源逆变器，相当于一个受控电压源。

住宅用光伏发电系统的容量一般在几百瓦到几十千瓦之间，主要用于照明和对常用家用电器（电视机、电冰箱、洗衣机甚至空调等）负荷供电。图 3－6 所示为住宅用光伏发电系统的应用场景。

图 3－6　住宅用太阳能光伏发电系统应用场景

（二）并网光伏发电系统

并网光伏发电系统（grid-connected PV system）是指将太阳能光伏发电系统与电力系统并网的系统，它可分为无逆流并网系统、有逆流并网系统、切换式并网系统、自立运行切换型系统、地域并网型太阳能光伏系统、直流并网光伏发电系统、交流并网光伏发电系统以及小规模电源系统等。

(1)无逆流并网系统

在正常情况下,相关负载由太阳能电池提供电能;而当太阳能电池所提供的电能不能满足负载需要时,负载从电力系统得到电能;如果太阳能电池所提供的电能除满足负载要求外,还有剩余电能,但系统并不把剩余电能流向电网。人们将此类光伏系统称之为无逆流并网系统,如图 3-7 所示。

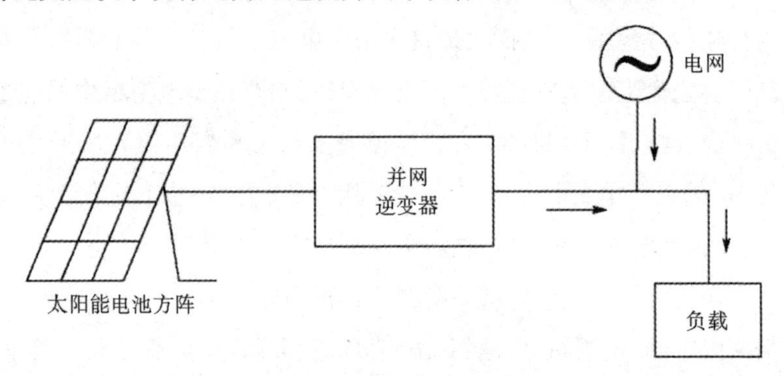

图 3-7 无逆流并网系统

由上述分析可知,在无逆流并网系统中,当太阳能电池的发电量超过用电负载量时,只有通过某种手段让太阳能光伏系统少发一部分电,从而避免白白损失一部分太阳能。为了克服上述缺点,有逆流并网系统应运而生。

(2)有逆流并网系统

在正常情况下,相关负载由太阳能电池提供电能;而当太阳能电池所提供的电能不能满足负载需要时,则负载从电力系统得到电能;如果太阳能电池所提供的电能除满足负载要求外,还有剩余电能且能让剩余电能流向电网,人们就将此类光伏系统称之为有逆流并网系统(图 3-8)。对于有逆流并网系统来说,由于太阳能电池产生的剩余电能可以供给其他负载使用,因此可以充分发挥太阳能电池的发电能力,使电能得到最大化利用。

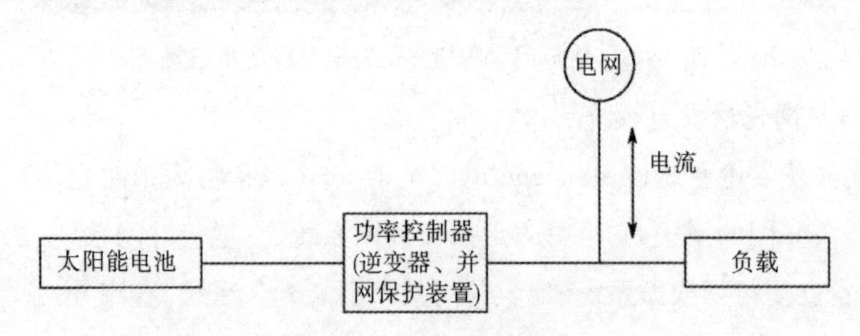

图 3-8 有逆流并网系统

有逆流并网系统的最大优点是可省去蓄电池。这不仅可节省投资,使太阳能光伏系统的成本大大降低,有利于太阳能光伏系统的普及,而且可省去蓄电池的维护、检修等费用,所以该系统是一种十分经济的系统。目前,不带蓄电池、有逆流的并网式屋顶太阳能光伏系统正得到越来越广泛的应用。

(3)切换式并网系统

切换式并网系统如图 3 -9 所示,该系统主要由太阳能电池、蓄电池组、充放电控制器、逆变器、自动转换开关电器(ATSE, Automatic Transfer Switching Equipment,由一个或几个转换开关电器和其他必需的电器组成,主要用于监测电源电路过压、欠压、断相、频率偏差等,并将一个或几个负载电路从一个电源自动转换到另一个电源的电器,如市电与发电的转换、两路市电的转换,主要适用于低压供电系统,即额定电压交流不超过 1000 V 或直流不超过 1200 V,在转换电源期间中断向负载供电)以及负载等构成。正常情况下,太阳能光伏系统与电网分离,直接向负载供电。而当日照不足或连续雨天,太阳能光伏系统出力不足时,自动转换开关电器自动切向电网一边,由电网向负载供电。

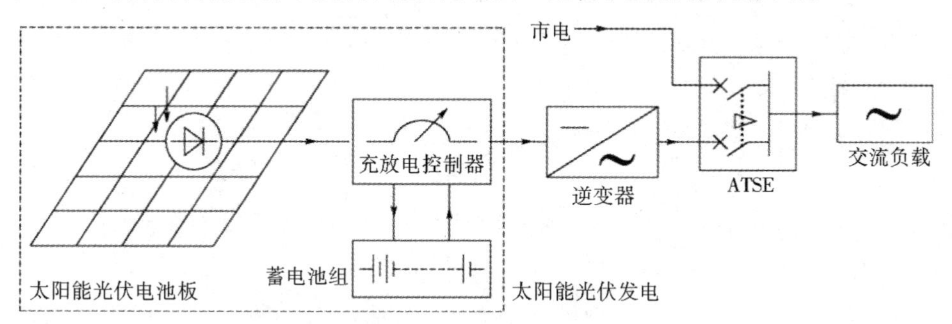

图 3 -9　切换式并网系统

不难看出,切换式并网系统是在独立发电系统的基础上,在用电负载侧增加一路交流市电供电,与太阳能光伏发电经逆变的交流供电回路组成 ATSE 双电源自动切换,供电给交流用电负载。对于直流用电负荷,把交流市电整流同样可组成 ATSE 双电源自动切换直流供电系统。这种并联光伏发电系统的供配电方式,显然比独立发电系统优越得多。它除了具有独立光伏发电系统的灵活、简单,适用于分散供电场所和应用普遍的特点外,其最大的优点是一旦太阳能光伏系统供电不足或中断,可借助 ATSE 自动切换,由市电供电,满足用电需要,从而提高了供电的可靠性,同时也可使系统减少配置蓄电池组的容量,节约一定的投资。

但是,ATSE自动切换装置的切换时间是毫秒到秒量级,在切换期间负载供电是要中断的,这可能导致许多用电设备不能正常工作,甚至可能造成相关设备数据丢失或设备损坏,所以必须要注意,切换式并网系统并不是一种不间断供电系统。

(4)自立运行切换型系统

自立运行切换型系统(图3-10)一般用于救灾等特殊情况。通常,该系统通过系统并网保护装置与电力系统连接,太阳能光伏系统所产生的电能供给负荷。当灾害发生时,系统并网保护装置使太阳能光伏系统与电力系统分离。带有蓄电池的自立运行切换型系统可作为紧急通信电源、避难所、医疗设备、加油站、道路指示、避难场所指示以及照明等的电源,当灾害发生时向灾区紧急负荷供电。

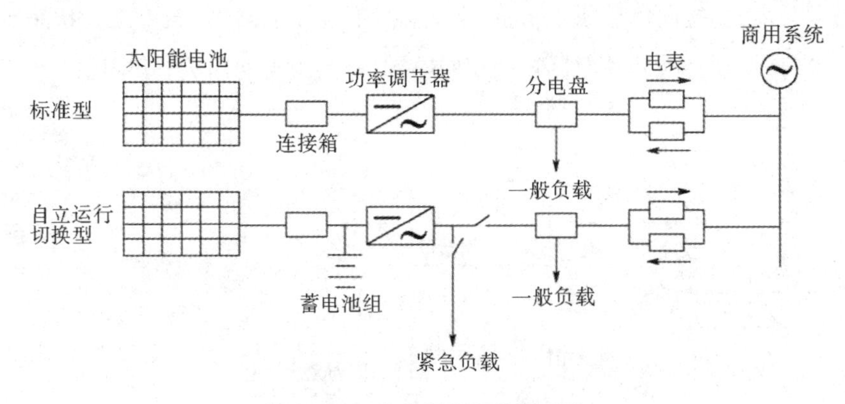

图3-10 自立运行切换型系统

(5)地域并网型太阳能光伏系统

传统的太阳能光伏并网系统结构如图3-11所示,主要由太阳能电池、逆变器、控制器、自动保护系统以及负荷等构成。其特点是太阳能光伏系统分别与电力系统的配电线相连。各太阳能光伏系统的剩余电能直接送往电力系统(称为卖电)。当各负荷所需电能不足时,直接从电力系统得到电能(称为买电)。

传统的太阳能光伏系统存在如下的问题:

1)成本问题

目前,太阳能光伏系统的发电成本较高是制约太阳能光伏发电普及的重要

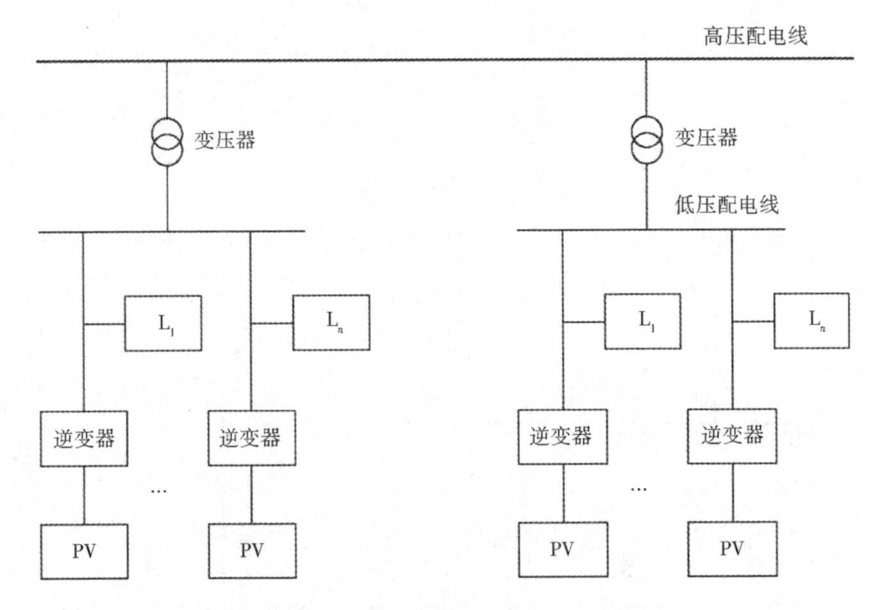

图 3－11　传统的太阳能光伏并网系统结构

（I：民用负荷，L：公用负荷，PV：太阳能电池）

因素，如何降低成本是人们最为关注的问题。

2）逆充电问题

所谓逆充电问题，是指当电力系统的某处出现事故时，尽管将此处与电力系统的其他线路断开，但此处如果接有太阳能光伏系统的话，太阳能光伏系统的电能会流向该处，有可能导致事故处理人员触电，严重的会造成人员伤亡。

3）电压上升问题

由于大量的太阳能光伏系统与电力系统并网，晴天时太阳能光伏系统的剩余电能会同时送往电力系统，使电力系统的电压上升，导致供电质量下降。

4）负荷均衡问题

为了满足最大负荷的需要，必须相应地增加发电设备的容量，但这样就会使设备投资额增加，不经济。

如图 3－12 所示，地域并网型太阳能光伏系统在一定程度上解决了上述问题。图中的虚线部分为地域并网型太阳能光伏系统的核心部分。各负荷、太阳能光伏电站以及电能储存系统与地域配电线相连，然后与电力系统的高压配电线相连。

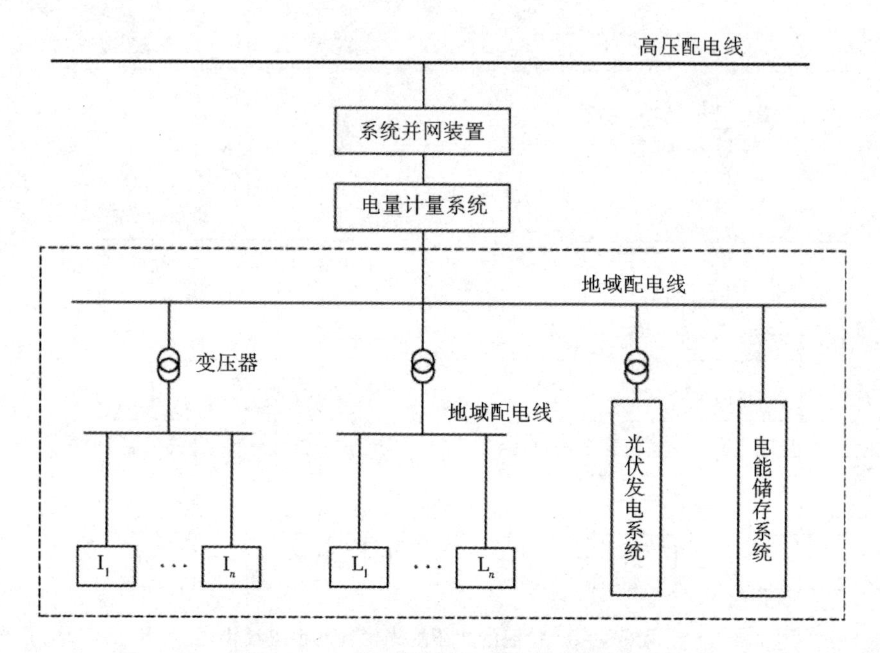

图 3-12 地域并网型太阳能光伏系统

太阳能光伏电站可以设在某地域的建筑物的壁面,学校、住宅等的屋顶、空地等处,太阳能光伏电站、电能存储系统以及地域配电线等相关设备可由独立于电力系统的第三者(公司)建造并经营。

地域并网型太阳能光伏系统的特点如下:

①太阳能光伏电站(系统)发出的电能首先向地域内的负荷供电,有剩余电能时,电能存储系统先将其储存起来,若仍有剩余电能则卖给电力系统;当太阳能光伏电站的出力不能满足负荷需要时,先由电能储存系统供电,仍不足时则从电力系统买电。这种并网系统与传统的并网系统相比,可以减少买、卖电量。太阳能光伏电站发出的电能可以在地域内得到有效利用,可提高电能的利用率,降低成本,有利于光伏发电的应用与普及。

②地域并网型太阳能光伏系统通过系统的并网装置(内设有开关)与电力系统相连。当电力系统的某处出现故障时,系统并网装置检测出故障,并自动断开开关,使太阳能光伏系统与电力系统脱离,防止太阳能光伏系统的电能流向电力系统,有利于系统检修与维护。因此,这种并网系统可以很好地解决逆充电问题。

③地域并网型太阳能光伏系统通过系统并网装置与电力系统相连,所以只需在并网处安装电压调整装置或使用其他方法,就可解决由于太阳能光伏系统

同时向电力系统送电时所造成的系统电压上升问题。

④负荷均衡问题。电能储存装置可以将太阳能光伏发电的剩余电能储存起来，可在最大负荷时（用电高峰期）向负载提供电能，因此可以起到均衡负荷的作用，从而大大减少调峰设备，节约投资。

（6）直流并网光伏发电系统

太阳能光伏发电系统要与城市电力系统并网运行，由于前者是直流电，而后者通常是交流电，因此只有两种方法：一是把太阳能光伏发电系统的直流电逆变成交流电，再与交流电并网运行；二是把城市电力系统的交流电整流成直流电，再与太阳能光伏发电系统的直流电并网运行。从实际运用看，并网系统也可以分为直流并网系统和交流并网系统。

直流并网光伏发电系统接线原理图如图 3－13 所示。对于中小型光伏发电系统，采用交流变直流再并网的运行方式有许多可取之处，主要表现在以下几方面。

1）并网简单易行

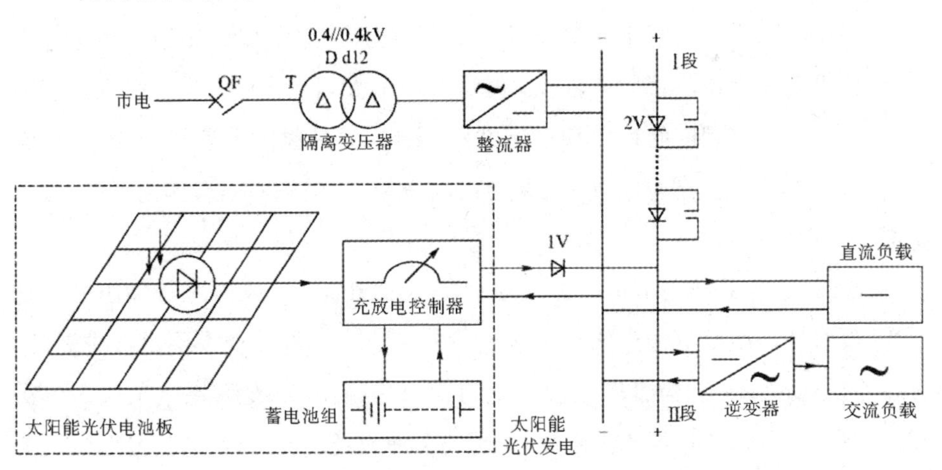

图 3－13　直流并网光伏发电系统接线原理图

众所周知，交流并网需要两交流系统的电压、频率、相位相同或相近，然后采用准同期或自同期进行并网。而直流并网只需两系统的正负极性相同、电压相等就可以并网运行。图 3－13 中的太阳能光伏发电系统输出直流电压、光伏电池板、蓄电池组按一定电压值配置，经充放电控制器控制，数值基本上是稳定的。交流系统经晶闸管整流直流调压，其技术成熟稳定，可达到无级直流调压。

因此，直流并网系统相对交流并网系统简单易行。

2）投入主要设备简单经济，技术成熟可靠

直流并网投入的主要设备是大功率晶闸管整流设备，交流并网投入的主要设备是大功率晶闸管变压、变频逆变器。前者仅整流和调压，一般只需要采用三相桥式半控（或可控）整流，仅控制晶闸管触发回路脉冲信号的控制角，从而改变晶闸管导通角大小，达到整流和无级调压，输出一定值的直流电源电压。

后者是从直流变交流，为了断开晶闸管，一般采用与负载并联或串联的电容器，所需晶闸管数量是半控整流电路的2倍。晶闸管触发回路不仅要像整流一样控制晶闸管导通角的大小，达到一定的交流电压值，还需要控制其触发频率，控制三相交流输出按50 Hz正弦函数规律周期性地改变输出电压值的大小和正负，控制三相电压相位互差120°等，最后达到输出50 Hz、平衡对称、有一定大小电压值、按正弦函数变化的交流电源电压。不难看出，前者过程相对简单，设备经济，技术相对容易、成熟、可靠。

3）电源功率输出的调节、控制方便

从图3－13看出，直流母线经2 V二极管分成Ⅰ、Ⅱ两段，Ⅰ段是市电直流电源段，Ⅱ段是共用的直流负载输出段。中小型太阳能光伏发电系统发电能力不大，为达到一定程度的稳定和连续性发、供电，宜根据发电容量的大小，适配一定容量的蓄电池，作为积累光伏发电的功率能量，但它不同于作为存储、备用的蓄电池配置。

该并网发电系统正常运行方式应当是让太阳能光伏发电系统发出的全部功率，经Ⅱ段母线配电输出给负载供电。只有当光伏发电功率不足或中断时，才由市电通过2 V二极管向Ⅱ段用电负荷供电，补充或全部供给负载用电需要，达到最经济的运行方式。但是，要达到这种最经济的运行方式，只有合理控制Ⅰ、Ⅱ段的母线电压正负差值大小方可实现。

当Ⅱ段电压高于Ⅰ段，电压差值为正，光伏发电系统输出功率，反之，市电输出部分或全部用电功率。由于太阳能光伏发电系统最终是靠蓄电池组的充放电来实现发供电的，每种蓄电池都有最佳的充电电压和允许的放电终止电压值，由充放电控制器控制，因此只要设定当Ⅱ段电压低于蓄电池组允许的放电终止电压值时，就意味着太阳能光伏发电系统输出功率满足不了负载需要。这时,调节市电系统整流器的输出电压值以及2 V二极管的节数,使Ⅰ段电压克服2 V压降后,恰好大于Ⅱ段的电压值,达到Ⅰ段向Ⅱ段补充供电,满足负载用电的需要,又维持Ⅱ段电压在蓄电池允许的放电终止电压值。当太阳能光伏发电系统输出功率增加时,蓄电池放电电压克服1 V二极管压降后又大于这时Ⅱ段的电压,太阳能光伏发电系统加大供电,直到Ⅱ段电压高于Ⅰ段,市电又停止供电。以上控制过程,最终只需要控制和维持Ⅰ、Ⅱ段的电压值和电压差,就能达到调节和控制功率输出的目的,其过程比较简单和方便,而且可完全实现自动化控制。

4)能有效防止逆功率反送

防止逆功率反送包括两个方面:一方面要防止光伏系统向市电系统反送功率,另一方面也要防止后者向前者反送功率。装2 V多节二极管一是为了调节、控制Ⅰ、Ⅱ段母线的电压差值,二是为了防止太阳能光伏发电系统向市电系统反送电。此外,在隔离变压器T1的市电侧,装设带有逆变功率保护的空气断路器QF,以便更加可靠地保证光伏系统不会向市电系统逆功率反送。同理,装设1 V二极管,是为了防止市电系统向光伏系统倒送电。

5)用电负载形式多样化

由于太阳能光伏发电系统是直流供电系统,因此可直接向直流负载供电,如直流电动机、LED灯、直流电源等,工业上还有直流电镀、电解等,可以直接向变频调速的交流电机负载供电,减少交流供电变频调速过程的交—直—交中的交—直环节,可以借助逆变器向交流负载供电。由于该系统是单独的用电负载,逆变器功率小,不会像大功率电源逆变器影响面大。直流供电没有无功的传递,损耗小,单相输送,选用的电缆根数少。

6)采用防止谐波对市电系统影响的措施

在市电供电系统中,配置1∶1电压变比的变压器T1,并按照Dd12的方式接线,就是为了有效地防止直流系统产生的多次谐波,主要是三次谐波窜入市电系统,影响市电供电电能的质量。

直流并网光伏发电系统具体的供配电方式,应根据用电负荷的重要性、容量大小、分布情况、负荷特性等具体情况,灵活合理地选用。

(7)交流并网光伏发电系统

交流并网光伏发电系统主要由太阳能电池方阵和并网逆变器等组成,其原理如图 3 – 14 所示。白天有日照时,太阳能电池方阵发出的电经并网逆变器将电能直接输送到交流电网上,或将太阳能所发出的电经并网逆变器直接转换为交流负载供电。

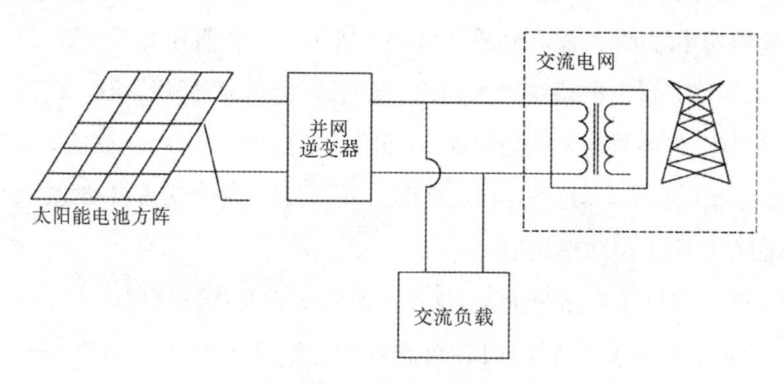

图 3 – 14 交流并网光伏发电系统原理图

图 3 – 15 所示为某 10 kW 交流并网光伏系统图,主要由光伏阵列、并网逆变器以及直流、交流配电柜等构成。系统采用 13 串 3 并阵列组合,以最终构成 3 个独立单相并网逆变系统连入三相四线电网,每块电池板的功率为 85 Wp(Wp 即太阳能电池峰值功率)。这种设计的优点在于系统运行可靠性高、容易维护,而且即使某相发生故障,其他两相仍可继续发电。

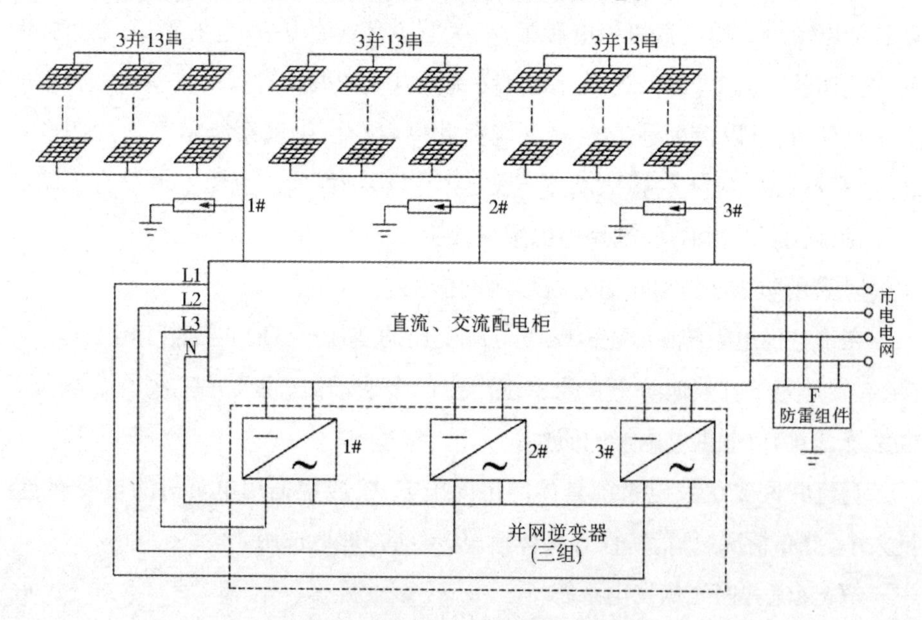

图 3 – 15 某 10 kW 交流并网光伏系统

从图 3 - 15 可以看出,该交流并网光伏系统的并网逆变器与直流、交流配电柜分开配置。其中,直流、交流配电柜内主要包括交、直流保护开关,防雷组件,直流电压表,直流电流表,交流电压表以及三相电度表等。在光伏阵列输出端以及三相四线制市电输入端均加装防雷器,以确保系统安全可靠运行。图 3 - 16所示为深圳国际园林花卉博览园 1 MW BIPV(Building Integrated Photovoltaic,光伏建筑一体化)并网光伏系统实景图。

图 3 - 16　深圳国际园林花卉博览园 1 MW BIPV 并网光伏系统实景图

(三)互补型光伏发电系统

太阳能光伏系统与其他发电系统(如风力、柴油发电机组、集热器、燃料电池、生物质能等)组成多能源的发电系统,通常称之为互补型光伏发电系统或混合发电系统。互补型光伏发电系统主要适用于以下情况:太阳能电池的出力不稳定,需使用其他的能源作为补充时和太阳能电池的热能做综合能源加以利用时。互补型光伏发电系统一般可分成风光互补发电系统、风—光—柴互补发电系统、太阳光热互补发电系统、太阳能光伏—燃料电池互补发电系统以及小规模新能源电力系统等,其中风光互补发电系统应用得最广泛。

1. 互补型光伏发电系统的类型

(1)风光和风—光—柴互补型发电系统

风光互补发电系统(图3－17)主要由风力发电机、太阳能电池阵列、电力转换装置(控制器、整流器、蓄电池、逆变器)以及交、直流负载等组成,风—光—柴互补发电系统(图3－18)比风光互补发电系统多了一个柴油发电机和一个调节控制器,图3－19所示为风光互补路灯实景图。风光和风—光—柴互补发电系统是集太阳能、风能、柴油发电机组发电等多能源发电技术及系统智能控制技术为一体的混合发电系统。

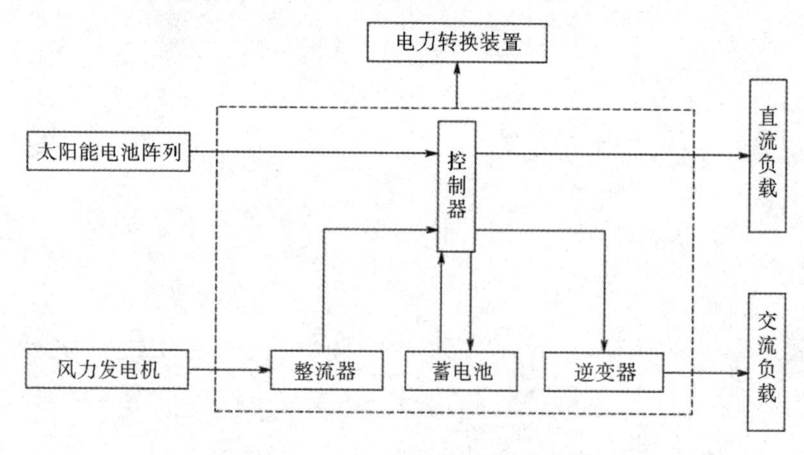

图3－17 风光互补发电系统结构框图

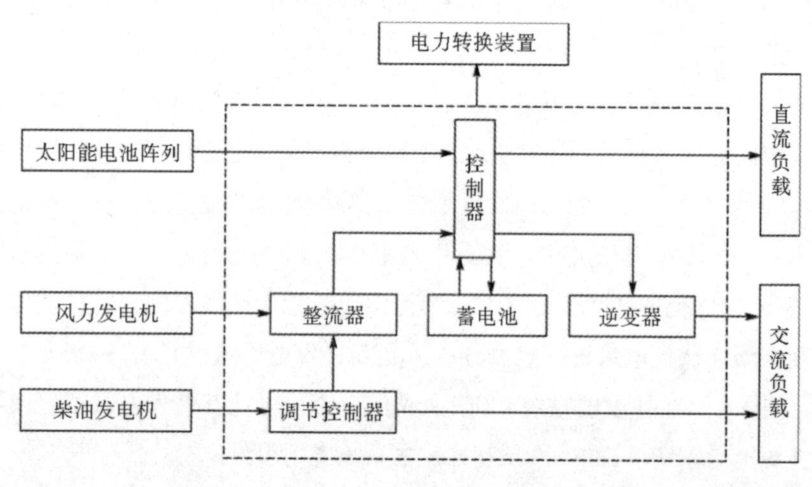

图3－18 风—光—柴互补发电系统结构框图

图 3－19　风光互补路灯实景图

风光互补发电系统根据当地太阳辐射变化和风力情况，可以在以下四种模式下运行：太阳能光伏发电系统单独向负载供电；风力发电机组单独向负载供电；太阳能光伏发电系统和风力发电机组联合向负载供电以及蓄电池组向负载供电。

1）太阳能电池阵列

太阳能电池阵列是将太阳能转化为电能的发电装置。当太阳照射到太阳能电池上时，电池吸收光能，产生光生电子—空穴对。在电池的内建电场作用下，光生电子和空穴被分离，光电池的两端出现异号电荷的积累，即产生“光生电压”，这就是“光生伏特效应”。若在内建电场的两侧引出电极并接上负载，则负载中就有“光生电流”流过，从而获得功率输出。这样，太阳光能就直接变成了可付诸使用的电能。

太阳能电池方阵将太阳辐射能直接转化为电能，按要求它应有足够的输出功率和输出电压。单体太阳能电池是将太阳辐射能直接转换成电能的最小单元，一般不能单独作为电源使用。作为电源用时应按用户使用要求和单体电池的电性能将几片或几十片单体电池串、并联连接，经封装，组成一个可以单独作为电源使用的最小单元，即太阳能电池组件。太阳能电池方阵产生的电能一方面经控制器可直接向直流负载供电，另一方面经控制器向蓄电池组充电。从蓄电池组输出的直流电，一方面通过 DC/DC 变换供给直流负载，另一方面通过逆变器后变成了 220 V（380 V）的交流电，供给交流负载。

太阳能电池方阵的功率,需根据使用现场的太阳总辐射量、太阳能电池组件的光电转换效率以及所使用电器装置的耗电情况来确定。

2)风力发电机

风力发电机是将风能转化为电能的机械。从能量转换角度看,风力发电机由两大部分组成:一是风力机,它将风能转化为机械能;二是发电机,它将机械能转化为电能。小型风力发电机组一般由风轮、发电机、尾舵和电气控制部分等构成。常规的小型风力发电机组多由感应发电机或永磁发电机加 AC/DC 变换器、蓄电池组、逆变器等组成。在风的吹动下,风轮转动起来,使空气动力能转变成机械能。风轮的转动带动了发电机轴的旋转,从而使永磁三相发电机发出三相交流电。风速不断变化,忽大忽小,发电机发出的电流和电压也随着变化。发出的电经过控制器整流,由交流电变成具有一定电压的直流电,并向蓄电池进行充电。从蓄电池组输出的直流电,一方面通过 DC/DC 变换供给直流负载,另一方面通过逆变器后变成 220 V(380 V)的交流电供给交流负载。

图 3-20 为风力发电机输出功率曲线,其中 v_c 为启动风速,v_R 为额定风速,此时风机输出额定功率,v_p 为截止风速。

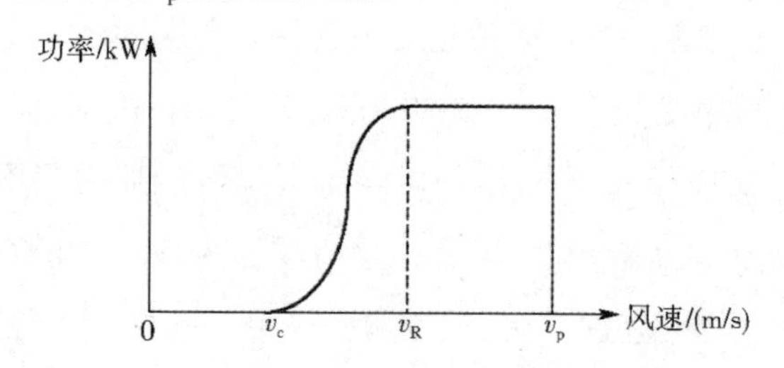

图 3-20 风力发电机输出功率曲线

当风速小于启动风速时,风机不能转动。当风速达到启动风速后,风机开始转动,带动发电机发电。发电机输出电能供给负载以及给蓄电池充电。当蓄电池组端电压达到设定的最高值时,由电压检测信号电压通过控制电路进行开关切换,使系统进入稳压闭环控制,既保持对蓄电池充电,又不致使蓄电池过充。当风速超过截止风速 v_p 时,风机通过机械限速机构使风力机在一定转速下限速运行或停止运行,以保证风力机不致损坏。

3)电力转换装置

由于风能的不稳定性,风力发电机所发出电能的电压和频率是不断变化的;同时太阳能也是不稳定的,所发出的电压也随时变化,而且蓄电池只能存储直流电能,无法为交流负载直接供电。因此,为了给负载提供稳定、可靠的电能,需要在负载和发电机之间加入电力转换装置,这种电力转换装置主要由整流器、逆变器、蓄电池组和控制器等组成。

①整流器 整流器的主要功能是对风力发电机组和柴油发电机组输出的三相交流电进行整流,整流后的直流电经控制器再对蓄电池组进行充电,整流器一般采用三相桥式整流电路。在风电支路中的整流器的另外一个重要作用是,在外界风速过小或者基本没风的情况下,风力发电机的输出功率较小,由于三相整流桥中电力二极管的导通方向只能是由风力发电机的输出端到蓄电池组端,因此可有效防止蓄电池对风力发电机的反向供电。

②逆变器 逆变器是在电力变换过程中经常使用到的一种电力电子装置,其主要作用是将蓄电池存储的或由整流桥输出的直流电转变为负载所能使用的交流电。风光互补型发电系统中所使用的逆变器要求具有较高的效率,特别是轻载时的效率要高,这是因为这类系统经常工作在轻载状态。另外,由于输入的蓄电池电压随充、放电状态改变而变动较大,这就要求逆变器能在较大的直流电压变化范围内正常工作,而且能保证输出电压稳定。

③蓄电池组 小型风光互补型发电系统的储能装置大多使用阀控式铅酸蓄电池组,蓄电池通常在浮充状态下长期工作,其电能量比用电负载所需的电能量大得多,多数时间处于浅放电状态。蓄电池组的主要作用是能量调节和平衡负载:当太阳能充足、风力较强时,可以将一部分太阳能或风能储存于蓄电池中,此时蓄电池处于充电状态;当太阳能不足、风力较弱时,储存于蓄电池中的电能向负载供电,以弥补太阳能电池阵列、风力发电机组所发电能的不足,达到向负载持续稳定供电的目的。

④控制器 控制器根据日照强度、风力大小及负载变化情况,不断对蓄电池组的工作状态进行切换和调节:一方面把调整后的电能直接送往直流或交流负载,另一方面把多余的电能送往蓄电池组存储。当太阳能和风力发电量不能满足负载需要时,控制器把蓄电池组存储的电能送往负载,以保证整个系统工作的连续性和稳定性。

4)备用柴油发电机组

当连续多天没有太阳、无风时，启动柴油发电机组可对负载供电并对蓄电池补充电，以防止蓄电池长时间处于缺电状态。一般柴油发电机组只提供保护性的充电电流，其直流充电电流值不宜过高。对于小型的风光互补发电系统，有时可不配置柴油发电机组。

风光互补发电系统比单独光伏发电或风力发电具有以下优点：

①利用太阳能、风能的互补性，可以获得比较稳定的输出，发电系统具有更高的稳定性和可靠性。

②在保证同样供电的情况下，可大大减少储能蓄电池的容量。

③通过合理的设计和匹配，可以基本上由风光互补发电系统供电，很少或基本不用启动备用电源如柴油发电机组等，可获得较好的社会效益和经济效益。

(2)太阳能光、热互补型发电系统

图3－21为太阳能光、热互补型发电系统的构成。在日常生活中所使用的电能与热能同时利用的太阳光—热混合集热器就是其中的一例。光、热互补型发电系统用于住宅负载时可以得到有效利用，即可以有效利用设置空间、减少使用的建材以及能量回收年数、降低设置成本以及能源成本等。太阳光—热混合集热器具有太阳能热水器与太阳能电池阵列组合的功能，它具有如下特点。

图3－21 太阳能光、热互补型发电系统

①太阳能电池的转换效率大约为10%，加上集热功能，太阳光—热混合集热器可使综合能量转换效率提高。

②集热用媒质的循环运动可促进太阳能电池阵列的冷却效果，可抑制太阳能电池单元随温度上升而转换效率下降。

(3)太阳能光伏—燃料电池互补型发电系统

图3-22为太阳能光伏—燃料电池互补型发电系统的系统组成，燃料电池所用燃料为都市煤气。该系统可以综合利用能源，提高能源的综合利用率，将来可作为个人住宅电源使用。太阳能光伏—燃料电池系统由于使用了燃料电池发电，因此可以节约电费，明显降低二氧化碳的排放量，减少环境污染。

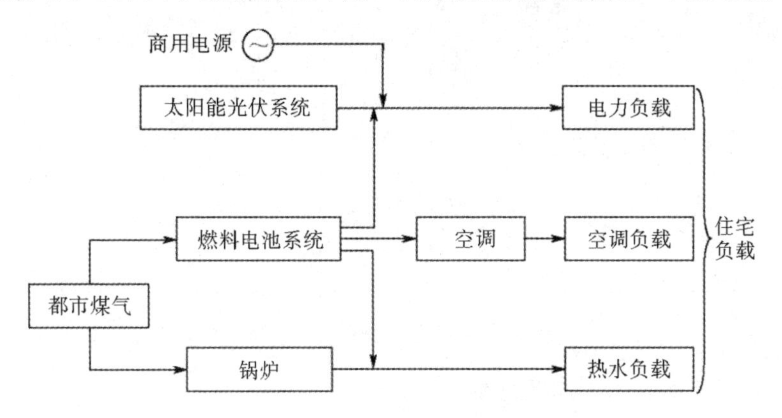

图3-22　太阳能光伏—燃料电池互补型发电系统

(4)小规模新能源电力系统

图3-23为小规模新能源电力系统。该系统由发电系统、氢能制造系统、电能存储系统、负载经地域配电线相连构成(图中的虚线表示如果需要的话也可与电力系统并网)。发电系统包括太阳能光伏系统、风力发电、生物质能发电、燃料电池发电、小型水力发电(如果有水资源)等；负载包括医院、学校、公寓、写字楼等民用、公用负荷；氢能制造系统用来将地域内的剩余电能转换成氢能。当其他发电系统所产生的电能以及电能存储系统的电能不能满足负载的需要时，该系统通过燃料电池发电为负载供电。

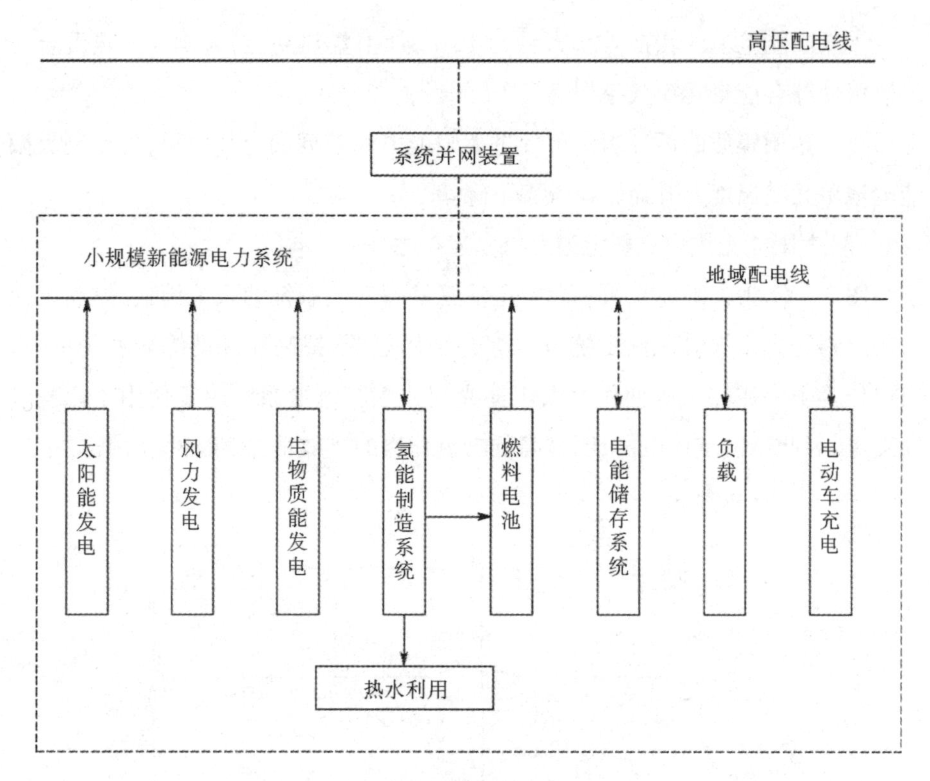

图 3-23 小规模新能源电力系统

小规模新能源电力系统具有如下特点：

①与传统的发电系统相比，小规模新能源电力系统由新能源、可再生能源构成。

②由于使用新能源、可再生能源发电，因此不需要其他的发电用燃料。

③由于使用清洁能源发电，因此对环境没有污染，环境友好。

④氢能制造系统的使用，一方面可以使地域内的剩余电力得到有效利用，另一方面可以提高系统的可靠性、安全性。

一般来说，小规模新能源电力系统与电力系统相连可提高其供电的可靠性与安全性。但由于该系统有氢能制造系统和燃料电池以及电能存储系统，因此，需要对小规模新能源电力系统的各发电系统的容量进行优化设计，并对整个系统进行最优控制，以保证供电的可靠性与安全性，尽可能使其独立。

我国经济快速发展，对能源的需求越来越大，能源消耗的迅速增加与环境污染的矛盾日益突出，因此清洁、可再生能源的应用是必然趋势。可以预见，小规模新能源电力系统与大电力系统共存的时代必将到来。

2. 风光互补型光伏发电系统的控制器

风光互补型光伏发电系统主要由太阳能光伏电池、风力发电机组、控制器、蓄电池、逆变器、交直流负载等部分组成，其中控制器是整个系统的心脏，其性能的优劣直接决定整个系统的安全性与可靠性。所以，对于风光互补型光伏发电系统而言，控制器的精心设计显得至关重要。下面以某单位研制的 2 kW 风光互补型光伏发电系统控制器为例，详细讲述其结构组成、各电路工作原理及主要性能指标等。

(1)结构组成

独立运行的 2 kW 风光互补型发电系统控制器主要由主电路、驱动电路、整流电路、控制电路、辅助电源电路和显示电路等组成。各部分电路原理图如图 3－24、图 3－25 所示，下面着重讲述各电路基本工作原理。

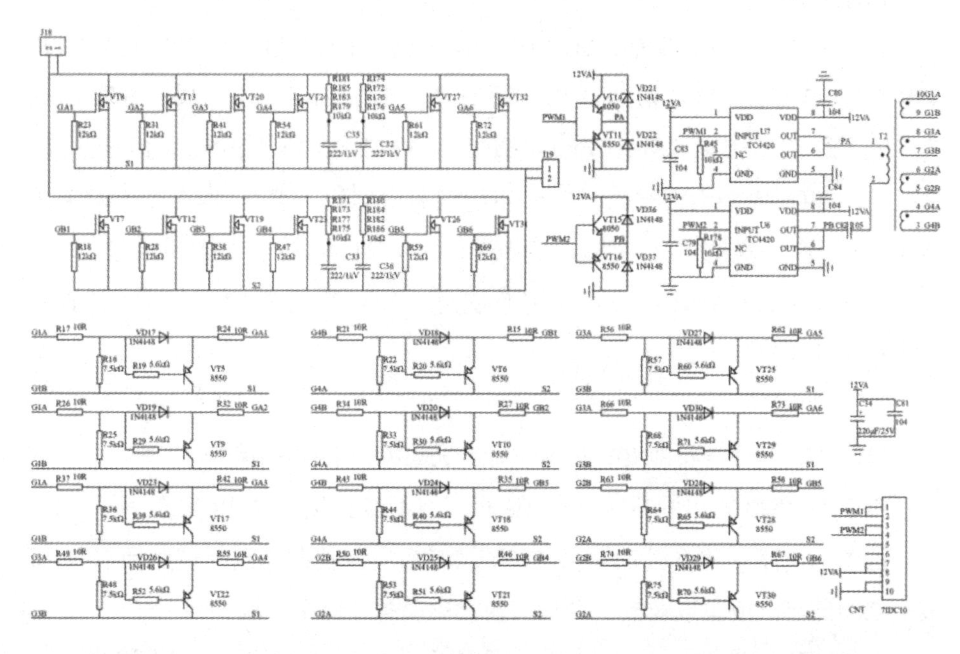

图 3－24　2 kW 风光互补型光伏发电系统控制器主电路及驱动电路原理图

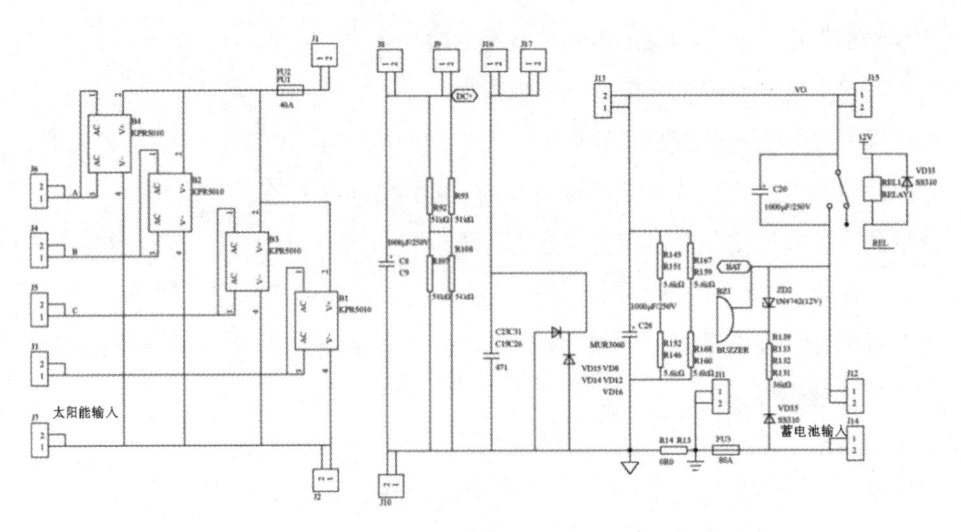

图 3-25　2 kW 风光互补型光伏发电系统控制器整流电路原理图

(2)工作原理

1)主电路

其主电路为 Buck 型 DC/DC 功率变换电路，由 MOSFET 功率开关管 VT7、VT8、VT12、VT13、VT19、VT20、VT23、VT24、VT26、VT27、VT31、VT32，电感 L，电容 C19、C23、C26、C28、C31，续流二极管 VD8、VD12、VD14、VD15、VD16 等组成。

由于 MOS 管最大占空比为 0.5，不能满足电路设计要求，因此本电路采用两组 MOS 管并联的方式，VT8、VT13、VT20、VT24、VT27、VT32 为一组，VT7、VT12、VT19、VT23、VT26、VT31 为一组，使两组 MOS 管交替工作，满足电路设计对占空比的要求。

2)驱动电路

PWM 信号有两组，即 PWM1 和 PWM2，其中一组为备用信号。

由于 SG3525 输出的高频 PWM 脉冲信号不能直接驱动 MOS 管，所以需要专门的驱动电路。MOS 管的驱动电路需要具备实现控制电路与被驱动 MOS 管栅极之间的电气隔离以及提供合适的栅极驱动脉冲两个功能。

以 PWM1 脉冲信号为例，三极管 VT11、VT14 及二极管 VD21、VD22 共同组成推挽电路，其作用是放大脉冲信号；由脉冲变压器 T2 实现控制电路与功率电路隔离，同时产生四组相同的脉冲信号，每组信号经三组驱动电路提供给三只 MOSFET 功率开关管。

由于各个 MOSFET 功率开关管的驱动电路均相同，所以以 MOSFET 功率开关 VT8 驱动电路为例进行说明。驱动电路采用栅极直接驱动的方式，由 R16、R17、R19、R24、VD17 和 VT5 组成，电路中有一个射极跟随器，并且在 VT5 的发射结反并了一个二极管 VD17，为输入电容放电提供通路，增强电路驱动能力。

3）整流电路

整流电路由整流桥 B1、B2、B3、B4，保险管 FU1、FU2，电容 C8、C9 构成。

整流桥 B1、B2、B3、B4 的作用是将交流电全桥整流，变为脉动直流电。其中，B1 为太阳能光伏发电单相输入整流；B2、B3、B4 为风力发电三相输入整流。保险管 FU1、FU2 对电路进行限流保护，当电流大于 40A 时自动切断电路，对电路实施保护。电容 C8、C9 构成滤波电路，其作用是将整流后的脉动直流电变换为较平滑的直流电，供下一级变换。

4）控制电路

控制电路由 U2（PIC16F684）、U5（SG3525）及其外围电路组成，U2 负责输入过欠压的检测与保护，蓄电池过欠压的检测与保护、蓄电池充放电管理，输出电压、电流显示等工作；U5 在 U2 的控制下产生 PWM 脉冲，完成对功率电路的控制。

①交流输入过欠压检测与保护　交流输入过压保护值为 124 V ±3 V，过压保护恢复值为 114 V ±3 V；交流输入欠压保护值为 38 V ±3 V，欠压保护恢复值为 42 V ±3 V；交流输入电压信号经 VR1 及其外围电路取样后被送到 U2 的 12 脚，U2 检测后根据采样电压的高低确定是否需要关闭 U5。

②蓄电池过欠压检测与保护　蓄电池过压保护值为 57.5 V ±1 V，过压保护恢复值为 53.5 V ±1 V；蓄电池的欠压保护值为 41 V ±1 V，欠压保护恢复值为 47 V ±1 V；蓄电池的电压信号经 VR3 及其外围电路取样后被送到 U2 的 11 脚，U2 检测后根据采样电压的高低，结合交流输入信号确定是否需要关闭 U5、吸合继电器 REL1 等。

③蓄电池充、放电管理　蓄电池的充、放电管理是控制器的核心，蓄电池的充电电压、充电电流，均浮充转换由 U2（PIC16F684）与 U5（SG3525）共同完成。

④PWM 脉冲控制电路　U5 在 U2 的控制下工作，输出电压给定信号由 U2 的 5 脚送出，经 R137、C24 滤波后送到 U5 的 2 脚，此电压信号决定输出电压的

高低;输出电流的大小由U4(LM358)及其外围电路决定,调节VR4的阻值即可调节输出电流的大小。输出电压、电流信号被送到U5的1脚,与2脚的给定信号比较后决定输出PWM脉冲的占空比,完成对PWM脉冲的控制。

⑤告警电路　U2在完成对输入电压、蓄电池电压、输出电压、输出电流的检测后,一旦发现任一项指标超限,立即给出告警信号,确保控制器正常工作。

·蓄电池过欠压时红色故障灯亮,同时切断蓄电池输入回路,有交流输入时直流输出不受影响,无交流输入时无直流输出。

·交流输入过压时红色故障灯闪,同时关闭内部功率变换电路,有蓄电池输入时直流输出由蓄电池供电,无蓄电池输入时直流无输出。

·交流输入欠压时红色故障灯闪,有蓄电池输入时内部功率变换电路不关闭,直流输出由蓄电池和变换器共同供电,无蓄电池输入时内部功率变换电路关闭,直流无输出。

·直流输出过流时红色故障灯亮,同时关闭内部功率变换电路,有蓄电池输入时直流输出由蓄电池供电,无蓄电池输入时直流无输出。

5)辅助电源电路

辅助电源电路利用反激式变换器电路和电流控制芯片UC3845进行设计,由电流控制芯片UC3845、变压器T1、三端稳压器U3:LM7805等主要器件组成。

蓄电池为UC3845提供正常工作电压,UC3845为开关管VT1提供控制脉冲。当开关管VT1导通时为电能储存阶段,这时可以把变压器看成一个电感,原边绕组的电流 I_p 将会线性增加,磁芯内的磁感应强度将会增加到最大值。当开关管VT1关断时,初级电流必定要降到零,副边整流二极管VD6和VD7将导通,感生电流将出现在副边,按照功率恒定原则,副边绕组安匝值与原边绕组安匝值应相等,能量通过开关管VT1的连续导通与关断由T1原边传递到副边。二极管VD6和VD7构成单相全波整流电路,将T1次级输出的高频交流电整流为脉动直流电。电感L1,电容C13、C53、C54构成滤波电路,将VD6、VD7整流后的高频脉动直流电转换为稳定的12 V直流电,加在三端稳压器U3的输入端,U3输出稳定的5 V直流电。12 V和5 V直流电为整个控制器提供辅助电源。其中电阻R118、R119和C16组成RC吸收电路,对整流二极管VD6和VD7提供保护。

6)显示电路

显示电路主要由两个三位 LED 数码管 SM420563 以及两个通用数码管驱动芯片 74HC595 组成。通用数码管驱动芯片 74HC595 为三位 LED 数码管 SM420563 提供驱动信号,其中一只数码管显示输出电压,另一只数码管显示输出电流。

3. 风光互补型发电系统的应用

(1)无电农村的生活、生产用电

中国现有 9 亿人口生活在农村,其中 5% 左右目前还未能用上电。在中国,无电乡村往往位于风能和太阳能蕴藏量较为丰富的地区,因此利用风光互补型发电系统解决用电问题的潜力很大。采用标准化的风光互补型发电系统有利于加速这些地区的经济发展,提高其经济水平。另外,利用风光互补系统开发储量丰富的可再生能源,可以为广大边远地区的农村人口提供最适宜也最便宜的电力服务,促进贫困地区的可持续发展。

我国已经建成了千余个可再生能源的独立运行村落集中供电系统,但是这些系统都只提供照明和生活用电,不能或不运行使用生产性负载,这就使得系统的经济性较差。可再生能源独立运行村落集中供电系统的出路是经济上的可持续运行,涉及系统的所有权、管理机制、电费标准、生产性负载的管理、电站政府补贴资金来源、数量和分配渠道等。这种可持续发展模式,对中国在内的所有发展中国家都有深远的意义。

(2)半导体室外照明

世界上室外照明工程的耗电量占全球发电量的 12% 左右,在全球能源日趋紧张和环保意识逐渐提高的背景下,半导体室外照明的节能工作日益引起全世界的关注。

半导体室外照明的基本工作原理是太阳能和风能以互补的形式通过控制器向蓄电池智能化充电,到晚间根据光线强弱程度自动开启和关闭各类 LED 室外灯具。智能化控制器具有无线传感网络通信功能,可以与后台计算机实现三遥管理(遥测、遥信、遥控)。智能化控制器还具有强大的人工智能功能,对整个照明工程实施先进的计算机"三遥"管理,重点是照明灯具的运行状况巡检以及故障和防盗报警。

目前已被开发的风光互补室外照明工程有:风光互补 LED 智能化车行道路照明工程(快速道/主干道/次干道/支路)、风光互补 LED 小区照明工程(小区路灯/庭院灯/草坪灯/地埋灯/壁灯等)、风光互补 LED 景观照明工程、风光互补 LED 智能化隧道照明工程等。

(3)航标灯电源系统

我国部分地区的航标已经应用了太阳能发电,特别是灯塔桩,但也存在着一些问题,最突出的就是在连续天气不良的状况下太阳能发电不足,易造成电池过放电,灯光熄灭,影响了电池的使用性能甚至导致其损坏。冬季和春季太阳能发电不足的问题尤为严重。

在天气不良情况下往往伴随大风,也就是说,太阳能发电不理想的天气状况往往是风能最丰富的时候。这种情况可以采用以风力发电为主,光伏发电为辅的风光互补型发电系统代替传统的太阳能光伏发电系统。风光互补型发电系统具有环保、免维护、安装使用方便等特点,符合航标能源应用要求。在太阳能配置能满足能源供应的情况下(夏、秋季),不启动风光互补型发电系统;在冬、春季或出现连续天气不良的状况,太阳能发电不能满足负荷的情况下,启动风光互补型发电系统。由此可见,风光互补型发电系统在航标上的应用具备季节性和气候性的特点。事实证明,其应用可行,效果明显。

(4)监控摄像机电源

目前,高速公路重要关口(收费处、隧道中、急拐弯处、长下坡路段等)、城市道路人行道(斑马线处)以及其他重要地点(政府机关、银行、飞机场、火车站等)均安装有摄像机,这些地点的摄像机均要求 24 小时不间断运行,采用传统的市电电源系统,虽然功率不大,但是因为数量多,也会消耗不少电能,不利于节能。另外,高速公路摄像机电源的线缆经常被盗,损失大,造成使用维护费大大增加,增加了高速公路运营成本。应用风光互补型发电系统为高速公路重要关口等处的监控摄像机提供电源,不仅节能,而且不需要铺设线缆,减少了被盗的可能。

(5)通信基站电源

目前国内许多海岛、山区没有电网覆盖,但由于当地旅游、渔业、航海等行业有通信需要,需要建立通信基站。这些基站用电负荷都不会很大,若采用市电供电，架杆铺线代价很大，若仅采用柴油发电机组供电，存在运营成本高、系统维护困难等问题。而太阳能和风能作为取之不尽的可再生资源，在海岛相当丰富。此外，太阳能和风能在时间上和地域上都有很强的互补性，风光互补型发电系统是可靠性较高、经济性较好的独立电源系统，适用于通信基站供电。在具备相关条件（经济条件、技术人员配置）的情况下，系统可配置柴油发电机组，以备太阳能与风能发电不足时使用。这样可大大减少系统中太阳能电池方阵与风机的容量，从而降低系统成本，同时增加系统的可靠性。

（6）抽水蓄能电站电源

风光互补抽水蓄能电站是利用太阳能和风能发电，不经蓄电池而直接带动抽水机实行不定时抽水蓄能，然后利用储存的水能实现稳定的发电与供电。这种能源开发方式将水能、太阳能与风能开发相结合，利用三种能源在时空分布上的差异达到互补开发的目的，适用于电网难以覆盖的边远地区，并有利于能源开发中的生态环境保护。

风光互补抽水蓄能电站的开发至少要满足以下两个条件：

①三种能源在能量转换过程中应基本保持能量守恒；

②抽水系统所构成的自循环系统的水量基本保持平衡。

虽然抽水蓄能电站电源与水电站相比成本电价略高，但是可以解决有些地区小水电站冬季不能发电的问题，所以采用风光互补抽水蓄能电站的多能互补开发方式具有独特的技术经济优势，可作为某些满足条件地区的能源利用方案。

风光互补型发电系统的应用向全社会生动展示了太阳能、风能新能源的应用价值，对推动我国建设资源节约型和环境友好型社会具有十分重要的意义。

第二节 风能

风能量十分丰富，它近乎无尽、广泛分布并能缓和温室效应，存在于地球表面一定范围内。经过长期测量，调查与统计得出的平均风能密度的概况称该范围内能利用的依据，通常以能密度线标示在地图上。人类利用风能的历史可以追溯到公元前,但数千年来,风能技术发展缓慢,没有引起人们的足够重视。不过,自1973年世界石油危机以来,在常规能源告急和全球生态环境恶化的双重压力下,风能作为新能源的一部分才重新有了长足的发展。风能作为一种无污染和可再生的新能源有着巨大的发展潜力,特别是对沿海岛屿,交通不便的边远山区,地广人稀的草原牧场,远离电网和近期内电网还难以达到的农村、边疆,作为解决生产和生活能源的一种可靠途径,有着十分重要的意义。即使在发达国家,风能作为一种高效清洁的新能源也日益受到重视,比如美国能源部就曾经调查过,单是得克萨斯州和南达科他州的风能密度就足以供应全美国的用电量。

风是地球上的一种自然现象,它是由太阳辐射热引起的。太阳照射到地球表面,地球表面各处受热不同,产生温差,从而引起大气的对流运动形成风。风能就是空气流动所形成的动能,是太阳能的一种转化形式,大小取决于风速和空气的密度。全球的风能约为2.74×10^9 MW,其中可利用的风能为2×10^7 MW,比地球上可开发利用的水能总量大10倍。

一、风能利用

据估计,到达地球的太阳能中虽然只有大约2%转化为风能,但其总量仍十分可观。人类利用风能的历史可以追溯到公元前。古埃及、中国、古巴比伦是世界上最早利用风能的国家。公元前利用风力提水、灌溉、磨面、舂米,用风帆推动船舶前进。由于石油短缺,现代化帆船在近代受到了极大的重视。宋代是中国应用风车的全盛时代,当时流行的垂直轴风车,一直沿用至今。在国外,公元前2世纪,古波斯人就利用垂直轴风车碾米;10世纪阿拉伯人用风车提水;11世纪风车在中东已广泛应用;13世纪风车传至欧洲;14世纪已成为欧洲不可缺少的原动机。在荷兰,风车先用于莱茵河三角洲湖地和低湿地的汲水,以后又用于榨油和锯木。在蒸汽机出现后,欧洲风车的数目才急剧下降。

美国早在1974年就开始实行联邦风能计划。其内容主要是:评估国家的风能资源;研究风能开发中的社会和环境问题;改进风力机的性能,降低造价;主要研究为农业和其他用户用的小于100 kW的风力机;为电力公司及工业用户设计兆瓦级的风力发电机组。美国已于20世纪80年代成功开发了100 kW、200 kW、2000 kW、2500 kW、6200 kW、7200 kW的6种风力机组。目前美国已成为世界上风力机装机容量最多的国家，超过 2×10^4 MW，每年还以 10% 的速度增长。现在世界上最大的新型风力发电机组已在夏威夷岛建成运行，其风力机叶片直径为 97.5 米，重 144 吨，风轮迎风角的调整和机组的运行都由计算机控制，年发电量达 1000 万 kW · h。根据美国能源部的统计，至 1990 年，美国风力发电已占总发电量的 1%。

瑞典、荷兰、英国、丹麦、德国、日本、西班牙等国家也根据自身的国情制定了相应的风力发电计划。如瑞典 1990 年风力机的装机容量已达 350 MW，年发电 10 亿 kW · h。丹麦在 1978 年即建成了日德兰风力发电站，装机容量 2000 kW，三片风叶的扫掠直径为 54 米，混凝土塔高 58 米，预计到 2005 年电力需求量的 10% 将来源于风能。德国 1980 年就在易北河口建成了一座风力电站，装机容量为 3000 kW，到 21 世纪末风力发电也将占总发电量的 8%。英伦三岛濒临海洋，风能十分丰富，英国政府对风能开发也十分重视，到 1990 年，风力发电已占英国总发电量的 2%。

在日本，1991 年 10 月津轻海峡青森县的日本最大的风力发电站投入运行，5 台风力发电机可为 700 户家庭提供电力。我国位于亚欧大陆东南、濒临太平洋西岸，季风强盛。季风是我国气候的基本特征，如冬季季风在华北长达 6 个月，在东北长达 7 个月。东南季风则遍及我国的东部。根据国家气象局估计，全国风力资源的总储量为每年 16 亿 kW，近期可开发的约为 1.6 亿 kW，内蒙古、青海、黑龙江、甘肃等省风能储量居中国前列，年平均风速大于 3 m/s 的天数在 200 天以上。

20 世纪 50 年代末至 60 年代中期，我国的风力机是各种木结构的布篷式风车，1959 年仅江苏省就有木风车 20 多万台，主要是发展风力提水机。20 世纪 70 年代中期以后，风能开发利用列入“六五”国家重点项目，得到迅速发展。进入 20 世纪 80 年代中期以后，我国先后从丹麦、比利时、瑞典、美国、德国引进一批中、大型风力发电机组，在新疆、内蒙古的风口及山东、浙江、福建、广东的岛屿建立了 8 座示范性风力发电场。1992 年装机容量已达 8 MW。新疆达坂城的风力发电场装机容量已达 3300 kW，是全国目前最大的风力发电场。至 1990 年底，全国风力提水的灌溉面积已达 2.58 万亩。1997 年新增风力发电 10 万 kW。目前中国已研制出 100 多种不同型号、不同容量的风力发电机组，并初步形成了风力机产业。尽管如此,与发达国家相比,中国风能的开发利用还相当落后,不但发展速度缓慢而且技术落后,远没有形成规模。我国应在风能的开发利用上加大投入力度,使高效清洁的风能在中国能源的格局中占据应有的地位。

全球风能产业的发展在经历了几次兴衰交替后终于峰回路转,迎来了新一轮的热潮。在美国,风能产业最繁盛的当属得克萨斯州,这里已经拥有了1.24万MW的风电装机量。风能对该州电网的贡献也与日俱增。我国2010年已经实现超越美国的风电产能,成为世界规模最大的风能生产国。中国还计划新增39 MW的海上风电开发规模。

此外,在亚洲其他地区,风力发电项目也都在如火如荼地进行。如巴基斯坦,2013年的风电装机总量比2012年增加了1倍,增至100 MW,随着2014年上线的两个50 MW的风能项目落实,装机总量将会再翻一番。同样,泰国也在2013年使本国风电装机总量比2012年增加了1倍,达到220 MW。而菲律宾在2014年竣工的7个项目,把该国的风电装机产能扩大到了450 MW,增长达13倍之多。

1. 利用形式

风能利用形式主要是将大气运动时所具有的动能转化为其他形式的能量。风就是水平运动的空气,空气产生运动,主要是由于地球上各纬度所接受的太阳辐射强度不同而形成的。在赤道和低纬度地区,太阳高度角大,日照时间长,太阳辐射强度强,地面和大气接受的热量多,温度较高;在高纬度地区,太阳高度角小,日照时间短,地面和大气接受的热量小,温度低。这种高纬度与低纬度之间的温度差异,形成了中国南北的气压梯度,使空气做水平运动。

2. 季风

理论上风应沿水平气压梯度方向吹,即垂直与等压线从高压向低压吹。但是,地球在自转,使空气水平运动发生偏向的力,称为地转偏向力。这种力使北半球气流向右偏转,南半球向左偏转,所以地球大气运动除受气压梯度力,还受地转偏向力的影响。大气真实运动是这二者的合力。实际上,地面风不仅受这两个力的支配,而且在很大程度上受海洋、地形的影响。山隘和海峡能改变气流运动的方向,还能使风速增大,而丘陵、山地却摩擦大使风速减慢,孤立山峰却因海拔高使风速加快。因此,风向和风速的时空分布较为复杂。比如海陆差异对气流运动的影响，在冬季，大陆比海洋冷，大陆气压比海洋高，风从大陆吹向海洋；夏季相反，大陆比海洋热，风从海洋吹向内陆。这种随季节转换的风，我们称之为季风。

3. 海陆风

当太阳辐射能穿越地球大气层时，大气层约吸收 2×10^{16} W 的能量，其中一小部分转变成空气的动能。因为热带比亚热带吸收更多的太阳辐射能，产生大气压力差，导致空气流动而产生风。所谓的海陆风是白昼时大陆上的气流受热膨胀上升至高空流向海洋，到海洋上空冷却下沉，在近地层海洋上的气流吹向大陆，补偿大陆的上升气流，低层风从海洋吹向大陆称为海风；夜间（冬季）时，情况相反，低层风从大陆吹向海洋，称为陆风。由于热力原因，在山区白天风由谷地吹向平原或山坡，叫作谷风；夜间风由平原或山坡吹向谷底，称为山风。这是因为，白天山坡受热快，温度高于山谷上方同高度的空气温度，坡地上的暖空气从山坡流向谷地上方，谷地的空气则沿着山坡向上补充流失的空气；而夜间，山坡因辐射冷却，其降温速度比同高度的空气较快，冷空气沿坡地向下流入山谷。

二、风的能量

地球吸收的太阳能有 1% ~3% 转化为风能，总量相当于地球上所有植物通过光合作用吸收太阳能转化为化学能的 50 到 100 倍。上了高空就会发现风的能量，那儿有时速超过 160 公里的强风。这些风的能量最后因和地表及大气间的摩擦力而以各种热能方式释放。

风能可以通过风车来提取。当风吹动风轮时，风力带动风轮绕轴旋转，使得风能转化为机械能。而风能转化量直接与空气密度、风轮扫过的面积和风速的平方成正比。空气的质流穿越风轮扫过的面积，随着风速以及空气的密度而变化。举例来说，在 15 ℃(59 ℉)的凉爽日子里，海平面空气密度为 1.22 kg/m^3（当湿度增加时空气密度会降低）。当风以 8 m/s 吹过直径 100 米的转轮时，每秒能够使 1,000,000,000 公斤的空气穿越风轮扫过的面积。因为质流与风速呈线性增加，对风轮有效用的风能将会与风速的立方成正比；本例子中风吹送风轮的功率，大约为 250 万瓦特。

三、风的等级

风之强弱程度，通常用风力等级来表示，而风力的等级，可通过地面或海面物体被风吹动的情形来估计。目前国际通用的风力等级估计，以蒲福风级为标准。弗兰西斯·蒲福是英国的海军少将，他于1805年首创风力分级标准，先仅用于海上，后亦用于陆上，并屡经修订，成为今日通用之风级。实际风速与蒲福风级之经验关系式为：

$V = 0.836 \times (B\hat{}\,[3/2])$

B 为蒲福风级数，V 为风速（单位：m/s）

一般而言，风力发电机组启动风速为2.5 m/s，脸上感觉有风且树叶摇动情况下，就已开始运转发电了，而当风速达28～34 m/s时，风机将会自动侦测停止运转，以降低对受体本身之伤害。

第三节　地热能

常常听人说，地球是个庞大的热库！然而人们舒舒服服地生活在它的上面，并不感到是热的。人们有冷暖寒暑的感觉，这主要取决于太阳的热量。地球诞生45亿年以来，它一直受着太阳光照射而保持温暖，一切生命都依靠太阳能来维持，它把植物转换成化学能提供给人类。从最早的文字记载中，人们就敬畏太阳的光辉，认为它是神灵，开始认识到神秘的太阳对创造生命所起的作用。根据现代科学的计算，太阳每年供给地球整个表面热量达 23.61×10^{23} J。地球表面每平方厘米每秒钟所得到太阳的热量为0.01465 J，即146500 mW/m^2。

随着生产过程中知识的不断增长，人们才知道地球内部是热的，只是表面一层坚硬的冷的地壳把炽热的“内心”包裹起来了。前面说过，地球的核心温度高达3000 ℃。地球内部的这种高温，必然要向冷的地壳传递热量。传递的方式主要有三种：一是以传导的方式通过固体岩石向外传递；二是加热地下的流体，以对流的方式向外传递；三是以岩浆向上移动的方式来传递。这三种传递方式分别称为大地热流、热泉活动和火山活动或岩浆侵入活动。

通过热传导作用，从地球内部向地球表面传递的大地热流量是岩石的热导率和地热梯度的乘积。因此,测量一个地区的大地热流量,必须首先测量观察点的地热梯度和地下岩石的热导率。现在已经知道,地球表面每年获得的大地热流量为 10.87×10^{20} J,这是从太阳获得的热能量的千分之一,但是大大超过火山和地震活动所释放的总能量。全球的大地热流平均值为 63 mW/m^2。在地球表面不同的地质构造区,大地热流值的差别很大:在前寒武纪稳定地质区小于 40 mW/m^2;新生代造山带大于 80 mW/m^2;在大洋中脊上,由于海底扩张,从地幔上涌的炽热岩浆,使大洋中脊的热流值明显升高,可达 100 mW/m^2;离开大洋中脊,热流值逐渐降低到 50 ~ 63 mW/m^2。在板块的另一侧是俯冲带,重的大洋板块俯冲到轻的大陆板块之下,在俯冲的地方形成一个海沟。由于是冷的洋壳俯冲到地幔,使海沟地区热流值下降,常小于 40 mW/m^2。当俯冲板块的前端进入轻的上覆板块之下以后,由于摩擦发生部分熔融,形成安山岩浆,并向上侵位或喷出,形成高热流区,热流值升高到 125.6 ~ 209 mW/m^2。

20 世纪 60 年代以来,中国科学院地质研究所开始从事大地热流测量工作,到 1990 年共发布的大地热流数据 441 个。1994 年,他们将我国分为五个大地热流构造区,西南构造区为最高,达 70 ~ 85 mW/m^2;西北构造区最低,为 43 ~ 47 mW/m^2;华北—东北构造区为 59 ~ 63 mW/m^2,与全国平均值接近;华南构造区平均热流值为 66 ~ 70 mW/m^2,比全国平均值略高;中部构造区平均热流值为 40 ~ 60 mW/m^2。西南地区沿雅鲁藏布江地缝合线,热流值最高,达 91 ~ 364 mW/m^2,向北随构造阶梯下降,到准噶尔盆地只有 33 ~ 44 mW/m^2,成为“冷盆”。台湾位于欧亚板块的东缘,热流值较高,为 80 ~ 120 mW/m^2,越过台湾海峡,到东南沿海燕山期造山带,热流值降为 60 ~ 100 mW/m^2,到江汉盆地只有 57 ~ 69 mW/m^2,显示出由现代构造活动强烈的高热流地带向构造活动弱的低热流地带递变的特征。另外,在大型盆地中,大地热流值受基底构造形态的控制。隆起区热流值高,凹陷区则相对低。如华北平原,平均热流值为 61.566 ~ 70 mW/m^2,变化范围为 33.5 ~ 108.8 mW/m^2。热流值高的地段与平原下面凹陷最深、沉积最厚反而又是地壳最薄、地幔上拱的地段相一致。那么,在中国 960 万平方公里的大地上,每年通过传导方式排放的热量是多少呢?如果中国的平均热流量也取 66.98 mW/m^2,则排出的热量应为 20.30×10^{18} J/a,相当于燃烧了 6336 亿吨标准煤释放出的热量。

一、地热利用的历史

人类利用地热在很早以前可能就已经开始。在那蒙昧的时代，我们的祖先用简陋的劳动工具从事狩猎、畜牧和农业生产，一天的奔波和劳碌，会令人疲惫不堪。如果附近有温泉，来到泉边洗一洗，在水中泡一泡，疲劳顿消，精神倍增。有些人本来病魔缠身，又缺医少药，但到温泉中沐浴之后，病渐痊愈。我国劳动人民使用温泉治病，已有数千年悠久的历史。温泉的利用有史可据的应从西周末年开始，周幽王（前781—前771年）在镐京城东的骊山温泉建过"骊宫"。秦始皇（前221—前210年）在骊山建造殿宇，砌石成池，赐名"骊山汤"。

自汉朝、魏晋南北朝以来，我国有关温泉的文献甚多，而且不断发现许多温泉作为药用。东汉的张衡（78—139年）曾作《温泉赋》阐述了温泉有治病、除秽、保健的功能："六气淫错，有疾疠兮。温泉汩焉，以流秽兮。蠲除苛慝，服中正兮。熙哉帝载，保性命兮。"北魏郦道元（466或472—527年）所撰《水经注》称鲁山皇女汤"可以熟米，饮之，愈百病。道士清身沐浴，一日三饮，多少自在。四十日后，身中万病愈，三虫死"。该书还记载了其余39处温泉，其中包括北京延庆佛峪口温泉。北魏元苌所著《温泉颂》写道："盖温泉者，乃自然之经方，天地之元医……千城万国之氓，怀疾枕疴之辈，莫不宿粻而来宾，疗苦于斯水。"北周庾信所刻《温汤碑序》中提及："非神鼎而长沸，异龙池而独涌。洗胃湔肠，兴羸起瘠。"

据《海城县志》记载，唐贞观十八年（644年），辽宁汤岗子温泉被人发现。次年唐太宗东征高丽，贞观二十二年（648年）再征高丽曾驻跸于此，在泉中沐浴并医治伤兵。贞观十八年（644年）唐太宗在骊山温泉建"汤浴宫"。武则天久视元年（700年），徐坚等奉敕撰《初学记》，记载温泉能治病的事实，列举了全国各地温泉的位置，温泉地区性质、功能以及有关温泉的诗词歌赋。天宝六年（747年）唐玄宗大兴土木，使骊山上下亭台楼阁错落，曲道回廊相连，并将温泉置于宫殿之内，宫称"华清宫"，泉称"华清池"。当年的华清宫有六门、十殿、四楼、两阁、五汤，更有长汤十六所，十分壮丽豪华，但毁于公元755年的安史之乱。到了宋朝，唐庚在《汤泉记》中探讨了温泉的成因，而胡仔的《苕溪渔隐丛话》将温泉分成硫黄泉、朱砂泉、矾石泉、雄黄泉和砒石泉五类。这说明我们的祖先对温泉已有相当的认识。有史以来，我国有关温泉的诗词歌赋生动传神，搜集起来，可能还是一本厚厚的诗文集呢！

同样，在国外，对温泉的利用也是从洗浴、治疗开始的。印度人认为温泉除了可以治疗麻风、痛风、风湿和皮肤病以外，还可以治疗甲状腺肿瘤、白斑病、代谢失调、神经炎和泌尿系统感染。美洲的印第安人利用温泉来治疗瘫痪、风湿、梅毒、糖尿病、神经痛、汞中毒以及子宫、肝、肾等顽症。而在欧亚板块与非洲板块汇聚的地中海沿岸，更是地质构造活跃、火山活动强烈、地热现象和地热资源丰富的地域，成为火山学、地热学和近代地质学的发祥地。从公元前 3000 年的青铜时代开始，地热能的利用在地中海沿岸已经得到广泛发展，但是，各地利用地热能的经验是相互独立的。公元前 2000—公元前 1500 年以前，温泉医疗得到了缓慢的发展。公元前 7 世纪开始，一些"地热工业"开始出现，当地人从地热区中提取矿物原料，如硫黄、芒硝等，利用它们来制造陶器、颜料、彩色玻璃等。在公元前 6 世纪，"地热市场"开始形成。公元前 1 世纪到公元 3 世纪是罗马帝国统治的巅峰时期，"地热市场"已稳固建立。地热能的产品和副产品如钙华、膨润土、白榴石、火山灰水泥、珍珠岩、熔岩、火山碎屑岩和各种凝灰岩被广泛地、系统地用于建筑业，"市场"异常繁荣。与这些副产品的开发并驾齐驱的是地热洗浴医疗业的蓬勃发展。

大家都知道，火药是中国古代四大发明之一，它是战争和生产必用的主要物质。硫黄是制造火药的重要原料。我们的祖先早就知道从地热区中提取硫黄。元顺帝至正九年（1349 年），汪大渊首次报道台湾大屯火山区盛产硫黄。至于如何从地热区中生产硫黄，徐霞客和郁永河都分别做了生动的介绍。徐霞客于 1639 年 5 月 7 日游硫黄塘的日记中曾写道："其龈腭之上，则硫磺环染之。其东数步，凿池引水，上覆一小茅，中置桶养硝，想有磺之地，即有硝也……有人将砂圆堆如覆釜，亦引小水四周之，虽有小气而砂不热，以伞柄戳入，深一二尺。其中砂有磺色，亦无热气从戳孔出，此皆人之酿磺者。"至今日，硫黄塘的人们仍袭用此种土法养磺种硝，1956 年产量曾达 5000 千克。1968 年，腾冲县中药材收购站一次就收购了 1223.5 千克硫黄。台湾大屯火山区的采硫方法与腾冲不同。康熙三十五年（1696 年）冬天，福州火药库着火，朝廷派郁永河前往台湾采办硫黄。他在所著《采硫日记》中曾描述台湾土人采集硫黄的情况："土黄黑不一，色质沉重有光芒，以指捻之，飒飒有声者佳，反是则劣。炼法捶碎如粉，日曝极干，镬中先入油十余斤，徐入干土，以大竹为十字架，两人各持一端搅之。土中硫得油自出。油土相融，又频频加土加油，至于满镬，约入土八九百斤，油则视土之优劣为多寡。工人时时以铁锹取汁沥突旁察之，过则添土，不及则增油，油过不及，皆能损硫。土既优，用油适当，一镬可得净硫四五百斤，否或一二百斤乃至数十斤。关键处虽在油，而工人视火候，似亦有微权也。”郁永河在文中所提到的采硫方法，即油浮选法，与藏族人民目前在地热区土法提硫的方法完全一样。

地热资源的大规模开发是从意大利人在拉德瑞罗提取硼砂开始的。自1812年起，拉德瑞罗人就将矿化的热泉水引到大锅中，用木材蒸干，然后从残渣中提取硼砂。15年之后的1827年，当地人用热蒸汽代替了木材，以蒸干含硼的热矿水。以后不久，为了取得高温蒸汽，拉德瑞罗人打了第一批蒸汽井，从井中喷出的天然蒸汽既可作为燃料，同时又增加了硼砂的物质来源。

1904年，拉德瑞罗建立了第一座利用天然蒸汽发电的地热试验电站，虽然当时只亮了4个小小的灯泡，但预示着利用地热能是可以发电的(图3-26)。1913年，一座230 kW的地热电站开始运行，标志着连续利用地热发电的开端。1914年，意大利的地热发电达2750 kW，1916年迅速增到12000 kW，到1940年猛增至126800 kW。同时，其他国家也开始注意把地热能用于非电利用方面，如

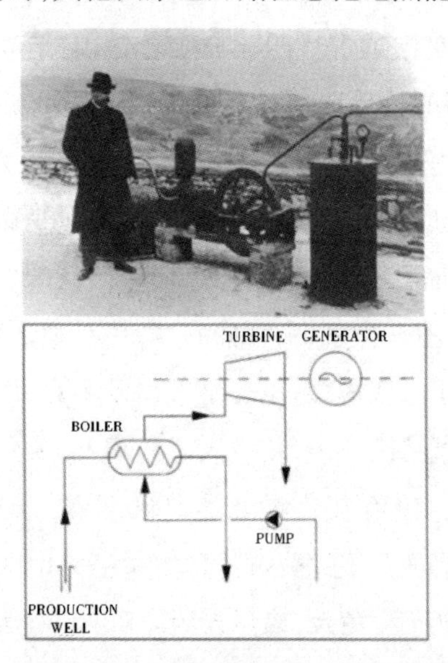

图3-26　上图为1904年意大利拉德瑞罗的地热发电试验机组。下图为1913年250 kW地热发电机组所采用的循环系统(T:汽轮机 G:发电机 B:蒸发器 Pr:生产井 Pu:泵)。

冰岛首都雷克雅未克在1930年就利用地下热水建立了世界上最老、最大、最先进的城市供热系统。地热能用于发电和工农业生产标志着地热能的应用进入了一个崭新的时期。

二、地热发电的光辉

第二次世界大战以后,世界各国对能源的需求日益增加,在开发传统能源的同时,要求开发新的能源。特别是意大利在拉德瑞罗的实践证明了地热发电是大有前途的。许多国家把地热能作为一种新能源来加以开发,特别是20世纪70年代的能源危机,促进了世界性地热发电的热潮。

把地热能用来生产电力是容易理解的。因为地热田一般都出露在偏远地区,电力可以在热田内就地生产,然后输送到远方的居民中心。地热电站维修期短,能运转的时间长,即负荷因子高,不受降雨多少、季节变化、昼夜因素的影响,能提供既便宜又可靠的基本负荷,使一个地区获得稳定的电力供应量。在这一点上,地热发电比水力发电还要优越。

地热发电实际上就是把地下热能转变为机械能,然后再把机械能转变为电能的能量转变过程。地热发电的原理与一般火电站并无根本区别,不同之处是地热发电用"大地"代替了锅炉,去掉了火电站由燃料的化学能转变为热能的过程。地下热能的载热体可以是蒸汽,或是热水,它们的温度和压力要比火电站的高压锅炉生产的蒸汽的温度和压力低得多。由于地热流体的类型、温度、压力和其他特性不同,地热发电的方式也不一样。地热流体可以分为干蒸汽和地下热水两大类,因此地热发电也可分为两大类:

1. 地热蒸汽发电

地热田的热储流体如果是干蒸汽,地热发电就有比较理想的热源,因为它的热效率高。它们通过钻孔涌出地面后,经过净化,就可以直接进入汽轮机做功,并驱动发电机发电。这种发电系统最简单,称为背压式汽轮机发电系统。但是,它们的热效率比较低,常常只用于地热蒸汽中不凝气体含量特别高的场合,或者它排出的蒸汽能直接进行综合利用。

为了提高地热电站机组的发电效率,通常采用凝汽式汽轮机发电系统,从而使得蒸汽能在汽轮机中膨胀到很低的压力,做出更大的功。做功后的蒸汽排入混合式凝汽器,并在其中被循环水泵打入的冷水所冷却,最终凝结成水被排掉。

2. 地下热水发电

利用地下热水发电就不像利用地热蒸汽那样方便，因为利用地热蒸汽发电时，蒸汽既是载热体，又是工作流体(或称工质)。按照常规的发电方法，地下热水中的水是不能送入汽轮机中做功的，必须将汽和水分离，使水排掉，使汽进入汽轮机做功，这种系统称为“闪蒸系统”或称减压扩容系统；或者利用地下热水来加热某种低沸点工质，使它产生蒸汽，进入汽轮机做功，这种系统称为双流系统或称“低沸点工质发电系统”。此外，还有正在进行试验的使地下热水(汽水混合物)直接进入汽轮机做功的“全流系统”。

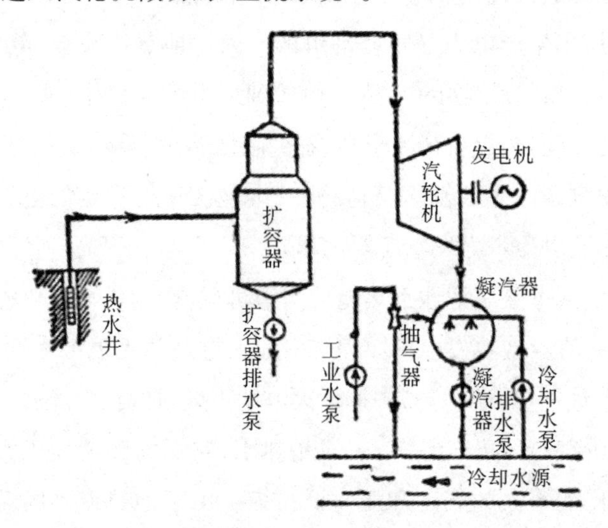

图 3 - 27 单级扩容法地热电站热力系统图

图 3 - 27 是单级扩容法地热电站热力系统图，从地热井流出的湿蒸汽，经汽水分离器分离后，蒸汽进入汽轮发电机组发电，余下的热水则排掉不用。发电后的蒸汽排入凝汽器凝结为水后排走，凝汽器中不凝气体由抽气器抽出后排入大气中。但是，单级闪蒸往往是不经济的，因为从汽水分离器分离出来的蒸汽，数量很少，一般约为 10%，而同等温度的 90% 的热水则被排掉了。为了利用这部分能量，以提高机组效率和地热电站的经济性，我们可以采用多级闪蒸发电系统，即让一次闪蒸后排出的热水进入另一个闪蒸器，以产生二次蒸汽，并进入汽轮机的中间压力级，与做了功的一次蒸汽混合后一起做功，最后一起排入凝汽器凝结成水排走，未被蒸发的热水仍然排掉。

双流系统的地热发电不是直接利用地下热水产生蒸汽进入汽轮机做功，而是地下热水所带来的热量加热某种低沸点工质，使它变成蒸汽。然后，用低沸点工质的蒸汽去推动汽轮机做功，做功后的工质蒸汽从汽轮机排入表面式凝汽器，并在其中受冷却水所冷却，且凝结成液体，然后再循环使用。所用的低沸点工质的特点就是沸点比较低。如氯乙烷为 12.4 ℃，正丁烷为 -0.5 ℃，异丁烷为 -11.7 ℃，氟利昂为 -29.8 ℃。

全流系统是目前正在研究的一种地热发电方法。它将井口产生的汽水混合物直接送入一个膨胀机去膨胀做功，它们只在膨胀机的喷管中进行膨胀，把热能转变为动能，然后从喷管中喷出高速流体，驱动膨胀机的叶轮转动，产生机械功，最后带动发电机发电。20 世纪 30 年代发明的螺杆膨胀机在 20 世纪 70 年代用于美国做地热发电试验，但是由于地热流体因冷却结垢的问题而未能解决。近年来，我国江西华电电力有限责任公司专利生产的螺杆膨胀发电机组实际上就是利用地下热水直接发电的全流系统。2010 年，该机组已安装于西藏羊八井地热田、羊易地热田，并正式投产。

由于地热发电工艺比较成熟，因此有地热资源的国家都在积极从事地热发电工作。地热发电的发展是比较迅速的。1960 年进行地热发电的只有意大利（图 3-28）、新西兰、美国（图 3-29）和墨西哥 4 个国家，总发电量为 385.7 MWe（兆瓦电功率）。到 1969 年增加到 6 个国家，新加入的有日本和苏联，总发电量达 673.35 MWe。到 1980 年时，增达 13 个国家（包括中国），地热发电的总发电量达 2583.7 MWe。1987 年地热发电的总发电量已上升到 5004 MWe。表 3-1 是自 1950 年以来地热发电的进展情况。表 3-2 是目前世界上进行地热发电的主要国家及发展状态。

图 3-28　意大利拉德瑞罗地热电站是世界上第一个地热蒸汽电站

图 3-29 美国盖瑟尔斯地热电站是世界上最大的一个地热电站

表 3-1 全世界地热发电的进展(据 R. BertaNi,2010)

年份	1950	1955	1960	1965	1970	1975	1980
装机容量(MWe)	200	270	386	520	720	1 180	2 110
产能(GWh)							
年份	1985	1990	1995	2000	2005	2010	
装机容量(MWe)	4 764	5 834	6 833	7 972	8 933	10 715	
产能(GWh)			38 035	49 261	55 709	67 246	

表 3-2 世界主要地热发电国家的现状与展望(据 R. BertaNi,2010)

国家	2006 MWe	2008 MWe	2010 MWe	4 年增长	2015 MWe
美国	2 534	2 987	3 093	559	5 400
冰岛	172	569	575	403	800
菲律宾	1 931	1 970	1 904	-27	2 500
日本	535	535	536	1	535
印度尼西亚	797	1 172	1 197	400	3 500
萨尔瓦多	151	204	204	53	290
墨西哥	953	958	968	5	1 140
肯尼亚	127	169	167	40	530
意大利	791	811	843	52	920
哥斯达黎加	163	16	166	3	200
新西兰	435	635	628	193	1 240

20 世纪 70 年代以来,地热发电的发展如此迅速的真正原因是什么呢?难道就是 20 世纪 70 年代发生的“能源危机”吗?一些有识之士的看法并非如此,他们看到了常规能源的大量利用带来的严重的环境冲突,如大量燃煤造成酸雨

的出现和二氧化碳的净增,使大气圈产生了“温室效应”。因此人们希望寻求一种代用的能源。

然而,地热发电的发展情况并非如人们所愿。根据世界能源协会的统计,在可再生能源中,地热能的潜力是最大的,而且利用系数比较高,但是其装机容量最小,增长速率最小(表3－3)。

表3－3　可再生能源潜力、装机容量和增长速率(据 L. Rybach. ,2010)

能源类型	潜力(EJ/a)	2008年装机容量(MWe)	利用系数(%)	生产电力(TWh)	增速(GWe/a)
地热能	5 000	10	75	65.7	2
太阳能	1 575	16	14	19.6	6
风能	640	121	21	222.6	25
生物质能	276				
水力	50				
总计	7 541				

国际地热协会主席 Rybach(2010)认为:地热发电的装机容量如果仅仅依靠开发水热对流系统永远也超不过风能和太阳能光伏发电。因此,他提议应该开发增强型地热系统,即干热岩系统。他认为一个能够生产电力的增强型地热系统的热储应该满足下列要求:

流体生产率50～100 kg/s

井口流体温度150 ℃～200 ℃

总有效热交换面积≥2×10^6 m^2

岩石体积≥2×10^8 m^3

流体阻抗≤0.1 MPa/(kg·s^{-1})

水耗≤10%

有人认为增强型地热系统有着巨大的理论潜力。很多国家在从事这方面的研究工作。1972年至1996年,美国在新墨西哥州芬顿山钻了几口井,2.8 km的浅孔,循环了282天,测得温度155 ℃;4.2 km的深孔,循环了112天,测得温度183 ℃。英国于1978年至1991年在康瓦尔的海西期花岗岩中钻了2.2 km的浅孔,循环了200天,测得的温度仅有70 ℃。日本从1985年至2002年在一个破火山口中钻了几口井，最深2.2 km，测得最高温度180 ℃。另外法国、澳大利亚都在从事这项研究，但都是刚刚起步。看来，能在一个增强型地热系统中制造“人工热储”的花岗岩，年代越新温度越高。

三、非电利用显神通

地热发电固然是开发地热能的重要方面，但是地热能的非电利用也是极其重要的。一方面是因为地热发电所要求的地热能是高热焓的，但是地球上许多地区只有中温或低温地热资源；另一方面是地热能的非电利用能更充分地利用地下热能。地热发电所产生的电功率可用下式求得：

$$W_e = QW = Q[(H - H_o) - T_0(S - S_0)]$$

式中：Q 是地热发电所需的地热流体量，W 是地热流体的可用功，$(H - H_o)$ 项是地热流体的总热量（焓值），$T_0(S - S_0)$ 项是表示在可逆过程中不能转换成功的热能（熵值）。T_0 表示环境温度，H、S 分别表示某状态下流体的焓和熵，H_o、S_0 为标准状态下该流体的焓和熵。地热能的非电利用情况则不一样，一般它无须把热能转换成机械功，仅是要求热量的交换。如果进入利用系统的地热流体的焓为 H，排出的流体的焓为 H_{ex}，单位时间内所要求的热流体的量为 Q，则所输出的热功率 W_t 为：

$$W_t = Q(H - H_{ex})$$

也就是说，该系统所需的热能量等于所要求的地热流体的量乘以地热流体的显热。因此，当 W_e 与 W_t 的量值相同时，其质并不相同，相差可达一个量级。

地热能非电利用的范围很广，既可以用于工业，又可以用于农业，还可以用于区域采暖，更可以用于医疗洗浴业，这取决于地热流体的温度水平。现在把各种地热非电利用所需要的地热流体的温度表示如下：

180 ℃：高浓溶液的蒸发，氨吸收式制冷，硫酸盐造纸浆工艺

170 ℃：硫化氢法生产重水，含硅藻土淤泥干燥

160 ℃：鱼类干燥，木材干燥

150 ℃：拜尔法生产的铝土干燥

140 ℃：高速率干燥农产品，制造食品罐头

130 ℃：糖在精制过程中的蒸发，蒸发法和结晶法提取盐

120 ℃：蒸馏法生产淡水，大多数多效蒸发，浓缩含盐溶液

110 ℃:干燥和养护轻质混凝土预制板

100 ℃:干燥有机物(海菜、牧草和蔬菜),洗涤干燥羊毛

90 ℃:干燥鱼干,强化融水

80 ℃:建筑物供热,空间加热温室

70 ℃:制冷的温度下限

60 ℃:动物饲养,温室以及温床加热

50 ℃:种植蘑菇,矿泉治疗

40 ℃:土壤加热

30 ℃:游泳池,生物降解,发酵,供寒带全年采矿用温水,防冻

20 ℃:鱼子孵化,养鱼

根据2010年的统计,全世界地热直接利用的总设备能力为50583 MW_t(兆瓦热功率),利用的国家共78个。表3-4是地热直接利用排名前15位的国家的情况。

表3-4　地热直接利用排名前15位的国家

国家	设备能力(MW_t)	年利用热量(GWh/a)	主要利用方式
美国	12 611	15 710	地源热泵
中国	8 898	20 932	洗浴、直接供热
瑞典	4 460	12 585	地源热泵
挪威	3 300	7 001	地源热泵
德国	2 485	3 546	洗浴、直接供热
日本	2 100	7 139	洗浴
土耳其	2 084	10 247	直接供热
冰岛	1 826	6 768	直接供热
荷兰	1 410	2 972	地源热泵
法国	1 345	3 592	直接供热
加拿大	1 126	2 465	地源热泵
瑞士	1 061	2 143	地源热泵
意大利	867	2 762	区域供热
匈牙利	655	2 713	区域供热、温室
新西兰	393	2 654	工业利用

根据 2010 年世界地热大会的资料，具有地热直接利用的 78 个国家，它们的总设备能力为 50583 MW_t，年利用热量总和为 121696 GWh/a。而表 3－4 所列 15 个国家，其设备能力的和为 44621 MW_t，占总设备能力的 88%；15 个国家的年利用热量为 103229 GWh/a，约为年利用热量总和的 85%。

大会资料还提及：地热直接利用设备能力达到 100 MW_t 的国家，1985 年时为 11 个，1990 年增加到 14 个，1995 年为 15 个，2000 年为 23 个，2005 年为 33 个，2010 年为 36 个。专家还认为，按人口，平均 MW_t 最多的 5 个国家是：冰岛、瑞典、挪威、新西兰、瑞士；按国家面积，平均 MW_t 最多的 5 个国家是：丹麦、荷兰、冰岛、瑞士、匈牙利。如果从每年热利用量（TJ/a）考虑，按人口，平均最多的 5 个国家是：冰岛、挪威、瑞典、丹麦、瑞士；按国家面积，平均最多的 5 个国家是：荷兰、瑞士、冰岛、挪威、瑞典。由此可看出，北欧诸国加上荷兰、瑞士是在地热直接利用方面比较先进的国家。

表 3－5　1995—2010 年各种地热直接利用类型的变化

类型	设备能力（MW_t）				利用热量（TJ/a）			
	2010	2005	2000	1995	2010	2005	2000	1995
热泵	35 236 (0.70)	15 384 (0.54)	5 275 (0.35)	1 854 (0.21)	214 782 (0.49)	87 503 (0.32)	23 275 (0.12)	14 617 (0.14)
采暖	5 391 (0.11)	4 366 (0.15)	3 263 (0.22)	2 579 (0.30)	62 984 (0.23)	55 256 (0.20)	42 926 (0.23)	28 230 (0.28)
温室	1 544 (0.03)	1 404 (0.05)	1 246 (0.08)	1 085 (0.13)	23 264 (0.05)	20 661 (0.08)	17 864 (0.09)	15 742 (0.15)
养殖	653 (0.013)	616 (0.02)	605 (0.04)	1 097 (0.13)	11 521 (0.03)	10 976 (0.04)	11 733 (0.06)	13 493 (0.13)
农业	127 (0.003)	157 (0.006)	74 (0.005)	67 (0.008)	1 662 (0.004)	2 013 (0.007)	1 038 (0.005)	1 124 (0.01)
工业	533 (0.01)	484 (0.02)	474 (0.03)	544 (0.06)	11 746 (0.03)	10 868 (0.04)	10 220 (0.05)	10 120 (0.098)
洗浴	6 689 (0.136)	5 401 (0.19)	3 957 (0.26)	1 085 (0.13)	109 032 (0.25)	83 018 (0.30)	79 546 (0.42)	15 742 (0.15)

表3-5可以看出地热直接利用的方方面面和发展变化。在地热直接利用的早期,洗浴(包括医疗、疗养)方面所耗能量是最高的。而其他方面的应用包括区域供热、农业利用和工业利用诸方面。一般来说,工业利用要求的温度较高,但是用途很广,可以用于烘干和蒸馏过程,也可以用于简单的工艺加热或制冷,或者用于各种采矿和原材料处理过程中的加温和去冰。在某些情况下,地热流体本身也是一种有用的原料。某些热水中含有多种盐类和其他有价值的化学物质,可以从中提取硼酸、碳酸铵和硫黄,从天然蒸汽中还可以提取某些有工业用途的气体,如CO_2、H_2S、H_2和少量甲烷、氮、铵和氩等。

农业利用要求的地热流体温度不高,一般低于100 ℃,高于20 ℃。地热可以用于建立地热温室、加温土壤、动物饲养、养鱼和农产品干燥诸方面。地热温室在地热直接利用的早期所占的份额还是比较高的。

地热能用于区域采暖是很诱人的。冰岛是这个领域的创始国,因为它地处寒带,一年有330~340天需要取暖,但本国又缺乏矿物燃料资源,而地热资源却十分丰富。20世纪初,地热能第一次试用于冰岛单独的农村房屋的取暖。1928年,冰岛首都雷克雅未克附近钻出了热水,把它用来供给70间住房、一个室外游泳池、一个室内游泳池、一个学校的校舍。到1969年年底,冰岛全国40%的人口(8万人)居住在用地热供热的房屋中。区域空间加热更通俗的说法是“采暖”,其装机容量与年利用热量过去与洗浴不相伯仲。但是随着浅层地热能的利用,近年来采暖用的装机容量所占份额逐年下降。

浅层地热能也称浅层地温能,它是位于常温层以下,蕴藏在浅层岩土体和地下水中的低温地热资源。它是指在我国当前的技术经济条件下,地层恒温带至地表以下200米以内具备开发利用价值的地热能。浅层地热能因其品位不高(通常温度在7 ℃~25 ℃),不能直接用来供暖和制冷,但是随着热泵技术和设备的进步与完善,浅层地热能的采集、提升和利用已成为现实。这种技术称为“地源热泵”(Ground Source Heat Pump或Geothermal Heat Pump)技术。所谓热泵,通俗的说法就是利用电能转换为热能,就像水泵是利用电能来抬高水位一样。所谓地源热泵,是一种通过电能,利用地下浅层地热资源用于供暖或制冷的高效节能空调系统。夏季运行时,热泵机组的蒸发器吸收建筑物内的热量,达到制冷的作用,同时冷凝器通过与地下水的热交换,将热量排入地下;冬季运行时,热泵机组的蒸发器吸收地下水的热量作为热源,通过热泵循环,由冷凝器提供热水给建筑物室内采暖,通过少量高位电能的输入,实现低位能向高位能转移。早在1912年,瑞士的Zoelly首次提出利用浅层地热能作为热泵系统的低温热源,并为此申请专利。美国第一台地热源泵是1946年在俄勒冈州波特兰市联邦大厦安装的,到1995年估计全美国有25000台到40000台,并以每年25%的速度增长,到2000年时可能会达到40万台,预计2010年总装机量可达150万台。但是地源热泵是需要用电能来换取热能,在电能还不够发达的发展中国家是很难得到发展的。地热源泵真正意义上的商业应用只有近几十年的历史。根据汪集旸等2005年提供的数据,在2000年世界上主要利用地热源泵的27个国家中属于亚洲国家的只有一个半,即日本和土耳其(它因地跨亚欧大陆,所以算半个),美洲有美国和加拿大,大洋洲则是澳大利亚,其余22个半全是欧洲国家。它们安装的当量台数(以12 kW为一台计)为572949台,其中美国为400000台,占总数的70%。之后依次为瑞士(41667台)、瑞典(31417台)、加拿大(30000台)、德国和奥地利,其余国家都少于1万台。浅层地热能的利用得到地热界的承认是20世纪90年代的事,在1995年意大利佛罗伦萨世界地热大会上出现了几篇有关地热源泵的文章,并归类于“直接利用”栏内。自1995年以来,地热源泵的装机容量和年利用热量在“直接利用”中的份额逐年增长,到2010年已分别达到70%和49%。地热源泵的利用目前似乎已成为地热直接利用的宠儿。

四、地热能的利用在中国

中国虽然是利用地热最早的国家之一,但是过去仍停留在温泉浴疗和少量工农业利用等方面。直到20世纪60年代后期至70年代初,我国才注意把地热能作为一种可供选择的新能源。自20世纪70年代开始,全国各省、自治区、直辖市都进行了地热资源的考察、普查和勘探工作,为地热能的开发与利用奠定了基础。

(一)地热发电方面

在1970年开始的全国性地热热潮中,我国开始探索地热发电站的建设,先后在一些地区建立了一批小规模的地热试验电站(表3-6)。

表3-6　我国地热试验电站一览

电站地点	电站容量（kW）	工作流体温度（℃）	热力系统	工质	建成年份	状况
广东丰顺1号	86	91	一级扩容	水	1970年	已停运
河北怀来后郝窑	200	79	中间介质	氯乙烷，正丁烷	1971年	已停运
江西宜春温汤	50	66	中间介质	氯乙烷	1971年	已停运
湖南宁乡灰汤	300	92	一级扩容	水	1974年	已停
广西象州	200	73~77	一级扩容	水	1974年	已停运
广东丰顺3号	300	91	一级扩容	水	1976年	已停
广东丰顺2号	200	91	中间介质	异丁烷	1977年	已停运
辽宁营口熊岳	100	75	中间介质	正丁烷，氟利昂	1977年	已停运
山东招远	200	91	一级扩容	水	1977年	已停运
西藏羊八井1号	1 000	137	扩容	水	1977年	已停运
台湾宜兰清水溪	3 000	约190	二级扩容	水	1979年	结垢停
西藏羊八井3号	3 000	<160	二级扩容	水	1981年	运行
西藏羊八井2号	3 000	160±	二级扩容	水	1982年	运行
西藏羊八井4号	3 000	<160	二级扩容	水	1985年	运行
西藏羊八井5号	3 180	<160	二级扩容	水	1986年	运行

自1970年以来，在我国大陆东部利用<100 ℃中低温热水在7个地点建立了实验性的地热电站，共9个机组，其中广东丰顺有三个机组。这9个机组中，装机容量最小的为50 kW，最大的为300 kW，总装机容量为1636 kW。大部分小电站的试验都取得了成功，河北怀来后郝窑电站的装机容量虽然只有200 kW，但是实际上发出电力达到近300 kW，而且排放的热水一点也不结垢，一般是每一吨热水发一度电。这7个低温地热电站中除了广东丰顺3号和湖南宁乡灰汤两个机组因设备老化在几年前停运外，其余5处在20世纪70年代末期就已关闭，关闭的理由是“不经济”。当时人们完全没有认识到地热资源是一种低碳的能源。另外台湾宜兰县清水溪与土场两个地热电站在1995年也因结垢

严重而停止运转。

图 3－30 羊八井地热电站(南厂)外景

另一方面值得庆贺的是,1977 年 10 月 1 日,我国第一台 MW 级地热发电机组——羊八井地热电站 1 号机组试运转成功。它的发电量最多达到 700 kW。但在试验初期,因汽轮机震动和井中结垢,机组时开时停,1978 年方得解决。1981 年 11 月,羊八井地热电站第一台 3MW 机组投入试验,总装机容量增至 $4MW_e$。同时,羊八井与拉萨间 110 kV 高压输电线路交付使用,更加快了羊八井地热电站建设的速度。到 1991 年 2 月,羊八井地热电站共安装 1 台 1 MW、8 台 3 MW 级机组和 110 kV 升压站,装机容量达到 25.18 MW_e。建成后的羊八井地热电站(图 3－30)占拉萨电网的 41.1%,冬季供电量占电网的 60% 以上,从而缓解了拉萨电网供电不足的缺陷,基本满足了拉萨工、农、牧业日益增长的用电和人民生活物质文化需求的用电。羊八井地热电站的建成,国家投资了 20629.3 万元,与拉萨火电厂每年发电 2000×10^4 kW·h 而政府须补贴 800 万元相比,其经济效益和社会效益都是极其显著的。

遗憾的是,羊八井地热电站的发展就此止步。即使 20 世纪 90 年代初,羊八井钻成了工作温度达 200 ℃、单井发电潜力 12.58 MW 的 ZK4001 孔,也未加以利用;再加上 1 MW 试验机组退役,羊八井地热电站的装机容量下降到 24.18 MW。羊八井地热电站已经超过 30 年,属于老年电站了,每年的发电量还在 1 亿 kW·h 以上,年运行时间超过 6000 小时。2009 年,羊八井地热电站发电 1.419 亿 kW·h,其累计发电量达 24.1 亿 kW·h。

自 1992 年以来,我国大陆地热发电的装机容量一直裹足不前,目前在 24 个进行地热发电的国家中排名第 18 位。是什么原因导致我国的高温地热资源的利用在世界的排名一直处于落后的地位?是缺乏资源还是认识不足?笔者认为主要是认识问题,表现在:

(1)没有认识到地热发电产生的是基本负荷。世界上所有地热发电的国家都认为它所生产的电力为基本负荷,唯有中国例外,把地热发电当成补充的能源,地热电厂只是为调峰而建。在开发二次能源时,我国想到的总是传统的水力发电或火力发电,绝对不会想到地热发电。但是羊八井地热电站运行的实际情况却说明它所生产的是基本负荷。“羊八井地热电厂 1992 年以来没有扩展,拉萨周围也没有新建别的地热电厂。那是因为西藏建设了羊卓雍湖水电站项目,并于 1997 年投产发电。羊湖水电站虽然装机容量为 105 MW,但其年运行只有 2000 多小时。羊八井地热电厂虽已进入地热发电的‘老年’,但现在一年还运行 6000 小时以上。地热电厂 2006 年 7 月的发电量占全年的 6.28%,但 12 月的发电量占全年的 11.73%。这说明了虽然地热装机只占总电网的 12% 左右,但羊八井的地热电力尤在冬季是拉萨供电的主要支撑。”(多吉等,2007)。从所引用的这段话可以看出:①自治区当时所关注的、寄予希望的是羊卓雍湖水电站。尽管那时羊易地热田的勘探报告已于 1991 年提交,认为该地热田具有 30 MW 装机的建站条件,远景发电潜力可达 50 MW。②根据所列资料计算,羊卓雍湖水电站的负荷因子只有 0.23;羊八井地热电厂的负荷因子达到 0.685,基本是羊湖水电站的 3 倍。其实羊八井地热电厂年运行 6000 小时,与国际上一些地热电站相比只能算是中上水平。③在冬季,由于环境温度的降低,地热电站的出力更大,这是其他类型的发电厂,特别是水力发电、太阳能发电所不具备的。在冬季,地热电站实际上是主力电站。

(2)没有认识到地热发电对全球环境影响远低于常规能源发电的影响。常规能源发电所要求的热量来自燃煤和燃油等石化燃料或核燃料,带来的环境问题是排放大量的二氧化碳，使地球产生温室效应，从而导致全球变暖，对人类的生存造成巨大的威胁；同时排放出的二氧化硫、二氧化氮和大量粉尘也会污染环境。可是，利用地热能发电和供暖能实现低碳的能源利用，同时形成地热勘探、钻井、压裂、地面工程、地热发电设备制作、人才培训、科学研究等相关产业链，开发低碳经济的增长点，即形成与之对应的低碳技术体系。表3－7是利用各种能源进行发电所产生的排放物的比较，地热发电的碳排放量比燃煤发电的低一个量级。

表3－7 各种能源发电的排放物比较

发电类型	CO_2 排放量(g/kWh)	硫的氧化物排放量(kg/MWh)
地热发电	91	0.16
天然气发电	599	—
燃油发电	893	4.99
燃煤发电	955	5.44

（据 Bloomfield，k. k.，et al.，2003。）

（3）没有充分认识到地热发电技术的相对特殊性。地热发电的技术基本上雷同于燃煤电站的技术，有别之点主要在于供热，大地代替了火电站的锅炉。而大地这一锅炉的构造要复杂得多。几乎可以说一个热田一个样。在开发之前，我们必须搞清楚该地热田的热储在哪儿，是层状的还是裂隙型的，储量有多大，在哪儿钻探，要钻多深。因此，地热开发的前期需要投入大量资金用于勘探，1986年以后，国家取消了这项勘探投资，风险全部由开发单位承担，而地热开发风险巨大，令人望而却步。在开始发电生产以后，我们还应该考虑成井如何管理，废水如何处理，能否做到零排放，结垢与腐蚀的研究，开发中如何监测等问题，这些问题都是常规发电厂和其他新能源发电厂无须考虑的问题。因而，地热的开发异常麻烦，不如风电、太阳能光伏发电方便。

（4）高温地热资源丰富的西藏，地广人稀，工业薄弱，没有负荷，许多高温地热区远离人口密集的城镇，如果进行开发，可能没有用户，或者输电距离过远，经济上不合算。

上述原因使得我国不重视地热发电事业，以至它几十年来没有发展。不过，近年来随着地球环境的恶化，人类对于节能减排的呼声日渐高涨，我国也开始关注地热能源的开发。最近,我国成立了西藏华电地热开发有限责任公司,准备开发西藏丰富的低碳地热资源,首先是开发青藏铁路沿线的高温地热系统、羊八井深部地热资源以及建立羊易地热电站。2011 年 1 月 21 日,在台中市清水区,地热发电测试展示说明会隆重召开,台湾结元科技股份有限公司和上海盛合新能源有限公司合作,利用后者从美国引进的以氨—水混合物为工质的卡琳娜(Kalina)动力循环技术,针对台湾宜兰县地热发电的 BOT 开发计划,目前已完成装机容量分别为 3 MW 和 5 MW 的清水地热电站发电系统的设计。其实这两个公司在 2010 年 11 月 20 日在清水就建成了一个 50 kW、利用卡琳娜系统的试验电站,并于 2010 年 12 月 21 日并网发电成功。

(二)地热能直接利用方面

我国在地热发电方面差强人意,但地热直接利用在世界上却名列前茅。我国在地热直接利用的装机容量上仅次于美国,但在年利用热量上却拔得头筹。根据韩再生、郑克棪等人(2009)的统计:在全国地热直接利用的方式中,供热采暖占 18.0%,医疗洗浴与娱乐健身占 65.2%,种植与养殖占 9.1%,其他占 7.7%。

地热供暖集中在北京、天津、西安、郑州、鞍山等大中城市以及黑龙江大庆,辽宁沈阳,河北霸州、固安、牛驼镇等产油区城镇,开发利用 60 ℃ ~100 ℃的中低温地热水和不属于常规地热能的浅层地热能进行采暖。在 2000 年,采暖面积为 1100 万 m^2,2008 年连同地源热泵供暖面积已超过 3000 万 m^2。表 3 -8 揭示了 1990 年到 2005 年的地热供暖情况。

表 3 -8　地热供暖情况表(据韩再生等,2009)

类别	1990 年	1999 年	2005 年
地热供暖面积(万 m^2)	190	800	1 270
地热供生活热水(万户)	1	20	30
二氧化碳减排(吨)	3 087	12 999	20 635
氮氧化物减排(吨)	1 158.65	4 878.5	7 744.6

2008 年,我国利用常规地热资源供暖面积为 2400 万 m^2,至 2009 年末达到 3020 万 m^2,其中近半数在天津。天津市 2004 年地热供暖为 920 万 m^2,2007 年达 1200 万 m^2,2008 年达到了 1300 万 m^2。目前天津市有 100 万人口居住在地热供暖的房屋中,有 400 万人口享受地热生活用水。图 3 -31 是天津东丽湖度

假旅游区内供热站。该区共钻了 8 口井，其中 4 口开采井，4 口回灌井，供暖面积为 145 万 m^2。

地热源泵的利用在我国主要是在 2004 年以后，年增长率超过 30%。开始利用地热源泵的城市是北京，2006 年就达 369 项，总面积 738 万 m^2。后来居上的是辽宁省沈阳市，2007 年使用地热源泵供暖的面积为 1848 万 m^2，到 2008 年增至 3585 万 m^2，占沈阳全市建筑物供暖面积的 18%，设备能力达到 1790 MW_t。图 3－32 是天津工业大学新校区利用地热源泵进行采暖和制冷的泵房，一期工程供暖 18 万 m^2。

图 3－31　天津东丽湖度假旅游区内传统的地热供热站

图 3－32　天津工业大学地热源泵泵房

2008年,全国地热源泵总利用面积为6200万m^2,2009年达到10070万m^2,总装机容量约为5210 MW_t,年利用热量为29035 TJ/a。2008年北京奥运会期间,我国政府为兑现“绿色奥运”的承诺,在许多场馆采用了地热源泵装置。浅层地热能(地热源泵)的利用很明显具有三大优点:一是比其他常规供暖技术可以节能50%~60%;二是不但替代和节省了传统的燃料能源,而且减少了污染,净化了空气,明显改善了环境;三是运行费用可降低30%~70%(中国地热源泵网,2011)。

地热流体具有医疗保健作用,温泉或人工地热井是洗浴和医疗度假胜地,因为它具有较高的温度,含有特殊的化学成分与气体,很可能有少量生物活性离子及放射性物质,对人体各系统器官功能调节有明显的医疗和保健作用。利用地热可以水疗、气疗和泥疗。全国用于医疗保健的地热田已有126处,其上建立了“温泉度假村”或“医疗康复中心”。它们集医疗、洗浴、保健、娱乐、旅游度假于一体。全国已建的温泉疗养院有200余处,突出医疗利用的温泉浴疗点有430处。全国现有公共温泉浴池和温泉游泳池1600处。用于洗浴的地热水量1.38亿m^3/a,利用的地热能716.45 MW_t,相当于每年节约或减少77.1万吨标准煤,有4亿人次用地热水洗浴(韩再生等,2009)。

有些温泉治病的神效扬名海内外。如云南省腾冲县(现为腾冲市)热海地热田的黄瓜箐,它所采用的蒸汽疗法,在国内是独一无二的。该地建有治病的蒸床,床底位于蒸汽地面上,上铺石块、砾石、细砂,再上铺以3~5 cm厚的松针,最上部覆以草席,患者先上蒸床,卧于草席上,身盖毛毯。94 ℃的天然蒸汽通过砂层后,温度已降到45 ℃~50 ℃,并均匀地作用于患者的身体各部分,每次蒸疗持续40分钟,然后进入蒸床旁的澡池。这种蒸疗对风湿性关节炎和风湿性腰痛有特殊的疗效。据疗养所统计,在1965—1973年的1300份病例中,有733个属于风湿病,占56%;余下的567例分属另外21种病。在这733个风湿病人中,治疗无效的仅47例,占6%;有效人数686人,占94%。其中痊愈的有354例,占48%。因此群众称赞黄瓜箐:“来时骑马、轿抬、拐棍带;走时稳步、挺胸、两腿迈。”黄瓜箐蒸汽疗法之所以能收到如此疗效,是因为它的热、汽、气和硫黄,还有含量高达1027.7艾曼的氡射气。

利用低温地热水进行水产养殖已遍及20多个省、自治区、直辖市的47个地热田。我国现建有低温地热水养殖场300处，鱼池面积约445万 m^2，耗水量约占地热水总量的5.7%左右。普通的家养鱼一亩水面第一年产成鱼100 kg，但喜温性的罗非鱼等鱼种一亩水面一年可产成鱼10000 kg，而且鱼苗可以越冬和繁殖。

图3-33 西藏羊八井地热田的地热温室

地热温室和地热水灌溉以及农产品干燥是地热直接利用的一方面。目前我国有地热温室和大棚133万 m^2，所利用的地热能折合标准煤21.5万 t/a，占地热资源2年开采总量的3.4%。天津建成了单体2万~3万 m^2 的玻璃地热温室，兼有温度、湿度的自动调控，达到世界先进水平。图3-33是羊八井地热田的地热温室，它充分利用地热发电后的80 ℃到尾水作为温室的热源。地热水的工业利用在我国规模较小，目前主要用于轻纺工业，如纺织印染、洗涤、制革、造纸与木材加工等。例如京津地区的地下热水矿化度低、硬度低，可以不经过软化处理就能直接用于工业，既省煤，又节水，且产品质地优良。又如天津针织厂用热水染布，每年节约染料费3万~5万元，加上节省煤和水处理费，每年节约20万元。部分地热水还可以提取工业原料，如芒硝、自然硫。华北油田利用封存的油井深部的奥陶系进行地热水伴热输油，完全替代了锅炉热水伴热输油,取得了明显的经济、社会效益。

在2010年世界地热大会的报告中,我国地热资源直接利用方面统计如下(表3-9)。

表3-9　中国地热资源直接利用概况

利用项目	区域采暖	地热源泵	地热温室	水产养殖	农业干燥	工业利用	洗浴疗养	总计
设备能力(MW_t)	1 291	5 210	147	197	82	145	1 826	8 898
年利用热(TJ/a)	14 798.5	29 035	1 687.9	2 170.8	1 037.5	2 732.6	23 886	75 348.3

从表中不难看出,我国地热资源的直接利用,从传统地热资源(>25 ℃)来考虑,主要是洗浴疗养加上区域采暖,它们的份额占到35%。地热源泵的利用,使浅层地热资源(<25 ℃)的热量利用占到第一位,在总直接利用热量中占58.5%,如果加上传统的区域采暖,它们所用的热量占73%。地热源泵的加入显然大大地增加了地热资源利用的份额。

第四节　海洋能

海洋能是一种蕴藏在海洋中的重要的可再生清洁能源,主要包括潮汐能、波浪能、海流能(潮流能)、海水温差能和海水盐差能,更广义的海洋能还包括海洋上空的风能、海洋表面的太阳能以及海洋生物质能等。从成因上来看,海洋能是由于太阳能加热海水,太阳、月球对海水的引力,地球自转力等因素的影响而产生的,因而是一种取之不尽、用之不竭的可再生能源。开发海洋能不会产生废水、废气,也不会占用大片良田,更没有辐射污染,因此,海洋能被称为21世纪的绿色能源,被许多能源专家看好。海洋能的全球储量达1500亿kW,其中便于利用的有70亿kW。据估算,全球海洋能固有功率以温差能、盐差能以及海洋风能和太阳能最大,波浪能和潮汐能居中,海流能相对较小。1981年联合国教科文组织统计资料显示,技术上海洋能可利用功率达64亿kW,是当时全球发电装机容量的2倍。

海洋能利用的形式主要有：

1. 潮汐能

因月球引力的变化引起潮汐现象，潮汐导致海平面周期性地升降，因海水涨落及潮水流动所产生的能量称为潮汐能。潮汐与潮流能来源于月球、太阳引力，其他海洋能均来源于太阳辐射。海洋面积占地球总面积的71%，太阳到达地球的能量，大部分落在海洋上空和海水中，部分转化成各种形式的海洋能。

潮汐能的主要利用方式为发电，具体地说，潮汐发电就是在海湾或有潮汐的河口建一拦水堤坝，将海湾或河口与海洋隔开构成水库，再在坝内或坝房安装水轮发电机组，然后利用潮汐涨落时海水位的升降，使海水通过轮机转动水轮发电机组发电。涨潮时，海水从大海流入坝内水库，带动水轮机旋转发电；落潮时，海水流向大海，同样推动水轮机旋转而发电。潮汐电站按照运行方式和对设备要求的不同，可以分为单库单向型、单库双向型、双库单向型三种。目前世界上最大的潮汐电站是法国的朗斯潮汐电站，江厦潮汐实验电站为我国最大。

我国的潮汐电站建设始于20世纪50年代中期，经过了1958年前后、20世纪70年代初期和20世纪80年代3个时期建设，至80年代初共建设有76个潮汐电站。20世纪80年代运行的潮汐电站有8个，目前还在运行的只剩下了3个，分别是：总装机容量3200 kW的浙江温岭的江厦站、总装机容量150 kW的浙江玉环的海山站、总装机容量640 kW的山东乳山的白沙口站。

2. 波浪能

波浪能是指海洋表面波浪所具有的动能和势能，是一种在风的作用下产生的并以位能和动能的形式由短周期波储存的机械能。波浪能是海洋能源中能量最不稳定的一种能源。波浪发电是波浪能利用的主要方式，此外，波浪能还可以用于抽水、供热、海水淡化以及制氢等。

波浪发电的原理：利用海面波浪的垂直运动、水平运动和海浪中水的压力变化产生的能量发电。波浪能发电一般是利用波浪的推动力，使波浪能转化为推动空气流动的压力（原理与风箱相同，只是用波浪做动力，水面代替活塞），气流推动空气涡轮机叶片旋转而带动发电机发电。

中国波浪发电研究开始于1978年，经过40余年的开发研究，获得了较快的发展。我国波浪发电的相关成果有:额定功率为 20 kW 的岸基式广州珠江口大万山岛电站、额定功率为 8 kW 的小麦岛摆式波浪电站、额定功率为 100 kW 的广州汕尾岸式波浪实验电站、额定功率为 30 kW 的青岛大管岛摆式波浪实验电站。2005 年 1 月,“十五”期间投资的广州汕尾电站成功地实现了把不稳定的波浪能转化为稳定电能。

3. 海水温差能

海水温差能是指表层海水和深层海水之间水温差的热能,是海洋能的一种重要形式。低纬度的海面水温较高,与深层冷水存在温度差,而储存着温差热能,其能量与温差的大小和水量成正比。温差能的主要利用方式为发电,首次提出利用海水温差发电设想的是法国物理学家阿松瓦尔。1926 年,阿松瓦尔的学生克劳德试验成功海水温差发电。1930 年,克劳德在古巴海滨建造了世界上第一座海水温差发电站,获得了 10 kW 的功率。温差能利用的最大困难是温差大小,能量密度低,其效率仅有 3% 左右,而且换热面积大,建设费用高,目前各国仍在积极探索中。

温差发电的原理:海洋温差发电主要采用开式和闭式两种循环系统。在开式循环中,表层温海水在闪蒸蒸发器中由于闪蒸而产生蒸汽,蒸汽进入汽轮机做功后流入凝汽器,由来自海洋深层的冷海水将其冷却。在闭式循环中,来自海洋表层的温海水先在热交换器内将热量传给丙烷、氨等低沸点物质,使之蒸发,产生的蒸汽推动汽轮机做功后再由冷海水冷却。

我国的浙江、福建和山东沿海是世界上潮流能资源最丰富的地区之一,其中舟山群岛一带的部分海域潮流流速在 2 ~ 4 m/s,其能流密度相当于 20 ~ 40 m/s,即 9 ~ 12 级以上风能的能流密度,具有非常可观的开发价值。

4. 盐差能

盐差能是指海水和淡水之间或两种含盐浓度不同的海水之间的化学电位差能,是以化学能形态出现的海洋能,主要存在于河海交接处。同时,淡水丰富地区的盐湖和地下盐矿也可以利用盐差能。盐差能是海洋能中能量密度最大的一种可再生能源。

盐差发电的原理:当两种不同盐度的海水被一层只能通过水分而不能通过盐分的半透膜相分离的时候,两边的海水就会产生一种渗透压,促使水从浓度低的一侧通过这层膜向浓度高的一侧渗透,使浓度高的一侧水位升高,直到膜两侧的含盐浓度相等。通常,海水和河水之间的化学电位差具有相当于 240 m 高水位的落差所产生的能量,利用这一水位差就可以直接由水轮发电机发电。盐差能发电的基本方式是,将不同盐浓度的海水之间或海水与淡水之间的化学电位差能转换成水的势能,再利用水轮机发电。

据估计,世界各河口区的盐差能达 30 TW,可以利用的有 2.6 TW。我国的盐差能估计为 1.1×10^{8} kW,主要集中在各大江河的出海处,同时,我国青海省等地还有不少内陆盐湖可以利用。盐差能的研究以美国、以色列的研究为先,中国、瑞典和日本等也开展了一些研究。但总体上,对盐差能这种新能源的研究还处于实验阶段,离示范应用还有较长的距离。

5. 海流能

海流能是指海水流动的动能,主要是指海底水道和海峡中较为稳定的流动以及由于潮汐导致的有规律的海水流动所产生的能量,是另一种以动能形态出现的海洋能。海流能的利用方式主要是发电,其原理和风力发电相似。潮流能与太阳能、风能、波浪能等可再生能源相比,其规律性较强,能量稳定,易于电网的发配电管理,因此是优秀的可再生清洁能源。

潮流发电的原理:利用海洋中沿一定方向流动的潮流的动能发电,潮流发电装置的基本形式与风力发电装置类似,故又称“水下风车”。潮流能发电装置由水轮机和电机组成,水轮机有垂直翼和水平翼两种,视实际需要而定。海流流过水轮机时,在水轮机的叶片上产生环流,导致升力,因而对水轮机的轴产生扭矩,推动水轮机上的叶片转动,驱动电机发电。

全世界海流能的理论估算值约为 10^{8} kW 量级。利用中国沿海 130 个水道、航门的各种观测及分析资料,计算统计获得中国沿海海流能的年平均功率理论值约为 1.4×10^{7} kW,属于世界上功率密度最大的地区之一,其中辽宁、山东、浙江、福建和台湾沿海的海流能较为丰富,不少水道的能量密度为 15 ~ 30 kW/m^{2},具有良好的开发价值。特别是浙江舟山群岛的金塘、龟山和西堠门水道,平均功率密度在 20 kW/m^{2} 以上,开发环境和条件很好。

6. 近海风能

风能是地球表面大量空气流动所产生的动能。在海洋上,风力比陆地上更加强劲,方向也更加单一。据专家估测,一台同样功率的海洋风电机在一年内的产电量,比陆地风电机高70%。

风能发电的原理:风力作用在叶轮上,将动能转换成机械能,从而推动叶轮旋转,再通过增速机将旋转的速度提升,来促使发电机发电。

我国近海风能资源是陆上风能资源的3倍,可开发和利用的风能储量有7.5亿kW。长江到南澳岛之间的东南沿海及其岛屿是我国最大风能资源区以及风能资源丰富区。风能资源丰富地区有山东、辽东半岛、黄海之滨、南澳岛以西的南海沿海、海南岛和南海诸岛。

我国是海洋大国,大陆海岸线长达1.87万km,面积500 m^2 以上的岛屿有6961个。海岛海岸线1.4万km,海洋能资源总量可达近30亿kW,开发利用潜力极大。其中,东南沿海及海岛地区最具资源优势。

20世纪80年代初至90年代中期,海洋能开发利用研究受到众多部门、单位和专家的重视。参与海洋能开发利用研究的专业单位和电站等最多时达50个。其中波浪能最多,其次是潮汐能。全国和省级(浙、闽)的大型学术研讨和潮汐电站选址考察活动接连不断。各地新建、续建、扩建、技术改造、设备更新的潮汐电站陆续完成。至20世纪80年代中期建成并长期运行发电的潮汐电站达8座。80年代中期至90年代中期,浙、闽两省对几个大中型潮汐电站进行了考察选址、规划设计和预可行性研究。随着改革的深入,计划经济向市场经济过渡,由于海洋能技术研究未列入"七五"科技计划,加之研究经费困难等原因,80年代末参与海洋能技术研究的专业单位很快减少,至90年代中期仅剩四五个,主要开展波浪能和潮流能技术研究,温差能、盐差能研究已停滞。由于大电网向沿海农村扩展延伸,多数潮汐电站因社会作用下降、经济效益降低、设备老化等原因而停止运行发电,仍在运行发电的仅剩3座。90年代中期至21世纪初,在制订"九五"计划前,国家有关部门和专家一致认为中国潮汐能开发利用的科技水平在设计研究和机械制造等方面均已具备研建万千瓦级潮汐电站的条件。国家各有关部、委、局对海洋能开发利用的重视达到前所未有的高度,均把开发海洋能特别是中型潮汐能电站列入"九五"计划。在"九五"计划中,潮汐电力被列入工业电力项的内容,浙、闽两省有关部门积极争取国家立项,研建中型潮汐电站。

我国潮汐电站目前仅剩浙江江厦、海山和山东白沙等3座尚在运行,其中江厦潮汐试验电站最大,装机容量3200 kW,全球排名第三。海流(潮流)能、温差能处于研发试验阶段;波浪能发电技术研发获得了较快发展,并在沿海航标中小规模应用;海洋太阳能利用比较薄弱,仅个别海岛采用了太阳能路灯照明装置;海洋能开发利用发展迅速,长山岛、长岛、嵊泗、岱山岛、大陈岛、平潭、东山岛、南澳岛均建有风力发电厂,但发电机组国产化率不到30%,主要依靠国外的设备和技术。

1980年5月4日,浙江省温岭的江厦潮汐电站第一台机组并网发电,揭开了中国较大规模建设潮汐电站的序幕。该电站装有6台500 kW水轮发电机组,总装机容量为3000 kW,拦潮坝全长670米,水库有效库容270万m^3,是一座规模不小的现代潮汐电站。它不但为解决浙江的能源短缺做出了应有的贡献,而且在经济上亦有竞争能力。江厦潮汐电站的单位造价为每千瓦2500元,与小水电站的造价相当。浙江沙山的40 kW小型潮汐电站,从1959年建成至今运行状况良好,投资4万元,收入已超过35万元。海山潮汐电站装机150 kW,年发电量29万kW·h,收入2万元,并养殖蛐子、鱼虾等,年收入20万元。

潮汐发电有三种形式:一种是单库单向发电。它是在海湾或河口筑起堤坝、厂房和水闸,将海湾或河口与外海隔开,涨潮时开启水闸,潮水充满水库,落潮时利用库内与库外的水位差,形成强有力的水龙头冲击水轮发电机组发电。这种方式只能在落潮时发电,所以叫单库单向发电。第二种是单库双向发电,它同样只建一个水库,采取巧妙的水工设计或采用双向水轮发电机组,使电站在涨、落潮时都能发电。但这两种发电方式在平潮时都不能发电。第三种是双库单向发电。它是在具备有利条件的海湾建起两个水库,涨潮和落潮的过程中,两库水位始终保持一定的落差,水轮发电机安装在两水库之间,可以连续不断地发电。

潮汐发电有许多优点。例如,潮水来去有规律,不受汛期或枯水期的影响;以河口或海湾为天然水库,不会淹没大量土地;不污染环境;不消耗燃料;等等。但潮汐电站也有工程艰巨、造价高、海水对水下设备有腐蚀作用等缺点。综合来看,潮汐发电成本低于火电。

第五节　生物质能

生物质是指利用大气、水、土地等通过光合作用而产生的各种有机体，即一切有生命的可以生长的有机物质通称为生物质，包括植物、动物和微生物。从广义上说，生物质包括所有的植物、微生物以及以植物、微生物为食物的动物及其生产的废弃物。有代表性的生物质如农作物、农作物废弃物、木材、木材废弃物和动物粪便。从狭义上说，生物质主要是指农林业生产过程中除粮食、果实以外的秸秆、树木等木质纤维素(简称木质素)、农产品加工业下脚料、农林废弃物及畜牧业生产过程中的禽畜粪便和废弃物等物质。地球上的生物质能资源较为丰富，而且是一种无害的能源。地球每年经光合作用产生的生物质有 1730 亿吨，其中蕴含的能量相当于全世界能源消耗总量的 10～20 倍，利用率不到 3%。

生物质能一直是人类赖以生存的重要能源，它是仅次于煤炭、石油和天然气而居于世界能源消费总量第四位的能源，在整个能源系统中占有重要地位。有关专家估计，生物质能极有可能成为未来可持续能源系统的组成部分，到 22 世纪中叶，采用新技术生产的各种生物质替代燃料将占全球总能耗的 40% 以上。

人类对生物质能的利用分为直接利用和间接利用，直接用作燃料的有农作物的秸秆、薪柴等，间接作为燃料的有农林废弃物、动物粪便、垃圾及藻类等，它们通过微生物作用生成沼气，或采用热解法制造液体和气体燃料，也可制造生物炭。生物质能是世界上最为广泛的可再生能源，但是尚未被人们合理利用，多半直接当薪柴使用，效率低，影响生态环境。现代生物质能的利用方式是通过生物质的厌氧发酵制取甲烷，用热解法生成燃料气、生物油和生物炭，用生物质制造乙醇和甲醇燃料，以及利用生物工程技术培育能源植物、发展能源农场。

一、利用途径

生物质能的利用主要有直接燃烧、热化学转换和生物化学转换 3 种途径。生物质的直接燃烧在今后相当长的时间内仍将是我国生物质能利用的主要方式。当前被国家列入农村新能源建设重点任务之一的节能措施是改造热效率仅为10%左右的传统烧柴灶,推广效率可达20% ~30%的节柴灶。这种技术简单、易于推广、效益明显。生物质的热化学转换是指在一定的温度和条件下,使生物质汽化、炭化、热解和催化、液化,以生产气态燃料、液态燃料和化学物质的技术。生物质的生物化学转换包括生物质—沼气转换和生物质—乙醇转换等。沼气转换是有机物质在厌氧环境中,通过微生物发酵产生一种以甲烷为主要成分的可燃性混合气体,即沼气。乙醇转换是利用糖质、淀粉和纤维素等原料经发酵制成乙醇。

二、利用现状

2006年年底,全国已经建设农村户用沼气池1870万口,生活污水净化沼气池14万处,畜禽养殖场和工业废水沼气工程2000多处,年产沼气约90亿立方米,为近8000万农村人口提供了优质的生活燃料。

中国已经开发出多种固定床和流化床气化炉,以秸秆、木屑、稻壳、树枝为原料生产燃气。2006年用于木材和农副产品烘干的有800多台,村镇级秸秆气化集中供气系统近600处,年生产生物质燃气2000万立方米。

面对减少化石能源消耗、控制温室气体排放的全球性趋势,利用生物质能资源生产可替代化石能源的可再生能源产品,已成为我国应对全球气候变暖和控制温室气体排放问题的重要途径之一。国家出台了具体的补贴措施,并且规划到2015年,生物质能发电将达1300万千瓦的目标。然而受原料收集难、政策补贴不到位等难题影响,生物质能产业的发展规模和水平远远低于风能、太阳能产业。如何发挥生物质能企业的生产积极性,尽快解决这些难题,中国农村能源行业协会生物质专委会秘书长肖明松、国家发展和改革委员会能源研究所研究员秦世平、可再生能源学会生物质能专业委员会秘书长袁振宏认为,发展生物质能重在解决以下"五难"。

一难:认识不够。生物质能正处在一个很尴尬的境地。国家发展和改革委员会能源研究所研究员秦世平开门见山地说:"要说重要,在可再生能源中,生物质能源是最重要的,但相比而言,它的产业化程度、发展规模都是最差的。其中有一些客观原因,也有一些属于认识问题。"

生物质能的重要性体现在以下四点。秦世平介绍:第一,我国是地少人多的国家，农林剩余物、城市垃圾等废弃物是生物质能的主要来源，以往农民处理秸秆大多是一把火点着，城市垃圾多是填埋，但废弃物的处理是刚性需求，随着国家对 CO_2 的排放限制的提高，生物质的能源化利用成为更为先进和有效的方法；第二，我国化石能源短缺，其中液体燃料是最缺少的，而液体燃料只有利用生物质可以转化；第三，生物质能的各个生产阶段都是可以人为干预的，而风能、太阳能只能靠天吃饭，发电必须配合调峰，而生物质能则不需要，甚至可以为其他能源提供调峰；第四，生物质原料需要收集，这样能够增加农民收入，刺激当地消费，可以有效促进农村经济的发展。一个 2500 万 ~ 3000 万千瓦的电厂，在原料收集阶段农民获得的实惠约有五六千万元。“三农”问题解决好了，对整个社会发展将起到非常重要的作用。

除了客观上发展规模受限，秦世平还认为，对生物质能的认识不同，导致对其投资的额度与地方的 GDP 增长不相符。资源的分散性导致生物质能在一地的投资，最多也就 2 亿多元，在某些政府官员看来，生物质能像鸡肋，食之无味弃之可惜，而且地方政府还要帮助协调农民利益，由此导致生物质能源整体项目规模较小，技术投入不足，尽管它是利国利农的好事，却处于发展欠佳的尴尬地位。

可再生能源学会生物质能专业委员会秘书长袁振宏也表示，相比煤炭、石油、天然气这些传统能源，生物质能在技术上的投入显然要低得多。生物质能的发展，首先要从上层统一思想，提高对生物质能重要性的认识，并要在技术上加大投入。

二难：补贴门槛过高。对生物质能源的支持，国家采取了多种补贴手段，但补贴门槛过高、手续烦琐、先垫付后补贴也困扰着不少企业。财政部财建[2008]735 号文件规定，企业注册资本金要在 1000 万元以上，年消耗秸秆量要在 1 万吨以上，才有条件获得 140 元/吨的补助。对此，中国农村能源行业协会生物质专委会秘书长肖明松认为，1000 万元的注册资金，是国家考虑防范企业经营风险时的必要手段，这对大企业无关紧要，但一些中小公司则很难达到。而 1 万吨秸秆的年消耗量，需要相当规模的贮存场地，由此带来的火灾隐患、成本增加问题也是企业不得不考虑的事情。事实上，如果扩大鼓励面的话，三五千吨也是适用的。受制于这些现实难题，财政部的万吨补贴政策很难落地。

而参与国家补贴政策制定的秦世平对此解释说,国家制定政策的初衷并不是鼓励生物质能企业因陋就简、遍地开花,而是鼓励企业专门从事生物质能,培养骨干型企业,这就需要一定的物质基础。年消耗秸秆量1万吨的厂子,固定资产就大概需要400万元,加上流动资金,1000万元并不算多。而万吨规模在能源化利用上,才称得上有点规模。只要是同一个业主,生产点可以分散,如果规模太小,补贴监管成本也太高。对于补贴方式,秦世平承认存在一定缺陷,整个机制缺乏能源主管部门、技术部门的参与。制度怎样更有利于监管公平公开还有待进一步完善。而该行业的快速发展,补贴政策功不可没,但不能因为出现一些问题就因噎废食,取消这个补贴政策,那将会对刚刚起步的生物质能源化利用产业造成重大的打击。因为国家补贴不仅仅是提供资金,还表明国家对该行业的支持态度,对企业和投资具有强力的引导作用。

此外,固定电价也是补贴的重要一块。生物质发电是0.75元/度,垃圾和沼气发电是0.65元/度。增值税实行即征即退,所得税按销售收入的90%来计算。袁振宏则指出政府鼓励生产,生产完了没有销路,产业还是发展不起来。所以,生产者和用户两头都要鼓励,为企业开拓市场。产业发展了国家才有政策,反过来不给政策,企业也难有市场。

三难:布局不好要吃亏。到底企业要建多大产能的好?秦世平经常碰到有企业负责人向他请教。为此,他说:“没有最好,只有最适合的,适合的就是最好的。比如苏南地区每人只有几分地,那就没法收,这些地方就没法建大厂,但东北垦区就比较适合建大型电厂,有条件上规模,成本才越低,效益才越高。一定要因地制宜。密集地区可以建气化发电,做成型燃料,不一定去建发电厂。”

肖明松也建议企业要从多方考虑,合理布局,否则很容易陷入发展困局。建生物质能电厂首先要考虑可持续发展,原料分散就需要分散性利用,要考虑水资源、电力、人文环境是不是可以支撑这个项目。

四难:成本价格难控。受耕作制度的限制,我国农村土地高度分散,从资源的收集到储存、运输,都有很大的不利因素,在后续的环节上会放大很多倍。“有些人认为收集半径的扩大就是多一个油钱,实际上运输工具、人力成本都不一样。”秦世平解释说,“装机容量3万千瓦的生物质电厂,一年大概需要25万到30万吨秸秆,按我国户均10亩耕地计算,需要大约20万农户来完成,那么收购时你要带秤，光开票都需要 20 万张，还要一个个装车，不能实现高效的机械化。”

肖明松也非常理解企业的苦楚：“生物质能源要依赖农业，资源掌握在老百姓手里，农民的市场意识很好，完全随行就市。如果收集半径过大，需要农民花费大量时间收集、运输，那么农民就会要求按外出打工时计算人力成本。如此一来，企业为原料支出的成本就会大大提高。如果企业坚持不抬价，就可能造成企业吃不饱，缩量生产，影响经济效益。每度电原料成本如果超出一定范围，那么无论怎么发电都是赔钱。加上人工费用近年来快速增加，成本成了扼住企业脖子的一道枷锁。”

“所以准备入行的企业首先要考虑原料资源的可获得性，如果不成熟千万不要贸然进入。”肖明松认为地方政府可以进行协调，比如利用示范效应，鼓励农民种植秸秆作物，做好企业加农户的结合，平衡好企业和农户之间的利益。

五难：技术投入小。“我国的生物质能源技术与国外有一定的差距，但目前的技术加上国家的补贴可以维持产业化经营。技术进步永无止境，国外的技术、设备成本太高并不一定适合我们。”秦世平打了个比方，“轿车科技水平高，但要是去农田就不如拖拉机。”他表示，科研部门每年都在做前端的研究，力度并不大。从实验室到田间再到工业企业的规模化生产，技术的创新需要一个较长的时间，企业可以一边生产一边进行探索。

“目前存在的问题是，有些研究成果与生产脱节，并没有转化为生产力，推向社会。”肖明松说，一方面技术部门因缺少资金，无法进行规模化生产，另一方面为了尽可能多地收回技术成本，企业有意拉长新技术向市场投放的周期。“但是，我们现在面临的是国际化的市场，如果抱着老的技术不放，一旦有新技术投放市场，企业始终面临着效率低下，最终难以维持。”

专家们还表示，生物质能源的技术投入还很小。从宏观方面来说，现有能源还没有用尽。垄断企业控制着部分能源的终端，也限制了中小企业的技术投入。中石油若投入生物质能源，生产乙醇汽油很容易，因为燃料乙醇按标准要求添加到汽油里形成乙醇汽油，整个产业链他们可以控制，别人加不进去。当大能源还能够持续的时候，就不会在生物质能源上下太大的力气。此外，国际石油、煤炭、天然气价格有一个联动关系，当它们的价格逼近生物质能源的产品价格时,企业就会有更多的利润,当化石能源资源枯竭到一定程度的时候,生物质能源的优势就体现出来了。

三、利用技术

1. 直接燃烧

生物质的直接燃烧和固化成型技术的研究开发主要着重于专用燃烧设备的设计和生物质成型物的应用。现已成功开发的成型技术按成型物形状主要分为三大类:以日本为代表开发的螺旋挤压生产棒状成型技术,欧洲各国开发的活塞式挤压制的圆柱块状成型技术,以及美国开发研究的内压滚筒颗粒状成型技术和设备。

2. 生物质气化

生物质气化技术是将固体生物质置于气化炉内加热,同时通入空气、氧气或水蒸气,来产生品位较高的可燃气体。它的特点是气化率可达70%以上,热效率也可达85%。生物质气化生成的可燃气经过处理可用于合成、取暖、发电等,这对生物质原料丰富的偏远山区意义十分重大,不仅能改变他们的生活质量,而且也能够提高用能效率,节约能源。

3. 液体生物燃料

由生物质制成的液体燃料叫作生物燃料。生物燃料主要包括生物乙醇、生物丁醇、生物柴油、生物甲醇等。虽然利用生物质制成液体燃料起步较早,但发展比较缓慢,由于受世界石油资源、价格、环保和全球气候变化的影响,20世纪70年代以来,许多国家日益重视生物燃料的发展,并取得了显著的成效。

4. 沼气

沼气是各种有机物质在隔绝空气(还原)并且在适宜的温度、湿度条件下,经过微生物的发酵作用产生的一种可燃烧气体。沼气的主要成分甲烷类似天然气,是一种理想的气体燃料,它无色无味,与适量空气混合后即可燃烧。

(1)沼气的传统利用和综合利用技术

我国是世界上开发沼气较多的国家。最初主要是农村的户用沼气池,以解决秸秆焚烧和燃料供应不足的问题,后来的大中型沼气工程始于1936年。此后,大中型废水、养殖业污水、村镇生物质废弃物、城市垃圾沼气设施的建立,拓宽了沼气的生产和使用范围。

自20世纪80年代以来，以沼气为纽带，将物质多层次利用、能量合理流动的高效农业模式，已逐渐成为我国农村地区利用沼气技术促进可持续发展的有效方法。通过沼气发酵综合利用技术，沼气用于农户生活用能和农副产品生产加工，沼液用于饲料、生物农药、培养料液的生产，沼渣用于肥料的生产。我国北方推广的塑料大棚、沼气池、气禽畜舍和厕所相结合的“四位一体”沼气生态农业模式，中部地区以沼气为纽带的生态果园模式，南方建立的“猪—果”模式，以及其他地区因地制宜建立的“养殖—沼气”“猪—沼—鱼”和“草—牛—沼”等模式，都是以农业为龙头，以沼气为纽带，对沼气、沼液、沼渣的多层次利用的生态农业模式。沼气发酵综合利用生态农业模式的建立使农村沼气和农业生态紧密结合，是改善农村环境卫生的有效措施，也是发展绿色种植业、养殖业的有效途径，已成为农村经济新的增长点。

(2)沼气发电技术

沼气燃烧发电时随着大型沼气池建设和沼气综合利用的不断发展而出现的一项沼气利用技术，它将厌氧发酵处理产生的沼气用于发动机上，并装有综合发电装置，以产生电能和热能。沼气发电具有高效、节能、安全和环保等特点，是一种分布广泛且廉价的分布式能源。沼气发电在发达国家已受到广泛重视和积极推广。生物质能发电并网电量在西欧一些国家占能源总量的10%左右。

(3)沼气燃料电池技术

燃料电池是一种将储存在燃料和氧化剂中的化学能直接转化为电能的装置。当源源不断地从外部向燃料电池供给燃料和氧化剂时，它可以连续发电。依据电解质的不同，燃料电池分为碱性燃料电池(AFC)、质子交换膜燃料电池(PEMFC)、磷酸燃料电池(PAFC)、熔融碳酸盐燃料电池(MCFC)及固态氧化物燃料电池(SOFC)等。

燃料电池能量转换效率高、洁净、无污染、噪声低，既可以集中供电，也适合分散供电，是21世纪最有竞争力的高效、清洁的发电方式之一。它在洁净煤炭燃料电站、电动汽车、移动电源、不间断电源、潜艇及空间电源等方面，有着广泛的应用前景和巨大的潜在市场。

5. 生物制氢

氢气是一种清洁、高效的能源，有着广泛的工业用途，潜力巨大。生物制氢正逐渐成为人们关注的热点，但将其他物质转化为氢并不容易。生物制氢过程可分为厌氧光合制氢和厌氧发酵制氢两大类。

6. 生物质发电技术

生物质发电技术是将生物质能转化为电能的一种技术，主要包括农林废物发电、垃圾发电和沼气发电等。作为一种可再生能源，生物质能发电在国际上越来越受到重视，在我国也越来越受到政府的关注和民间的拥护。

生物质发电将废弃的农林剩余物收集、加工整理，形成商品，既防止秸秆在田间焚烧造成的环境污染，又改变了农村的村容村貌，是我国建设生态文明、实现可持续发展的能源战略选择之一。如果我国生物质能利用量达到5亿吨标准煤，就可解决目前我国能源消费量的20%以上，每年可减少排放二氧化碳中的碳量近3.5亿吨，二氧化硫、氮氧化物、烟尘减排量近2500万吨，将产生巨大的环境效益。尤为重要的是，我国的生物质能资源主要集中在农村，大力开发并利用农村丰富的生物质能资源，可促进农村生产发展，显著改善农村的村貌和居民生活条件，将对建设社会主义新农村产生积极而深远的影响。

7. 原电池

通过化学反应时电子的转移制成原电池，产物和直接燃烧相同，但是能量能充分利用。

四、新利用

2008年，新西兰业余航海家和环境保护家皮特·贝休恩宣布，他将于同年3月1日驾驶以脂肪为动力的快艇"地球竞赛"号，进行一次环球航行。贝休恩从西班牙的巴伦西亚出发，开始此次全长约4.5万公里的环球航行。贝休恩表示，他打算挑战英国船只"有线和无线冒险者"号于1998年创造的75天环球航行的世界纪录。

脂肪当燃料的"地球竞赛"号被称为世界上最快的生态船，造价240万美元，融合多项高科技。该快艇长约23.8米，形似一只展翅欲飞的天鹅。船身有三层外壳保护，内有两个功能先进的发动机，最高时速可达约74公里，即使航行在巨浪中，速度也不会减慢。

虽然动物脂肪种类丰富，但贝休恩计划只利用人类脂肪转化成的生物燃料作为"地球竞赛"号的动力来源，百分之百采用生物燃料完成一次环游世界的环保之旅。

为了能募集到足够的脂肪生物燃料，贝休恩身先士卒，主动躺到了手术台上。然而整形医生尽管做了很大努力，从他体内抽出的脂肪也只够制造100毫升的生物燃料。他的两名助手抽出的10升脂肪能够制成7升生物燃料，可供“地球竞赛”号航行15公里。

贝休恩此次进行的“绿色”环游世界之旅，若要打破英国“有线和无线冒险者”号于1998年创造的75天环游世界的纪录，总共需要7万升的生物燃料，也就是说，他需要全世界的胖子志愿者们捐赠出大约10万公斤的脂肪。

第六节　氢能

氢能是氢在物理与化学变化过程中释放的能量。氢能是氢的化学能，氢在地球上主要以化合态的形式出现，是宇宙中分布最广泛的物质，它构成了宇宙质量的75%。工业上生产氢的方式很多，常见的有水电解制氢、煤炭气化制氢、重油及天然气水蒸气催化转化制氢等，但这些反应消耗的能量都大于其产生的能量。

氢具有高挥发性、高能量，是能源载体和燃料，同时氢在工业生产中也有广泛应用。现在工业每年用氢量为5500亿立方米，氢气与其他物质一起用来制造氨水和化肥，同时也应用到汽油精炼工艺、玻璃磨光、黄金焊接、气象气球探测及食品工业中。而液态氢可以作为火箭燃料。

氢能的主要优点有：燃烧热值高，燃烧同等质量的氢产生的热量，约为汽油的3倍，酒精的3.9倍，焦炭的4.5倍。氢能燃烧的产物是水，是世界上最干净的能源。此外，氢气可以由水制取，而水是地球上最为丰富的资源，演绎了自然物质循环利用、持续发展的经典过程。

氢能利用方面很多，有的已经实现，有的人们正在努力追求。为了达到清洁新能源的目标，氢的利用将充斥人类生活的方方面面。我们不妨从古到今，把氢能的主要用途简要叙述一下。

一、依靠氢能

1869年,俄国著名学者门捷列夫整理出化学元素周期表,他把氢元素放在周期表的首位,此后从氢出发,寻找与氢元素之间的关系,为众多的元素打下了基础,人们对氢的研究和利用也就更科学化了。至1928年,德国齐柏林公司利用氢的巨大浮力,制造了世界上第一艘环球飞艇——“格拉夫·齐柏林”号,完成了从美国新泽西州绕地球一周回到美国洛杉矶市的壮举。20世纪二三十年代是飞艇的黄金时代,以德国为首的资本主义国家纷纷建造飞艇,这也是氢气的奇迹。

然而,更先进的是20世纪50年代,美国利用液氢作为超音速和亚音速飞机的燃料,使B-57双引擎轰炸机改装了氢发动机,实现了氢能飞机上天。特别是1957年苏联宇航员加加林乘坐人造地球卫星遨游太空和1963年美国的宇宙飞船上天,紧接着1968年阿波罗号飞船实现了人类首次登上月球的创举,这一切都是氢燃料的功劳。面向科学的21世纪,先进的高速远程氢能飞机和宇航飞船商业运营的日子已为时不远,过去帝王的梦想将被现代人实现。

二、氢动力汽车

以氢气代替汽油作为汽车发动机的燃料,已经过日本、美国、德国等许多汽车公司的试验,技术是可行的,目前主要是廉价氢的来源问题。氢是一种高效燃料,每公斤氢燃烧所产生的能量为33.6 kW·h,几乎是汽油燃烧的2.8倍。氢气燃烧不仅热值高,而且火焰传播速度快,点火能量低(容易点着),所以氢能汽车比汽油汽车总的燃料利用效率高20%。当然,氢的燃烧主要生成物是水,只有极少的氮氢化物,绝对没有汽油燃烧时产生的一氧化碳、二氧化硫等污染环境的有害成分。氢能汽车是最清洁的理想交通工具。

氢能汽车的供氢问题,目前将以金属氢化物为贮氢材料,释放氢气所需的热可由发动机冷却水和尾气余热提供。现在有两种氢能汽车,一种是全烧氢汽车,另一种为氢气与汽油混烧的掺氢汽车。掺氢汽车的发动机只要稍加改变或不改变,就可提高燃料利用率和减轻尾气污染。使用掺氢5%左右的汽车,平均热效率可提高15%,节约汽油30%左右。因此,近期多使用掺氢汽车,待氢气可以大量供应后,再推广全燃氢汽车。德国奔驰汽车公司已陆续推出各种燃氢汽车,其中有面包车、公共汽车、邮政车和小轿车。以燃氢面包车为例,使用200

公斤钛铁合金氢化物为燃料箱,代替65升汽油箱,可连续行车130多公里。德国奔驰公司制造的掺氢汽车,可在高速公路上行驶,车上使用的储氢箱也是钛铁合金氢化物。

掺氢汽车所用的燃料是汽油和氢气的混合燃料,可以在稀薄的贫油区工作,能改善整个发动机的燃烧状况。在中国,许多城市交通拥堵,汽车发动机多在部分负荷状态下运行,使用掺氢汽车尤为有利。特别是有些工业余氢(如合成氨生产)未能回收利用,若作为掺氢燃料,其经济效益和环境效益都是可观的。

三、氢能发电

大型电站,无论是水电、火电还是核电,都是把发出的电送往电网,由电网输送给用户。但是各种用电户的负荷不同,电网有时是高峰,有时是低谷。为了调节峰荷,电网中常需要启动快和比较灵活的发电站,氢能发电就最适合扮演这个角色。利用氢气和氧气燃烧组成的氢氧发电机组是火箭型内燃发动机配以发电机,它不需要复杂的蒸汽锅炉系统,因此结构简单,维修方便,启动迅速,要开即开,欲停即停。在电网低负荷时,还可吸收多余的电来进行电解水,生产氢和氧,以备高峰时发电用。这种调节作用对于用网运行是有利的。另外,氢和氧还可直接改变常规火力发电机组的运行状况,提高电站的发电能力。例如氢氧燃烧组成磁流体发电,利用液氢冷却发电装置,进而提高机组功率等。

更新的氢能发电方式是氢燃料电池。这是利用氢和氧(成空气)直接经过电化学反应而产生电能的装置。换言之,也是水电解槽产生氢和氧的逆反应。20世纪70年代以来,日、美等国加紧研究各种燃料电池,现已进入商业性开发。日本已建成万千瓦级燃料电池发电站,美国有30多家厂商在开发燃料电池,德、英、法、荷、丹、意和奥地利等国也有20多家公司投入了燃料电池的研究,这种新型的发电方式已引起世界的关注。

四、燃料电池

燃料电池的简单原理是将燃料的化学能直接转换为电能,不需要进行燃烧,能源转换效率可达60%~80%,而且污染少,噪声小,装置可大可小,非常灵活。最早,这种发电装置很小,造价很高,主要用于宇航电源。现在已大幅降价,逐步转向地面应用。

磷酸盐型燃料电池是最早的一类燃料电池，工艺流程基本成熟，美国和日本已分别建成4500 kW 及11000 kW 的商用电站。这种燃料电池的操作温度为200 ℃，最大电流密度可达到150 mA/cm^2，发电效率约45%，燃料以氢、甲醇等为宜，氧化剂用空气，但催化剂为铂系列。目前发电成本尚高，每千瓦时约40～50美分。

五、融熔燃料

融熔碳酸盐型燃料电池一般称为第二代燃料电池，其运行温度为650 ℃左右，发电效率约55%。日本三菱公司已建成10千瓦级的发电装置。这种燃料电池的电解质是液态的，由于工作温度高，可以承受一氧化碳的存在，燃料用氢、一氧化碳、天然气等均可。氧化剂用空气。发电成本每千瓦时可低于40美分。

六、固体电池

固体氧化物型燃料电池被认为是第三代燃料电池，其操作温度在1000 ℃左右，发电效率可超过60%，目前不少国家在研究。它适于建造大型发电站，美国西屋公司正在进行开发，发电成本每千瓦时有望低于20美分。

此外，还有几种类型的燃料电池，如碱性燃料电池，运行温度约200 ℃，发电效率也可高达60%，且不用贵金属作为催化剂。瑞典已开发200 kW的一个装置用于潜艇。

美国最早用于阿波罗飞船的一种小型燃料电池称为美国型，实为离子交换膜燃料电池，它的发电效率高达75%，运行温度低于100 ℃，但是必须以纯氧作为氧化剂。后来，美国又研制一种用于氢能汽车的燃料电池，充一次氢可行300公里，时速可达100公里，这是一种可逆式质子交换膜燃料电池，发电效率最高达80%。

燃料电池理想的燃料是氢气，因为它是电解制氢的逆反应。燃料电池的主要用途除建立固定电站，特别适合做移动电源和车船的动力，因此也是今后氢能利用的孪生兄弟。

七、家庭用氢

随着制氢技术的发展和化石能源的缺少，氢能利用迟早将进入家庭。在发达的大城市，氢能可以像输送城市煤气一样，通过氢气管道送往千家万户。每个用户则采用金属氢化物贮罐将氢气贮存，然后分别接通厨房灶具、浴室、冰箱、空调等，并且在车库内与汽车充氢设备连接。人们的生活靠一条氢能管道，可以代替煤气、暖气甚至电力管线，连汽车的加油站也省掉了。这样清洁方便的氢能系统，将给人们营造舒适的生活环境，减轻许多繁杂事务。

氢能在工业领域（如切割、焊接）已有非常长的历史，特别是在首饰加工行业、有机玻璃制品火焰抛光、连铸坯切割、制药厂水针剂拉丝封口等领域的应用非常普及。

作为新能源，氢能的安全性受到人们的普遍关注。从技术方面讲，氢的使用是绝对安全的。氢在空气中的扩散性很强，氢泄漏或燃烧时，可以很快地垂直升到空气中并消失得无影无踪，氢本身没有毒性及放射性，不会对人体产生伤害，也不会产生温室效应。科学家已经做过大量的氢能安全试验，证明氢是安全的燃料。如在汽车着火试验中，分别将装有氢气和天然气的燃料罐点燃，结果氢气作为燃料的汽车着火后，氢气剧烈燃烧，但火焰总是向上冲，对汽车的损坏比较缓慢，车内人员有较长的时间逃生；而以天然气为燃料的汽车着火后，由于天然气比空气重，火焰向汽车四周蔓延，很快包围了汽车，伤及车内人员的安全。

第七节　核能

核能为人类的发展指明了方向，它以经济、清洁、高效、安全向人类展示了广阔的发展前景。相信在不久的将来，我们的电能将彻底告别传统化石能源的左右，真正做到绿色、持久、低价。

人类的进步离不开能源，蒸汽机的发明引起了18世纪的工业革命，使人类进入了蒸汽时代，蒸汽机的主要能源物质是煤炭。19世纪60年代活塞式内燃机问世，直到今天，人类的主要生产运作还是靠内燃机，可以说是内燃机使人类步入了现代社会。内燃机的主要能源物质是石油。不管是蒸汽机还是内燃机，所使用的能源物质都是化石燃料，属于不可再生资源。1973年、1979年我们人类经历了两次能源危机，其中有政治因素也有经济因素。通过这两次能源危机，我们认识到人类的发展史是能源的消耗史，一旦现在依赖的常规能源耗尽，我们的正常生活将无以为继。日常生活困扰还不是最可怕的，因为能源危机，人类可能爆发战争,现在国际上的战事多少都牵扯到能源。

新能源开发是我们走出困境的必由之路,目前进行试探性利用的新能源主要是太阳能、地热能、风能、海洋能、生物质能和核聚变能等。现阶段,国际上发展较快的是运用核能发电。在法国,核能发电量占国民用电量的78%,法国也是世界上核能发电量占比最大的国家。我国的核能发电量仅占国民用电量的2%,随着国家经济的发展需要,我国正在大力发展核电事业。

目前商用化的核电站都是通过核裂变工作的。既然是通过裂变工作,首先需要解决的就是“燃料”问题。现在的核电站都是通过什么发电呢?

随着电力需求量的迅速增长和由此引起的能源不足,核能已经成了一种重要的替代能源,目前可以作为反应堆核燃料的易裂变同位素有^{235}U、^{239}Pu和^{233}U三种。其中只有^{235}U是在自然界中天然存在的,但天然铀中只含0.71%的^{235}U。因此单纯以^{235}U作为燃料很快就会使天然铀资源耗尽。

图3-34 两种铀矿石(放大10000倍)

幸运的是,我们可以把天然铀中99%以上的^{238}U或^{232}Th转换成人工易裂变同位素^{239}Pu或^{233}U,这一过程称为转换或增殖,反应过程如下:

$$^{238}U(n,\gamma)^{239}U \xrightarrow[23\ min]{\beta^-} {}^{239}Np \xrightarrow[2.3d]{\beta^-} {}^{239}Pu$$

$$^{232}Th(n,\gamma)^{235}Th \xrightarrow[22\ min]{\beta^-} {}^{233}Pa \xrightarrow[27d]{\beta^-} {}^{233}U$$

当然,这是一个复杂的过程,需要经过化学、物理、机械加工等复杂而又严格的过程,制成形状和品质各异的元件,才能供各种反应堆作为燃料来使用,我国进行核燃料加工和乏燃料处理的主要是中核 404 厂，四川广元的 821 厂也从事相关工作，它们是我国核工业的幕后英雄。

如果把核燃料比作石油，核反应堆就相当于发动机的气缸，反应堆是把核能转化为热能的装置。核燃料裂变产生大量热能，用循环水或其他物质导出热量使水变成水蒸气，推动汽轮机发电，这就是核能发电的原理。当然，实际发电过程是十分复杂的。

图 3－35　核电站的心脏——反应堆

发动机光有气缸是不能正常工作的，必须有装置将能量输出，这点同反应堆一样。反应堆把核能转化为热能，热能并不能直接用来发电，因此我们需要另一个关键设备——蒸汽发生器。蒸汽发生器为反应堆冷却剂系统和二回路系统间的传热设备，它将反应堆冷却剂的热量传给两侧的水，此两侧的水蒸发后形成汽水混合物，经汽水分离干燥后的饱和蒸汽作为驱动汽轮机的工质。

图 3－36　反应堆的能量输出装置——蒸汽发生器

反应堆冷却剂泵(主泵)是用来输送反应堆冷却剂,功能类似发动机水泵,使冷却剂在反应堆、主管道和蒸汽发生器所组成的密闭环路中循环,以便将反应堆产生的热量传递给二回路介质。

如果说以上装置是“发动机”,那么核电站中汽轮发电机组就相当于汽车能量输出的终端——轮子,汽轮发电机组是通过蒸汽推动汽轮机高速转动,带动发电机工作,从而产生电能的装置,这也是我们建核电站的终极目标。

图 3-37　核电站的“轮子”

按反应堆冷却剂和中子慢化剂的不同,反应堆可分很多种。目前核电站的反应堆型主要是压水堆、沸水堆、重水堆、改进型气冷堆、压力管式石墨沸水堆、快中子增殖堆。

第八节　水能

水能是清洁能源,是绿色能源,是指水体的动能、势能和压力能等能量资源。水能是一种可再生能源,水能主要用于水力发电。水力发电将水的势能和动能转换成电能。以水力发电的工厂称为水力发电厂,简称水电厂,又称水电站。水力发电的优点是成本低,可连续再生,无污染;缺点是分布受水文、气候、地貌等自然条件的限制大,容易被地形、气候等多方面的因素影响。国家一直在研究如何更好地利用水能。

一、原理

水的落差在重力作用下形成动能,从河流或水库等高位水源处向低位处引水，利用水的压力或者流速冲击水轮机，使之旋转，从而将水能转化为机械能，然后再由水轮机带动发电机旋转，切割磁力线产生交流电。

而低处的水通过阳光照射，形成水蒸气，循环到地球各处，从而恢复高位水源的水分布。水不仅可以直接被人类利用，它还是能量的载体。太阳能驱动地球上水循环，使之持续进行。地表水的流动是重要的一环，在落差大、流量大的地区，水能资源丰富。随着矿物燃料的日渐减少，水能是非常重要且前景广阔的替代资源。世界上水力发电还处于起步阶段。河流、潮汐、波浪以及涌浪等水运动均可以用来发电，也有部分水能用于灌溉。

二、优点

水能优点是成本低，可连续再生，无污染。

1. 水力是可以再生的能源，能年复一年地循环使用，而煤炭、石油、天然气都是消耗性的能源，逐年开采，剩余的越来越少，甚至完全枯竭。

2. 水能用的是不花钱的燃料，发电成本低，积累多，投资回收快，大中型水电站一般 3 ~ 5 年就可收回全部投资。

3. 水能没有污染，是一种干净的能源。

4. 水电站一般都有防洪灌溉、航运、养殖、美化环境、旅游等综合经济效益。

5. 水电投资跟火电投资差不多，施工工期也并不长，属于短期近利工程。

6. 操作、管理人员少，一般不到火电的三分之一人员就足够了。

7. 运营成本低，效率高。

8. 可按需供电。

9. 控制洪水泛滥。

10. 提供灌溉用水。

11. 改善河流航运。

12. 有关工程同时改善该地区的交通、电力供应和经济，特别可以发展旅游业及水产养殖。美国田纳西河的综合发展计划是首个大型的水利工程，带动着整体的经济发展。

世界上水能分布也很不均。据统计，已查明可开发的水能，我国居第一位，之后分别为俄罗斯、巴西、美国、加拿大、刚果民主共和国。

世界上工业发达的国家，普遍重视水电的开发利用。有些发展中国家也大力开发水电,以加快经济发展的速度。

世界上水能比较丰富,而煤、石油资源少的国家,如瑞士、瑞典,水电占全国电力工业的60%以上。水、煤、石油资源都比较丰富的国家,如美国、俄罗斯、加拿大等国,一般也大力开发水电。美国、加拿大开发的水电已占可开发水能的40%以上。水能少而煤炭资源丰富的国家,如德国、英国,对仅有的水能资源也尽量加以利用,开发程度很高,已开发的约占可开发的80%。

水、煤、石油资源都很贫乏的国家,如法国、意大利等,开发利用程度更高,已超过90%。委内瑞拉盛产石油,水电也占50%。由此可见,许多国家发展电力工业,都优先发展水电。

三、开发方式

天然河道或海洋内的水体,具有位能、压能和动能三种机械能。水能利用主要是指对水体中位能部分的利用。水能开发利用的历史也相当悠久。

早在2000多年前,埃及、中国和印度已出现水车、水磨和水碓等利用水能的农业生产工具。18世纪30年代,新型水力站问世。随着工业的发展,18世纪末这种水力站发展成为大型工业的动力,用于面粉厂、棉纺厂和矿石开采。但从水力站发展到水电站,是在19世纪末远距离输电技术发明后才蓬勃兴起。

水能利用的另一种方式是通过水轮泵或水锤泵扬水。其原理是将较大流量和较低水头形成的能量直接转换成与之相当的较小流量和较高水头的能量。虽然在转换过程中会损失一部分能量,但在交通不便和缺少电力的偏远山区进行农田灌溉、村镇给水等,仍不失其应用价值。20世纪60年代起,水轮泵在中国得到发展,也被一些发展中国家采用。

水能利用是水资源综合利用的一个重要组成部分。近代大规模的水能利用,往往涉及整条河流的综合开发,或涉及全流域甚至几个国家的能源结构及规划等。它与国家的工业、农业生产和人民的生活水平息息相关。因此,国家需要在对地区的自然和社会经济综合研究的基础上进行微观和宏观决策。前者包括电站的基本参数选择和运行、调度设计等,后者包括河流综合利用和梯级方案选择、地区水能规划、电力系统能源结构和电源选择规划等。实施水能利用需要应用到水文、测量、地质勘探、水能计算、水力机械和电气工程、水工建筑物和水利工程施工以及运行管理和环境保护等范围广泛的各种专业技术。

第四章　能源与动力

第一节　概述

能源的有效开发与合理利用是整个社会发展的源泉和依据，它决定着一个国家的竞争实力和综合国力。纵观世界风云，许多冲突、战争背后都隐藏着能源问题。信息、能源、材料是当代国民经济发展的三大支柱。动力设备广泛用于机械、电力、石油、化工、轻工等国民经济的各个领域，保证动力设备的高效、安全、低污染运行，是能源与动力工程主要的研究内容。能源与动力工程学科对国民经济的发展具有重大的影响。

第二节　内燃机

一、内燃机发展历程

内燃机是将热能转化为机械能的一种热机，它是将液体或气体燃料与空气混合后，直接输入气缸内部的高压燃烧室燃烧爆发而产生动力。广义上来讲，内燃机包括往复活塞式内燃机、旋转活塞式发动机、自由活塞式发动机和旋转叶轮式的燃气轮机及喷气式发动机等。作为一种动力机械，内燃机在现代社会中发挥着重要作用，几乎现在所有的汽车都是以内燃机作为动力的。内燃机的发展历史虽然不是很长，但在这百年的历程中，内燃机已越来越趋于完美。即便如此，我们相信，它依然有很大的发展前景。

1. 内燃机的发展历史

活塞式内燃机起源于荷兰物理学家惠更斯用火药爆炸获取动力的研究，但因火药燃烧难以控制而未获成功。但这却导致了蒸汽机的诞生，促成了欧洲的工业革命。但蒸汽机存在热效率低、结构笨重、移动不便和操作麻烦等缺陷，因此，人们继续去开发更小、更实用、效率更高的发动机。

1794年，英国人斯特里特提出从燃料的燃烧中获取动力，并且第一次提出了燃料与空气混合的概念。1833年，英国人赖特提出了直接利用燃烧压力推动活塞做功的设计。之后人们又提出过各种各样的内燃机方案，但在19世纪中叶以前均未付诸实用。

1860年，法国的勒努瓦模仿蒸汽机的结构，制造了第一台商用煤气机，他首先在内燃机中使用了弹力活塞环，促使了内燃机的进步。这是一种无压缩、电点火、使用照明煤气的内燃机，但这台煤气机的热效率仅为4%左右。

英国的巴尼特曾将可燃混合气在点火之前进行压缩，随后又有人著文论述对可燃混合气进行压缩的重要作用，并且指出压缩可以大大提高勒努瓦内燃机的效率。1862年，法国科学家罗夏对内燃机热力过程进行理论分析之后，提出四冲程工作循环的理论。1876年，德国发明家奥托创制了第一台往复活塞式、单缸、卧式、3.2千瓦的四冲程内燃机。它以煤气为燃料，采用火焰点火，转速为156.7转/分，压缩比为2.66∶1，热效率达到14%，运转平稳。这是被人们公认的世界上第一台真正意义上的内燃机。因奥托内燃机通常用汽油做燃料，故也称为汽油机。

1881年，英国工程师克拉克研制成功第一台二冲程的煤气机，并在巴黎博览会上展出。

随着石油的开发，比煤气易于运输携带的汽油和柴油引起了人们的注意。首先获得试用的是易于挥发的汽油。1883年，德国的戴姆勒创制成功第一台立式汽油机，它的特点是轻型和高速。1885年，戴姆勒按奥托机原理研制出定容内燃机，利用他发明的表面汽化器形成的汽油雾为燃料，转速可达800转/分，压缩比达3∶1。提高压缩比，意味着发动机将有更大的推动力，同时，定容内燃机的转速也得到相应的提高。这种依据热力学定律制成的内燃机迅速得到了广泛的使用。1886年，德国人本茨发明了混合器和电点火装置，使汽油机更臻完善。本茨对内燃机的改进，不仅在当时已达到非常先进的水平，而且在今天这种混合电火花技术仍不算过时。本茨有着很好的商业头脑，他和戴姆勒发明了以汽油机为动力的汽车，汽车的发展又促进了汽油机的改进和提高。

德国工程师狄塞尔受面粉厂粉尘爆炸的启发，设想将气缸中的空气高度压缩，使其温度超过燃料的自燃温度，再用高压空气将燃料喷入气缸，使之着火燃烧，于1892年获得压缩点火内燃机的技术专利。1897年，他制成了第一台压缩点火的内燃机。压缩点火式内燃机的问世，引起了世界的极大兴趣，也以发明者而命名为狄塞尔发动机。这种内燃机以后大多用柴油为燃料，故又称为柴油机。

提高功率和降低重量功率比的重要措施就是提高转速和增加缸数。这一阶段内燃机的转速已达到1500转/分，由此提出的点火、启动、汽化及冷却等技术问题也逐一得到基本解决。“多缸制”是降低重量功率比的主要技术措施，先后出现的4缸、8缸直线型和V型排列及12缸、16缸V型排列，使重量功率比逐步降低到4千克/马力，达到了飞机实用水平。法国人塞甘设计的星形排列风冷飞机发动机，至1920年其重量功率比达到1千克/马力。

1926年瑞士人A. J. 布奇第一次设计了带废气涡轮增压器的增压发动机。20世纪50年代后，市场上才普及生产增压内燃机，此后增压技术得到了迅速发展和广泛应用。

在往复活塞式内燃机发展的同时，人们也在研究制造旋转式活塞的内燃机，提出了各种各样的旋转式内燃机的结构方案，但未获成功。1954年，西德工程师汪克尔解决了密封问题，并于1957年研制出三角旋转活塞发动机。它具有近似三角形的旋转活塞，在特定型面的气缸内做旋转运动，按奥托循环工作，被称为汪克尔发动机。这种发动机功率高、质量小、振动小、运转平稳、结构简单、维修方便，但由于燃料经济性较差、低速扭矩低、排气性能不理想，加上专利原因，因此只在赛车和军用等较少领域有应用。

20世纪60年代后期，内燃机电子控制技术诞生，通过70年代的发展，80年代趋于成熟。随着人类进入电子时代，21世纪的内燃机也步入了“内燃机电子时代”。20世纪50年代发现的汽车排气污染和70年代出现的世界石油危机，促使内燃机技术的研究转向高效节能及开发利用洁净的代用燃料，以汽油机和柴油机为基础，开发了很多以天然气、液化石油气、甲醇、乙醇、合成汽油、合成柴油、二甲醚和氢气等为燃料的代用燃料发动机。

2. 内燃机未来发展趋势

21世纪是“电子技术”疯狂应用的时代，随着未来电子技术的进一步发展，内燃机电子控制技术必将会在内燃机工作中取得更大的应用。因为，电子技术控制的面相对更广，精度更高，这样可使内燃机取得更好的工作效率，也促使内燃机走向智能化时代。

未来内燃机的发展不但会趋于智能化，更会趋于低能耗、低污染型。因为在这石油资源日益减少的时代，要想实现可持续发展，就必须要发展新能源和增大能源的利用率。此外，在发动机尾气对环境的污染日益严重的情况下，未来内燃机技术的研究极有可能趋于高效节能型。

内燃机未来的发展可能着重于改进燃烧过程，提高机械效率，减少散热损失，降低燃料消耗率；开发和利用非石油制品燃料、扩大燃料资源；减少排气中有害成分，降低噪声和振动，减轻对环境的污染；采用高增压技术，进一步强化内燃机，提高单机功率；研制复合式发动机、绝热涡轮复合式发动机等；采用微处理机控制内燃机，使之在最佳工况下运转；加强结构强度的研究，以提高工作可靠性和寿命，不断创制新型内燃机变气门，变升程，变相位。

总之，未来的内燃机可能具备的特点是噪音低，耗能低，使用时机体没有振动，可靠性高，对环境污染极少，可使用多种燃料，结构强，寿命长等。

相信随着技术的不断进步和研究人员的不断努力，内燃机的未来肯定愈加精彩。

二、内燃机总体构造和工作原理

内燃机是指燃料直接在发动机内部燃烧的一种热力发动机。内燃机每实现一次热功转换，要经历一系列连续过程，构成一个工作循环。内燃机由于具有热效率高、体积小、质量轻、便于移动及启动性能好等优点，广泛应用于各种车辆和农业装备等。目前，内燃机已经成为工农业发展的重要动力之一。

在农业生产中，农业装备因作业环境复杂，道路条件差，且经常处于变负荷及全负荷工作状态，所以，对其发动机有以下几点要求：

(1)有良好的动力性和经济性；

(2)噪声和振动要小，排气污染要轻；

(3)零件应有较高的耐磨性和使用可靠性；

(4)应有较高的互换性和良好的修复性能；

(5)结构简单，使用、维护、拆装简便。

下面主要阐述内燃机的总体构造、基本工作原理、主要性能指标及影响内燃机工作性能的主要因素。

（一）内燃机的分类

内燃机的结构形式很多，根据其将热能转化为机械能的主要构件的形式，可分为活塞式内燃机和燃气轮机两类。活塞式内燃机又可按活塞运动方式分为往复活塞式和旋转活塞式两种。往复活塞式内燃机在汽车、拖拉机上应用得最为广泛。活塞式内燃机根据不同的特征可以分为以下几类：

1. 按所用燃料分

活塞式内燃机可分为液体燃料发动机（汽油机、柴油机等）和气体燃料发动机（天然气发动机、液化石油气发动机等）。

2. 按着火方式分

活塞式内燃机可分为压燃式发动机和点燃式发动机。

同样条件下，由于柴油自燃点比汽油低，因此采用压燃式（自燃式）着火，即通过喷油泵和喷油器将柴油直接喷入发动机气缸内，在气缸内与压缩空气均匀混合后，在高压高温下自燃。

汽油自燃温度比柴油要高，因此一般采用点燃式着火，即利用火花塞发出的电火花强制点燃汽油，使其着火燃烧。

3. 按工作循环的行程数分

内燃机每一次将热能转变为机械能都必须经过吸入空气、压缩和输入燃料，使混合气体着火燃烧而膨胀做功，最后排除废气的这样一系列连续过程，即完成一个工作循环。往复活塞式发动机根据每一工作循环所需活塞行程数来分，四个行程完成一个工作循环的称为四行程内燃机，两个行程完成一个工作循环的称为二行程发动机。

4. 按气缸数及其排列方式分

仅有一个气缸的称为单缸内燃机，有两个及以上的称为多缸内燃机。单缸有立式、卧式，多缸有 V 形和对置式。

5. 按冷却方式分

根据冷却方式不同，发动机可以分为水冷式和风冷式。

此外，内燃机还可按进气方式分类。不装增压器，空气靠活塞的抽吸作用进入气缸内的内燃机称为非增压式内燃机；装有增压器，并通过其提高进气压力和进气量的发动机称为增压式内燃机。

近年来,还有按气缸的气门数来给内燃机分类的方法。每个气缸设有一个进气门和一个排气门的,称为二气门内燃机;每个气缸设有两个进气门和两个排气门的,称为四气门内燃机;每个气缸设有三个进气门和两个排气门的,称为五气门内燃机。

(二)内燃机的总体构造

内燃机是由多个机构和系统组成的复杂机器。其结构形式多样,即使是同一类型的内燃机,具体构造也是多种多样。但就其总体功能而言,内燃机基本上是由以下的机构和系统组成:曲柄连杆机构、配气机构、燃料供给系统、润滑系统、冷却系统、点火系统、启动系统。

1.柴油机的总体结构

柴油机通常由两大机构四大系统构成。图4-1为我国第一汽车集团公司无锡柴油机厂生产的6110B型立式6缸往复四行程压燃式水冷增压高速柴油机的纵横剖面图。

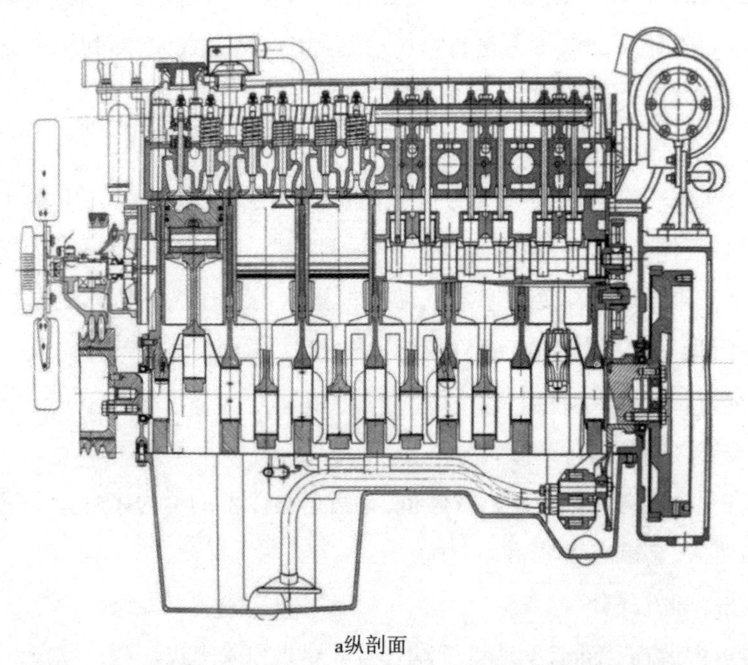

a纵剖面

图4-1 第一汽车集团公司6110B柴油机纵横剖面图

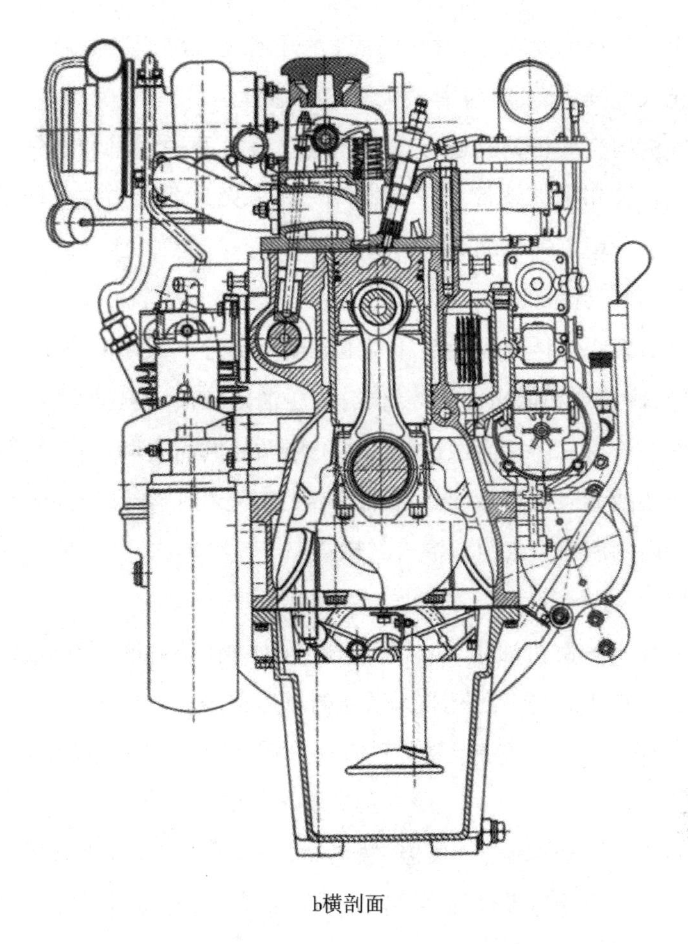

b横剖面

图 4－1　第一汽车集团公司 6110B 柴油机纵横剖面图(续)

(1)曲柄连杆机构

曲柄连杆机构主要由活塞组、连杆组、曲轴飞轮组等组成。它是柴油机运动和动力传递的核心,即通过连杆实现活塞在气缸中的往复运动与曲轴旋转运动的有机联系,将活塞的推力转变为曲轴的转矩,达到运动和动力输出的最终目的。

与曲柄连杆机构直接相关的机体、气缸套、气缸盖和油底壳等构件,是整台柴油机所有机构和系统的支承。

(2)配气机构

配气机构主要由气门组、气门传动组和气门驱动组等组成。它严格按照柴油机既定工作循环的要求,通过气门的“早开迟闭”,将干净的新鲜空气尽可能多地适时充入气缸,并及时将废气从气缸中排出。

与配气机构直接相关的还有设置在气缸盖内的进气道和排气道及与它们连接的进气歧管和排气歧管、空气滤清器、消声灭火器等构件。增压式柴油机还专门设置了利用废气带动涡轮的增压器。

(3)燃料供给系统

燃料供给系统包括低压油路和高压油路两部分。低压油路依次由燃油箱、柴油滤清器、输油泵和低压油管等组成;高压油路依次由喷油泵及调速器、高压油管和喷油器等组成。它们根据柴油机工作循环的需要和工作负荷的变化,将清洁的高压柴油适时适量地供给喷油器,喷油器又使柴油以雾状喷入燃烧室,继而与气缸内的压缩空气得以混合并燃烧。

(4)润滑系统

润滑系统一般由机油泵、机油滤清器、限压阀、润滑油道、机油冷却器和油底壳等组成。其功能是将润滑油压送到相对运动零件的摩擦表面,达到减少摩擦阻力,减轻零件磨损,清洗运动零件表面磨屑和冷却、减震、防锈等综合效果。

(5)冷却系统

冷却系统主要由水泵、节温器、散热器、循环水套、分水管和风扇及机油散热器等组成。它使受热零件的多余热量得以散发,保证柴油机工作温度不致过高或过低。

(6)启动系统

启动系统因启动方式不同而组成各异。利用电动机启动时,包括蓄电池、电启动机、传动装置和启动按钮等;利用辅助发动机启动时,包括启动发动机、传动机构和操纵机构等。为有利于启动,多数柴油机上还没有减压机构和预热装置。因此,启动系统是借助外力使静止的柴油机启动并转入自行运转。

2. 汽油机的总体结构

汽油机通常由两大机构五大系统等构成。图 4 - 2 为奥迪(Audi)A4 型小轿车的汽油机结构图。

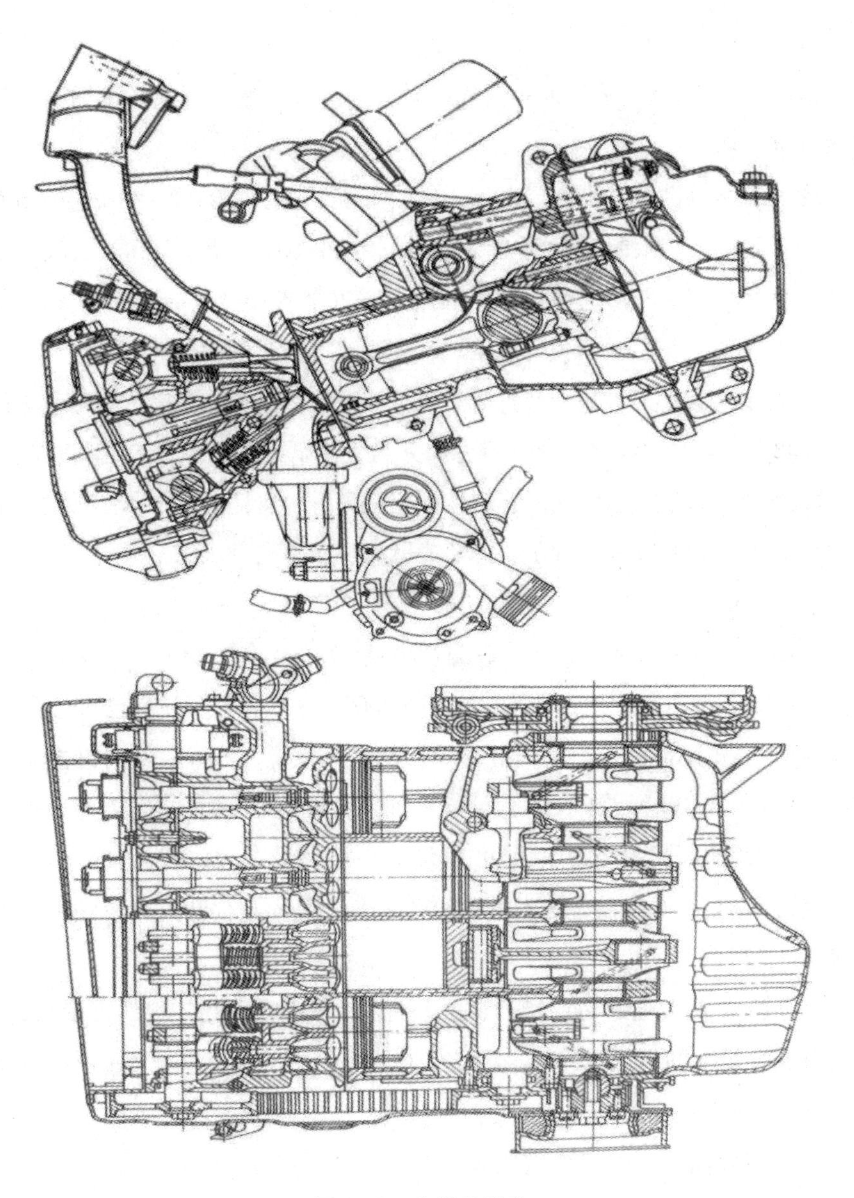

图 4－2　内燃机结构

其曲柄连杆机构、配气机构、润滑系统、冷却系统和启动系统的构成与柴油机类似,这里不再赘述。但是汽油机燃料供给系统与柴油机差别较大,且汽油机还设有点火系统。

(1)燃料供给系统

传统的燃料供给系统主要由汽油箱、汽油泵、滤清器、化油器、空气滤清器、进气歧管、排气歧管和消声灭火器等组成。它根据汽油机工作循环的需要和工作负荷的变化,将清洁的汽油和空气适时适量混合成浓度合适的可燃混合气并充入气缸燃烧。

现代的燃料供给系统主要由燃油供给系统、空气供给系统和电子控制系统等组成。其中,汽油供给系统包括汽油箱、电动汽油泵、汽油滤清器、汽油压力调节器、喷油器、冷启动喷油器和汽油压力缓冲器等;空气供给系统包括空气滤清器、空气流量计或进气压力传感器、节气门和怠速空气阀等;电子控制系统包括电控单元、各类传感器和执行装置等。正是基于此类电子控制燃油喷射装置的应用,汽油机的动力性和经济性显著提高,并大大降低了废气中的有害排放物。此外,汽油喷射燃油供给系统还具有结构紧凑、可靠性高、耗电量少、响应性好、成本低廉等优点,它已成功地取代了化油器式燃油供给系统,并逐步得以广泛应用。

(2)点火系统

柴油机气缸内燃油燃烧前最高温度可达 773 K ~ 973 K(500 ℃ ~ 700 ℃),大大超过柴油的自燃温度 473 K ~ 673 K(200 ℃ ~ 400 ℃),所以柴油喷入气缸后,能够在很短的时间内与空气混合后自行着火燃烧。汽油机其时缸内温度为 573 K ~ 673 K(300 ℃ ~ 400 ℃),低于汽油的自燃温度,不能自行着火燃烧。因而,为了保证其顺利燃烧膨胀做功,燃烧室内需要设置火花塞,用电火花引燃。通常,我们称能够按时在火花塞电极间产生电火花的全部装置为汽油机的点火系统。

汽油机点火系统的功用:按汽油机各缸的点火顺序和一定的提前量,及时供给火花塞足够的高压电,使两极间产生足够强烈的电火花,保证顺利点燃混合气并膨胀做功。

(三)内燃机的基本工作原理

1. 内燃机基本术语

(1)止点

上止点:活塞在气缸中运动,当活塞离曲轴中心最远时,活塞顶部所处的位置。

下止点:活塞在气缸中运动,当活塞离曲轴中心最近时,活塞顶部所处的位置。

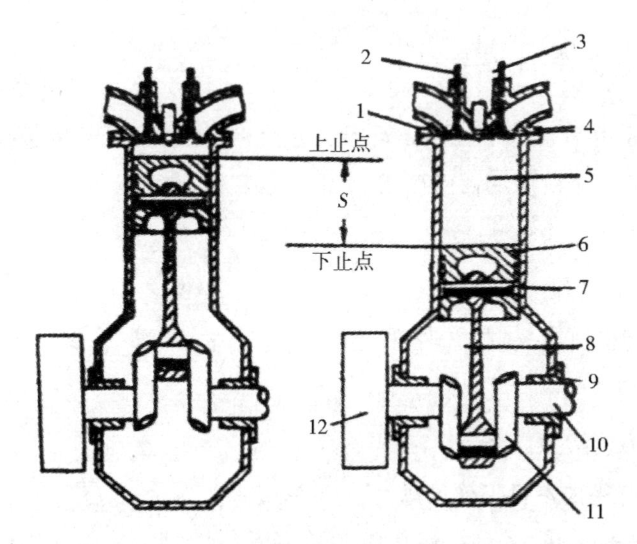

1—气缸盖　2—排气门　3—进气门　4—喷油器　5—气缸　6—活塞

7—活塞销　8—连杆　9—主轴承　10—曲轴　11—曲柄　12—飞轮

图4－3　内燃机的结构

(2)活塞行程

活塞从一个止点运动到另一个止点所经过的距离叫作活塞行程,常用字母“S”表示,即曲轴每转半圈(180°),活塞运动一个行程。

(3)容积

①燃烧室容积:活塞位于上止点时,活塞顶部与气缸盖之间的空间容积。常用“V_o”表示。

②气缸工作容积:活塞从上止点运动到下止点时,它所扫过的空间容积。常用V_h表示,即

$$V_h = \frac{\pi D^2}{4} S \times 10^{-8} (\mathrm{L})$$

式中,D为气缸直径(cm),S为活塞行程(cm)。

③气缸总容积:活塞位于下止点时,活塞顶部与气缸盖之间的空间容积,常用“V_a”表示,即

$$V_a = V_o + V_h$$

(4)压缩比

气缸总容积与燃烧室容积之比值,常用“ε”表示,即

$$\varepsilon = \frac{V_a}{V_o} = \frac{V_o + V_h}{V_o} = 1 + \frac{V_h}{V_o}$$

压缩比表示活塞从下止点运动到上止点时,气体在气缸内被压缩的程度。不同类型的内燃机对压缩比的要求不同,柴油机较高($\varepsilon = 15 \sim 22$),汽油机较低($\varepsilon = 6 \sim 10$)。

(5)活塞总排量

多缸内燃机所有气缸工作容积之和,用“V_z”表示,即

$$V_z = V_h \cdot I$$

式中,I 为气缸数。

(四)四行程内燃机工作原理

1. 四行程汽油机工作原理

现代汽车发动机的构造如图 4-4 所示。

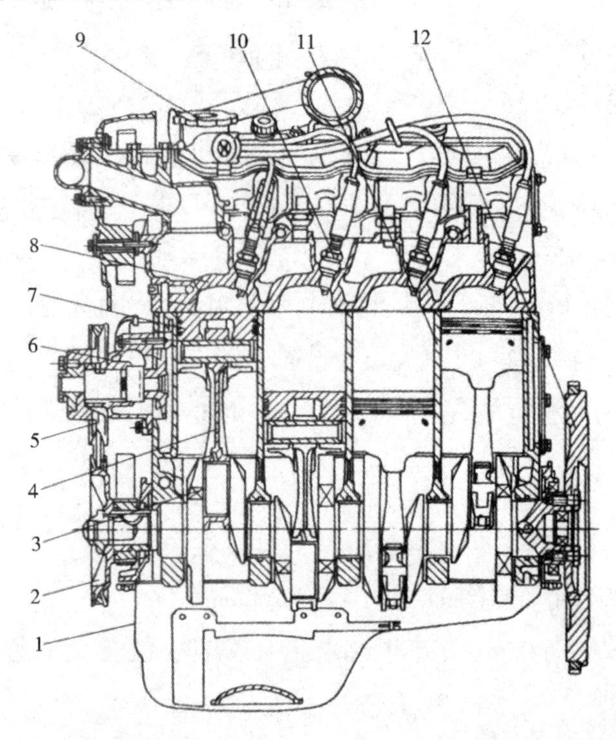

1—油底壳　2—曲轴带轮　3—曲轴　4—连杆　5—水泵带轮　6—水泵　7—活塞

8—气缸盖　9—加机油盖　10—火花塞　11—气缸体　12—飞轮

图 4-4　汽车发动机的构造(菲亚特发动机)a

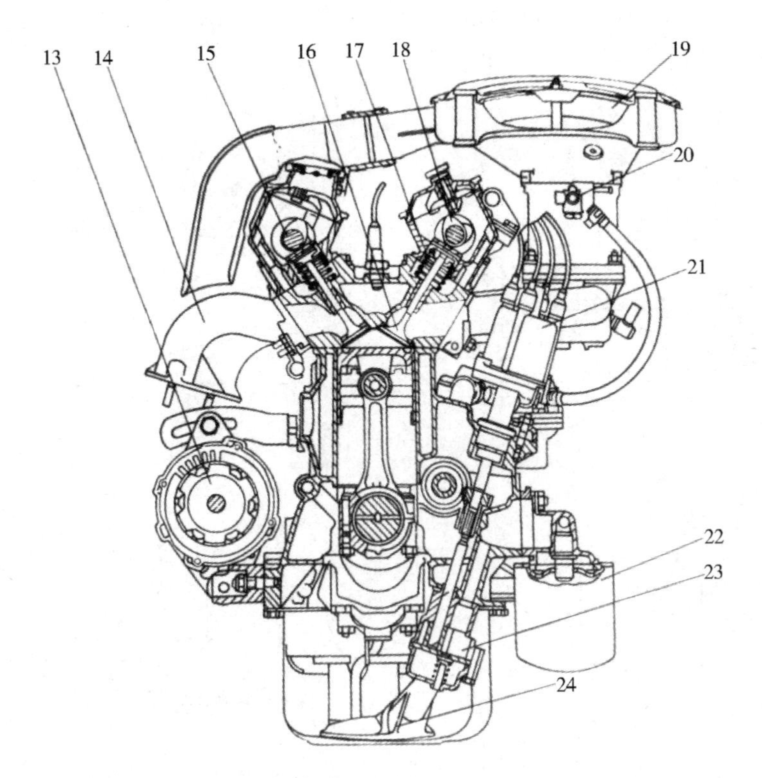

13—发电机　14—排气管　15—排气凸轮轴　16—气门　17—气门弹簧　18—进气凸轮轴　19—空气滤清器　20—节气门　21—分电器　22—机油滤清器　23—机油泵　24—集滤器(《汽车构造》,陈家瑞主编,2002 年)

图 4－4　汽车发动机的构造(菲亚特发动机)b

为使内燃机产生动力,必须先将燃料和空气送入气缸,经压缩后使之燃烧产生热能,燃烧后膨胀的气体推动气缸内的活塞,活塞通过活塞销、连杆与曲轴相连接,从而使曲轴旋转,将热能转变成机械能,最后再将燃烧后的废气排出气缸。至此,内燃机完成一个工作循环。

活塞在气缸内往复四个行程即曲轴旋转两周完成一个工作循环的内燃机,称为四行程内燃机。活塞的四个行程分别为:进气行程、压缩行程、膨胀行程(做功行程)和排气行程。通常利用示功图表示活塞在不同位置时气缸内压力的变化情况,分析工作循环中气体压力 p 与相应活塞不同位置的气缸容积 V 之间的变化关系,其中,曲线围成的面积表示单个气缸内一个工作循环中的气体所做的功。四行程汽油机的示功图如图 4－5 所示:

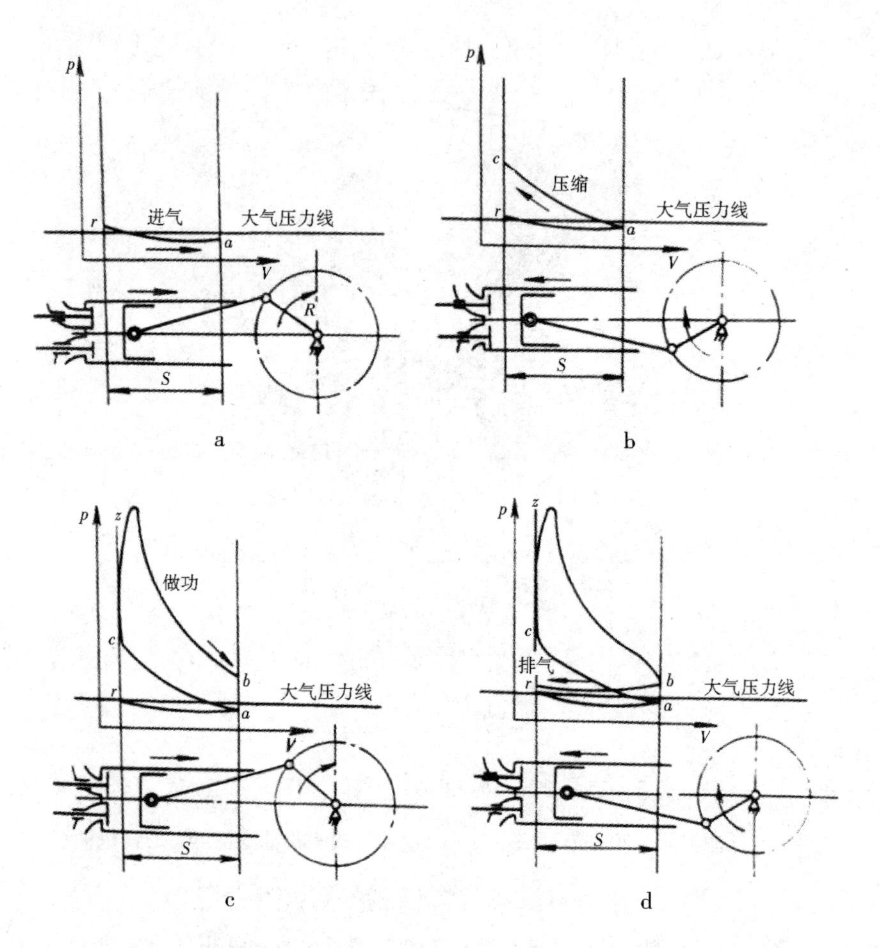

a 进气行程　b 压缩行程　c 做功行程(膨胀行程)　d 排气行程

图 4－5　四行程汽油机的示功图

(1)进气行程(图 4－5a)　化油器式汽油机将空气与燃料在气缸外的化油器中进行混合,形成可燃混合气并被吸入气缸。

进气过程中,进气门开启,排气门紧闭。随着活塞从上止点向下止点移动,活塞上方的气缸容积增大,气缸内的压力降低到大气压以下,从而产生真空吸力。这样,可燃混合气便经过进气管道和进气门被吸入气缸。由于进气系统中的阻力,在进气终了时,缸内气体压力略低于大气压,约为 0.075 MPa～0.09 MPa。同时吸入的可燃混合气与气缸壁、活塞顶等高温机件接触,以及和前一循环完成后残留缸内的高温废气混合,致使可燃混合气温度高达 370 K～400K。曲线 ra 位于大气压力线以下,它与大气压力线纵坐标之差为活塞在缸内各位置时的真空度。

(2)压缩行程(图4－5b)　为使吸入气缸的混合气迅速燃烧,产生较大压力,进而使内燃机发出较大功率,混合气燃烧前必须将其压缩,使其体积缩小、密度增大、温度升高。因此,在进气行程终了时要立即进入压缩行程。在此行程中,进气门、排气门全部关闭,曲轴推动活塞由下止点向上止点移动一个行程。

示功图曲线 ac 表示当活塞到达上止点时,混合气被压入活塞上方很小的燃烧室中。可燃混合气的压力 p_c 高达0.6 MPa～1.2 MPa,温度可达600 K～700 K。气缸中气体压缩前最大容积与压缩后最小容积之比即为压缩比 ε。现代汽油机压缩比有的高达9～11,例如上海大众生产的桑塔纳2000轿车发动机的压缩比为9.5∶1。

(3)做功行程(图4－5c)　在此行程中,进、排气门仍旧关闭。当活塞接近压缩行程上止点时,气缸盖上的火花塞即发出电火花,点燃被压缩的可燃混合气。可燃混合气燃烧后,放出大量的热能,其压力和温度迅速增加,所能达到的最高压力 P_z 约3 MPa～5 MPa,相应温度为2200 K～2800 K。高温、高压燃气推动活塞从上止点向下止点运动,通过连杆使曲轴旋转并输出机械能。

示功图曲线 zb 表示活塞向下移动时,气缸容积逐渐增加,其内气体压力和温度逐渐降低,在做功行程终了的 b 点,压力降至0.3 MPa～0.5 MPa,温度则降为1300 K～1600 K。

(4)排气行程(图4－5d)　可燃混合气燃烧后生成的废气,必须从气缸中排除,以便进行下一个工作循环。

当做功行程接近终了时,排气门开启,依靠废气的压力进行自由排气;当活塞到达下止点后再向上止点移动时,继续将废气强制排入大气中。活塞到上止点附近时,排气行程结束。

示功图曲线 br 表示排气行程中,气缸内压力约高于大气压力0.105 MPa～0.115 MPa。排气终了时,废气温度约为900 K～1200 K。

由于燃烧室具有一定的容积,排气终了时不可能将废气排尽,留下的废气称为残余废气。

压缩比越大,压缩终了时的混合气压力和温度越高,燃烧速度就越快,从而使内燃机发出的功率增大,热效率提高,更经济。压缩比过大,不仅不能改善燃烧状况,反而会引起爆燃和表面点火等不正常燃烧现象。爆燃是由于可燃混合气压力和温度过高,使燃烧室内离点燃中心较远处的可燃混合气自燃而造成的一种不正常燃烧。此时,火焰以极高的速率传播,温度和压力急剧升高,形成压力波,以致撞击燃烧室并产生尖锐的敲击声。同时,爆燃还会引起内燃机过热、功率下降、燃油消耗量增加等一系列不良后果,严重时甚至造成气门烧毁、轴瓦破裂、活塞烧顶、火花塞绝缘体被击穿等损坏现象。表面点火是燃烧室内炽热表面如排气门头、火花塞电极、积炭点燃混合气产生的另一种不正常燃烧现象。表面点火发生时,也会伴有强烈的敲击声,产生的高压会使机件负荷增加,寿命降低。

(五)四行程柴油机工作原理

四行程柴油机是压燃式内燃机,其每一工作循环也经历进气、压缩、做功、排气四个行程。和汽油机的不同之处在于柴油黏度较大,自燃温度较汽油低,致使可燃混合气的形成及点火方式与汽油机不同。

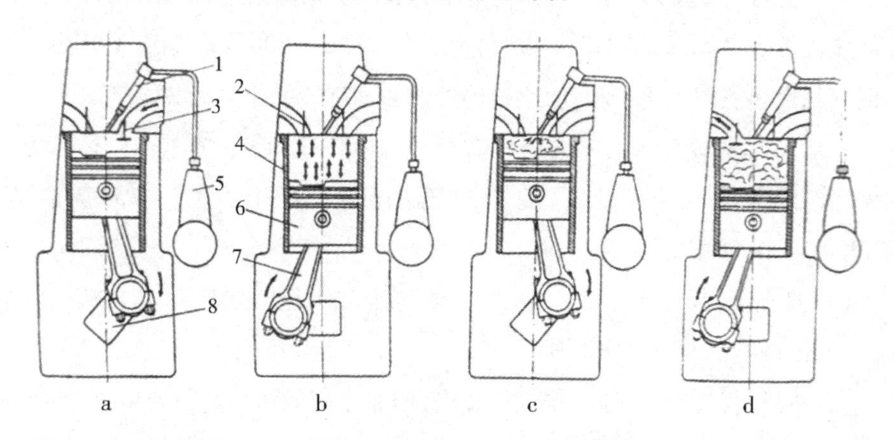

1—喷油器　2—排气门　3—进气门　4—气缸　5—喷油泵　6—活塞　7—连杆　8—曲轴

图 4-6　四行程柴油机工作原理图

1. 进气行程(图 4-6a)　此行程进入气缸的不是可燃混合气,而是纯空气。

2. 压缩行程(图 4-6b)　此行程气缸内只有纯空气和上一循环未排尽的废气。由于柴油机压缩比一般高达 16~22,致使压缩终了时压力可达 3.5 MPa~4.5 MPa,温度可高达 750 K~1000 K。

3. 做功行程(图 4-6c)　压缩行程末,喷油泵以高压柴油雾化并通过喷油器喷入气缸,在很短的时间内,雾状柴油汽化并与空气混合,在气缸内形成可燃混合气。由于此时缸内温度远高于柴油的自燃温度(约 500 K),致使柴油立即着火燃烧,且此后一段时间内喷油器保持喷油,气缸内压力急剧上升到6 MPa～9 MPa,温度上升到2000 K～2500 K。在高压气体推动下,活塞向下运动并带动曲轴旋转做功。做功行程终了时,气缸内压力为 0.2 MPa～0.4 MPa,温度为1200 K～1500 K。

4. 排气行程(图 4-6d)　排气终了时,气缸内压力为 0.105 MPa～0.125 MPa,温度为 800 K～1000 K。

由此可见,汽油机的混合气是在气缸外部的化油器中形成的,而柴油机的混合气是在气缸内部形成的。汽油机靠火花塞强制点火,而柴油机则靠自燃。

(六)四冲程内燃机的工作特点

1. 内燃机每一工作循环,曲轴旋转两周,每一行程曲轴旋转半周,进气行程是进气门开启,排气行程是排气门开启,另两个行程时进、排气门均为关闭状态。

2. 四个行程中,只有做功行程产生动力,其他三个行程为做功行程的辅助行程。

3. 内燃机实现一个工作循环,必须靠外力使曲轴旋转并完成进气、压缩行程,待着火并完成做功行程,则依靠曲轴和飞轮贮存足够的能量使之能自行完成以后的行程。

三、二行程内燃机工作原理

(一)二行程汽油机工作原理

活塞在气缸内往复运动两个行程,曲轴旋转一周,完成一个工作循环的内燃机,称为二行程内燃机。二行程汽油机完成一个工作循环也需向缸内引入可燃混合气,随后将其压缩,点火做功后再将燃烧后的废气排出。图 4-7 为一种用曲轴箱扫气的二行程化油器式汽油机的工作示意图。缸体上有三个孔,排气孔位于做功时活塞全行程的三分之二处,并稍高于扫气孔,进气孔位于气缸下部。

1. 第一行程

活塞在曲轴的带动下，由下止点向上止点运动，当上行到将扫气孔、排气孔关闭时，活塞开始压缩上一循环吸入缸内的可燃混合气，同时活塞下方曲轴箱内形成一定的真空度，如图 4 - 7a 所示。活塞继续上行，进气孔开启，在大气压力作用下，可燃混合气自化油器流入曲轴箱，如图 4 - 7b 所示。

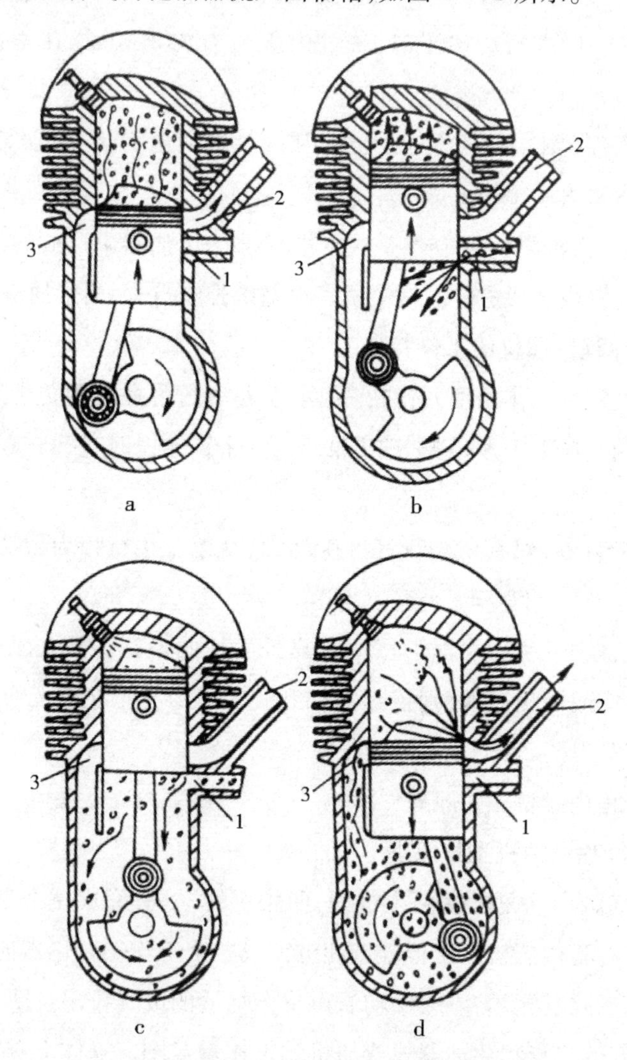

a 压缩　b 进气（可燃混合气）　c 燃烧　d 排气

1—进气孔　2—排气孔　3—扫气孔

图 4 - 7　二行程汽油机工作示意图

2. 第二行程

活塞上行到接近上止点时，火花塞产生电火花，点燃缸内被压缩的可燃混合气，并产生高温、高压的膨胀气体，迫使活塞向下运动，带动曲轴旋转并输出功率，如图 4－7c 所示。

随着活塞向下运动，进气孔逐渐关闭，进入曲轴箱内的混合气被压缩。当活塞接近下止点时，排气孔开启，废气经排气孔、排气管、消声器排放到大气中。曲轴箱内预压缩的新鲜混合气经扫气孔进入气缸内，并进一步扫除废气，如图 4－7d所示。废气被新鲜混合气扫除并取代的过程，称为“换气过程”，它一直延续到下一行程，即活塞上行将扫气孔、排气孔关闭为止。

由此可见，第一行程：活塞上方进行换气、压缩，活塞下方进气；第二行程：活塞上方进行做功、换气，活塞下方混合气被预压缩。

排气孔位置稍高于扫气孔，做功行程终了时，排气孔首先开启，缸内废气在残余压力作用下迅速排出，有利于排气干净；还可使缸内压力迅速降低，便于扫气孔开启时，新鲜混合气进入。

活塞顶部通常加工成特殊形状，便于从扫气孔进入气缸的新鲜混合气引入缸的上部，以防止新鲜混合气混入废气，随废气一同排出；又可驱赶废气，使排气更彻底。事实上，尽管如此，也不能完全避免新鲜混合气随废气一同排出缸外，造成可燃混合气损失的情况。所以，二行程内燃机的换气过程品质较差。图 4－8 为二行程内燃机示功图。

活塞由下止点向上止点运动，当排气孔（a 点）关闭时，压缩过程开始。到上止点前开始点火（或喷油）燃烧，缸内压力迅速增高，$c \sim f$ 段即燃烧过程。接着活塞下行膨胀做功，一直到 b 点，排气孔被打开，开始排气。此时，缸内压力较高，一般为 0.3 MPa～0.6 MPa，故废气从缸内排出时，压力迅速下降。当活塞继续下行将换气孔打开，曲轴箱内的新鲜可燃混合气（或空气）进入气缸。这段时间的排气称为自由排气。排气一直延续到活塞下行到下止点后再向上将排气孔关闭时为止。曲线 bda 为二行程内燃机的换气过程，大约占 130°～150°曲轴转角。接着活塞继续上行，便重复压缩过程，进行新的循环。

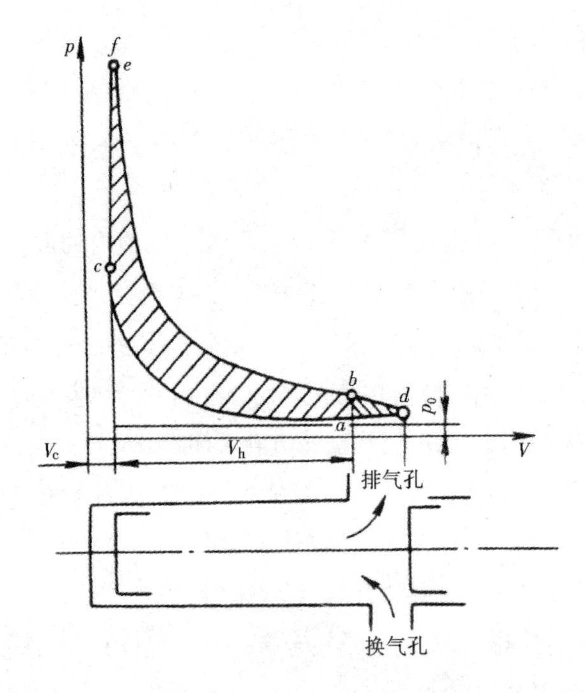

图 4 - 8　二行程内燃机示功图

(二) 二行程柴油机工作原理

图 4 - 9 所示为带扫气泵的二行程柴油机。它与二行程汽油机工作原理有很多相同之处,不同的是进入气缸的不是混合气而是纯空气。新鲜空气由换气泵提高压力(120 KPa ~ 1410 KPa)后,经气缸外部的空气室和气缸上的进气孔进入气缸内,而废气由专设的排气孔排出。

1. 第一行程

活塞由下止点向上止点运动,行程开始前,进气孔和排气孔都已打开,换气泵将提高压力后的空气泵入气缸进行换气,如图 4 - 9a 所示。活塞继续上行使进气孔、排气孔关闭,开始压缩缸内的空气,如图 4 - 9b 所示。当活塞接近上止点时,喷油器向缸内喷入雾状柴油,柴油迅速与空气混合,形成可燃混合气并自行着火燃烧,如图 4 - 9c 所示。

2. 第二行程

活塞到达上止点后,燃料着火燃烧产生的高温、高压气体推动活塞下行做功。直至排气孔打开,废气随即靠自身压力排出缸外,如图 4 - 9d 所示。此后,进气孔开启,进行与二行程汽油机类似的换气过程,直至进气孔完全被遮盖。

气,经济性较高。

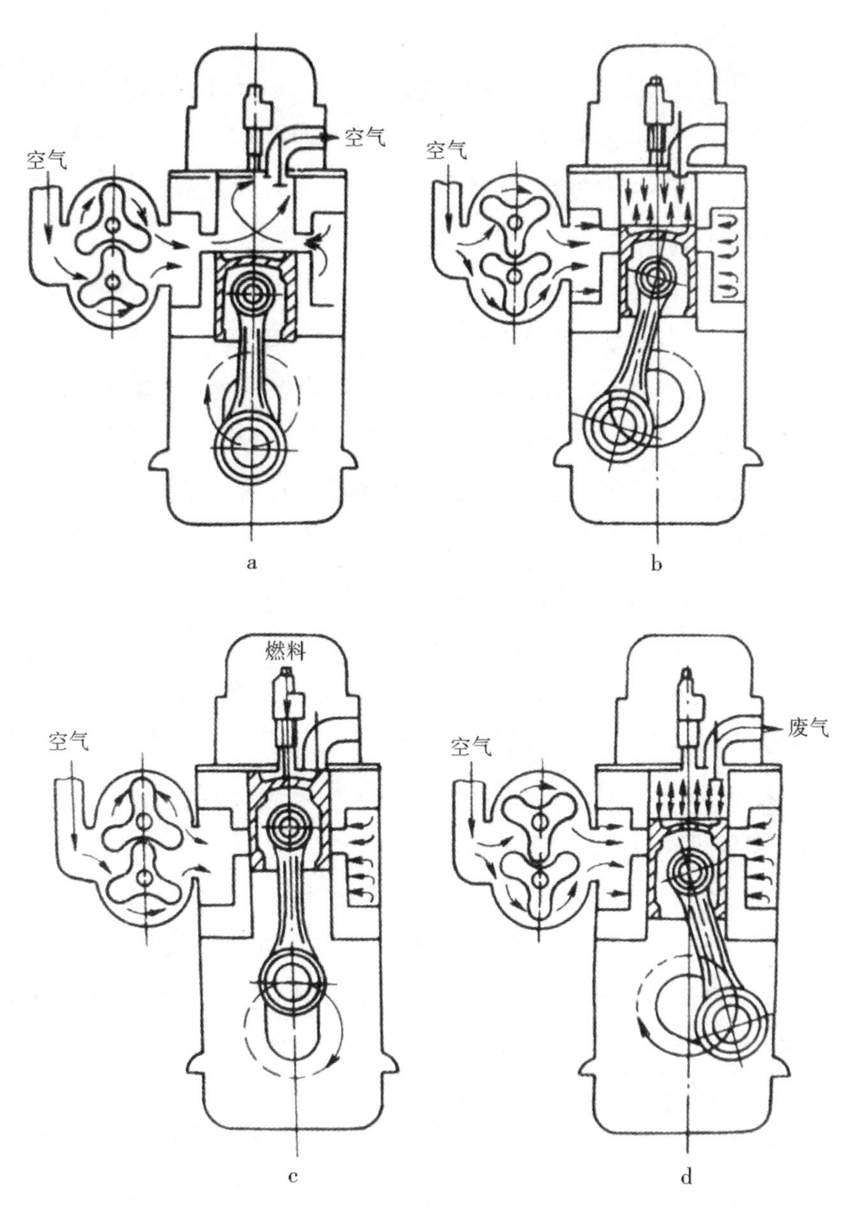

a 换气　b 压缩　c 燃烧　d 排气

图 4-9　带扫气泵的二行程柴油机

此种形式的内燃机称为气门—窗孔直流扫气柴油机,它利用纯空气扫除废气,经济性较高。

(三)二行程内燃机的特点

1. 四行程内燃机的进、排气是两个独立过程,而二行程内燃机排气(或进气)过程是一个完全重叠的、以新鲜气体清扫废气的换气过程,时间极短。二行程内燃机换气时会不可避免地造成新鲜气体与废气的混合,使废气难以排净或新鲜气体随废气排出。

2. 完成一个循环,二行程内燃机曲轴只需旋转一周,四行程内燃机需要两周。从理论上讲,当内燃机工作容积、压缩比、转速相等时,二行程内燃机功率应是四行程内燃机的两倍。实际上,由于二行程内燃机废气不易排尽,故一般为四行程内燃机的1.5~1.6倍。因此,二行程内燃机的经济性较差。

3. 转速相同时,二行程内燃机的做功次数较四行程内燃机多一倍。因此,二行程内燃机运转较为平稳。

4. 二行程内燃机配气机构简单,简化了内燃机的结构。

由于二行程汽油机可燃混合气部分损失,经济性较差,排放污染严重,使得其在大中型汽车上的应用受到限制。但它结构简单、质量轻、制造成本较低,在摩托车和微型汽车等小排量发动机的车辆上广泛采用。二行程柴油机由于换气过程中进入气缸的是纯空气,没有燃料损失,仍为一些汽车所采用。

四、多缸四行程内燃机的工作原理

四行程内燃机工作循环中,只有一个做功行程,进气、压缩、排气行程都要消耗功,故在工作中转速不均,运动部件承受变载荷,可能造成零部件磨损乃至破坏。为提高转速的均匀性和增大功率,四行程内燃机通常采用多缸结构。

多缸内燃机具有两个或两个以上的气缸,各缸活塞连杆连接在同一根曲轴上。图4-10为四缸四行程内燃机简图。

各缸均按进气、压缩、做功、排气顺序完成循环。曲轴每旋转两周,各缸均完成一个工作循环。为保证转速均匀,各缸做功行程应均匀地分布在720°曲轴转角内。各缸做功行程的间隔角为:

$$\phi = \frac{720°}{4} = 180°$$

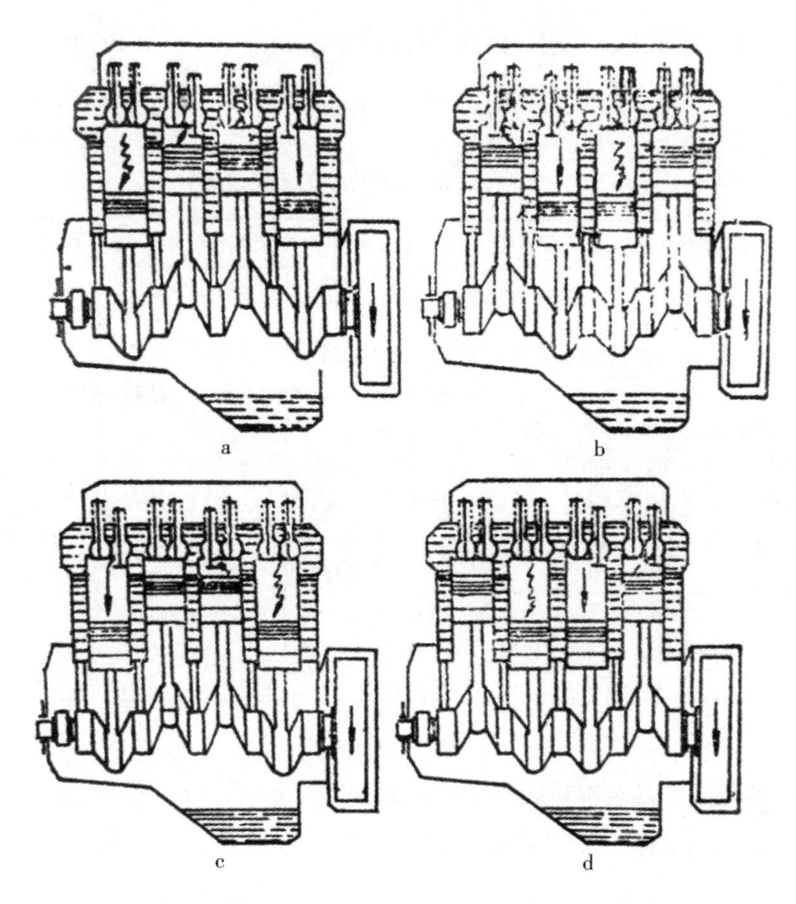

图 4－10　四缸四行程内燃机简图

四缸内燃机其工作顺序常采用 1—3—4—2(或 1—2—4—3)。即第一缸做功后,紧接着是第三缸做功,再接着是第四缸做功,最后是第二缸做功。其工作过程见表 4－1。

表 4－1　四缸四行程内燃机的工作过程

工作顺序	1—3—4—2				1—2—4—3			
曲轴转角	各缸工作过程				各缸工作过程			
	一缸	二缸	三缸	四缸	一缸	二缸	三缸	四缸
0°～180°	做功	排气	压缩	进气	做功	压缩	排气	进气
180°～360°	排气	进气	做功	压缩	排气	做功	进气	压缩
360°～540°	进气	压缩	排气	做功	进气	排气	压缩	做功
540°～720°	压缩	做功	进气	排气	压缩	进气	做功	排气

中小吨位汽车上多采用六缸四行程内燃机,各做功行程的间隔角为:

$$\varphi = \frac{720°}{6} = 120°$$

表 4－2 六缸四行程内燃机的工作过程

<table>
<tr><th colspan="2">曲轴转角(°)</th><th>第一缸</th><th>第二缸</th><th>第三缸</th><th>第四缸</th><th>第五缸</th><th>第六缸</th></tr>
<tr><td rowspan="3">0～180</td><td>0～60</td><td rowspan="3">做功</td><td rowspan="2">排气</td><td>进气</td><td>做功</td><td rowspan="2">压缩</td><td rowspan="3">进气</td></tr>
<tr><td>60～120</td><td rowspan="3">压缩</td><td rowspan="3">排气</td></tr>
<tr><td>120～180</td><td rowspan="3">进气</td><td rowspan="3">做功</td></tr>
<tr><td rowspan="3">180～360</td><td>180～240</td><td rowspan="3">排气</td><td rowspan="3">压缩</td></tr>
<tr><td>240～300</td><td rowspan="3">做功</td><td rowspan="3">进气</td></tr>
<tr><td>300～360</td><td rowspan="3">压缩</td><td rowspan="3">排气</td></tr>
<tr><td rowspan="3">360～540</td><td>360～420</td><td rowspan="3">进气</td><td rowspan="3">做功</td></tr>
<tr><td>420～480</td><td rowspan="3">排气</td><td rowspan="3">压缩</td></tr>
<tr><td>480～540</td><td rowspan="3">做功</td><td rowspan="3">进气</td></tr>
<tr><td rowspan="3">540～720</td><td>540～600</td><td rowspan="3">压缩</td><td rowspan="3">排气</td></tr>
<tr><td>600～660</td><td rowspan="2">进气</td><td rowspan="2">做功</td></tr>
<tr><td>660～720</td><td>排气</td><td>压缩</td></tr>
</table>

五、内燃机产品名称和型号编制规则

1982 年,为了便于内燃机的生产管理和使用,我国颁布了国家标准(GB725－82)。该标准主要内容如下:

内燃机产品名称均按所采用的燃料命名,如柴油机、汽油机、煤气机、沼气机、双(多种)燃料发动机等。

内燃机型号由阿拉伯数字和汉语拼音字母组成。

内燃机型号由以下四部分组成:

1. 首部:为产品系列符号和(或)换代标志符号,由制造厂根据需要自选相应字母表示,但需主管部门核准。

2. 中部:由缸数符号、行程符号、气缸排列形式符号、缸径符号等组成。

3. 后部:结构特征和用途特征符号,以字母表示。

4. 尾部:区分符号。同一系列产品因改进等原因需要区分时,由制造厂选用适当符号表示。

内燃机型号的排列顺序代表的意义规定如图 4－11 所示。

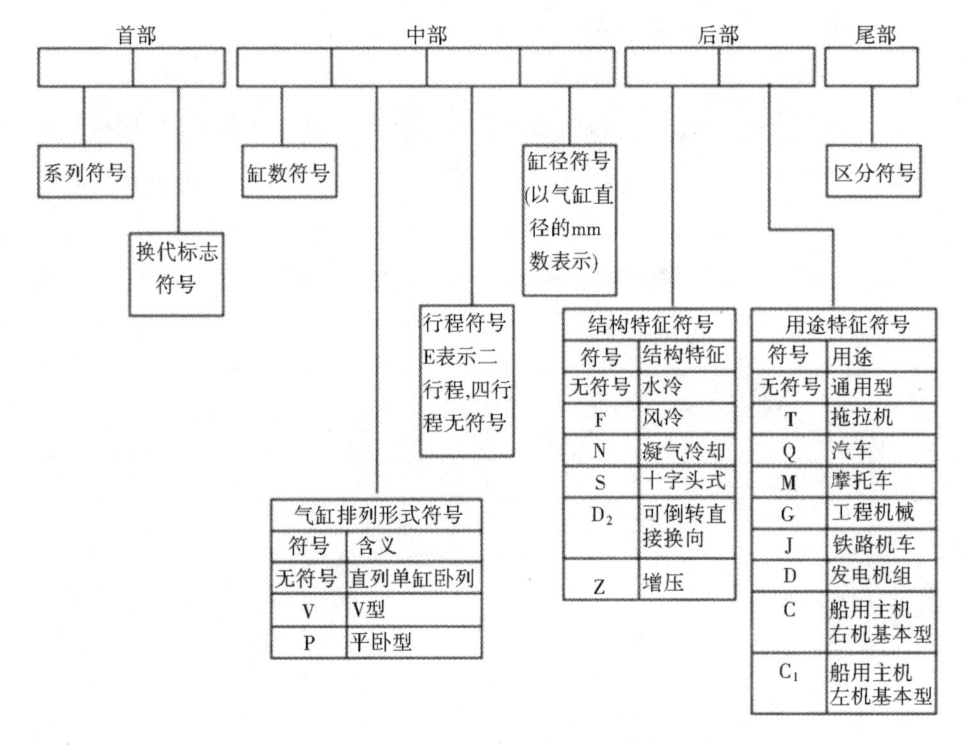

图 4－11　内燃机名称和型号编制

举例如下：

汽油机：

1E65F 表示单缸、二行程、缸径 65 mm、风冷、通用型汽油机

4100Q 表示四缸、四行程、缸径 100 mm、水冷、车用汽油机

柴油机：

495T 表示四缸、直列、四行程、缸径 95 mm、水冷、拖拉机用柴油机

4120F 表示四缸、四行程、缸径 120 mm、风冷、通用型柴油机

YZ6102Q 表示扬州柴油机厂制造、六缸直列、四行程、缸径 102 mm、水冷、车用柴油机

六、内燃机主要性能指标

为了表征内燃机的性能特点，比较其性能优劣，一般以性能参数作为评价指标。内燃机的性能指标可分为四大类：指示性能指标、有效性能指标、环境性能指标和其他性能指标。它们具体表现内燃机的动力性、经济性、运转性和耐久可靠性指标等。鉴于汽车和拖拉机的发动机都是往复活塞式内燃机，本书讨

论范围仅限于往复活塞式内燃机。

(一)内燃机的指示性能指标

指示性能指标用以评定内燃机实际循环情况的优劣。其中,平均指示压力、指示功率评定循环的动力性;指示热效、指示燃料消耗率评定循环的经济性。

图4-12所示示功图反映工质压力 p 随气缸工作容积 V(或曲轴转角 φ)变化的关系。

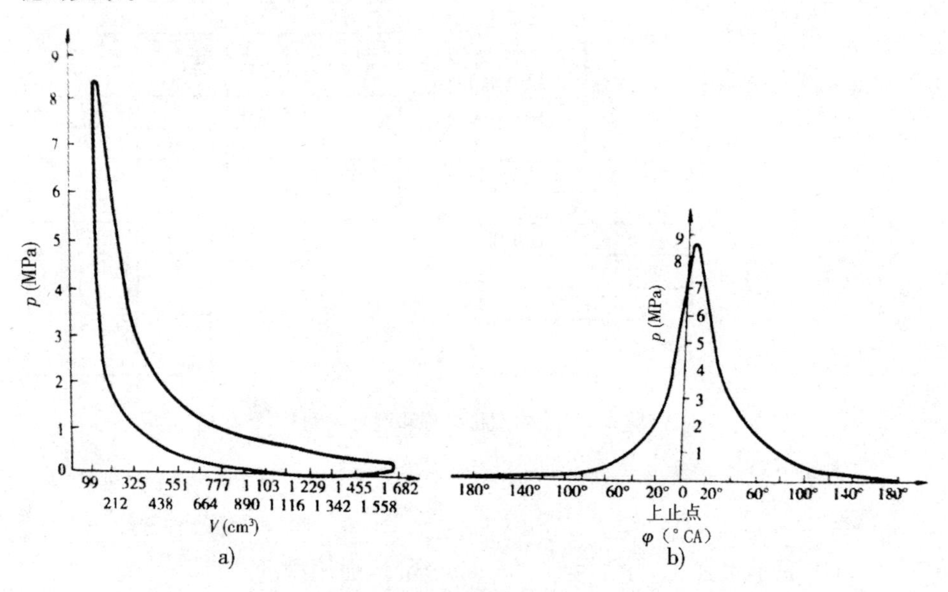

图4-12 120四行程单缸试验柴油机 $p-V$ 图及 $p-\varphi$ 图

$p-V$ 图曲线包容的面积表示工质完成一个实际循环所做的有用功。$p-\varphi$ 图称为展开示功图。

1. 指示功 W_i 和平均指示压力 p_i

指示功是指一个实际循环工质对活塞所做的有用功。用 W_i(kJ)表示,它可根据实测示功图通过计算求得:

$W_i = abA$, kJ

式中,a 为示功图纵坐标的比例尺,kPa/cm;b 为示功图横坐标的比例尺,L/cm;A 为示功图面积,cm^2。

因为不同内燃机具有不同的工作容积,所以不能仅用指示功 W_i 评价工作循环的好坏,还必须采用工作影响指标(平均指示压力 p_i),对发动机的工作循环进行评价。

平均指示压力是指循环指示功 W_i 与气缸工作容积 V_h 之比。

$$p_i = \frac{W_i}{V_h}, \text{ kPa}$$

显然,平均指示压力 p_i 越大,气缸工作容积的利用程度越高,发动机工作循环越优。设活塞面积为 $A(\text{cm}^2)$,活塞行程为 $s(\text{cm})$,从前式得出

$$W_i = p_i V_h = p_i As \times 10^{-3}, \text{ kJ}$$

如图 4－13 所示,p_i 的一般范围是:汽油机 0.8 MPa～1.5 MPa,柴油机 0.7 MPa～1.1 MPa,增压柴油机 1 MPa～2.5 MPa。

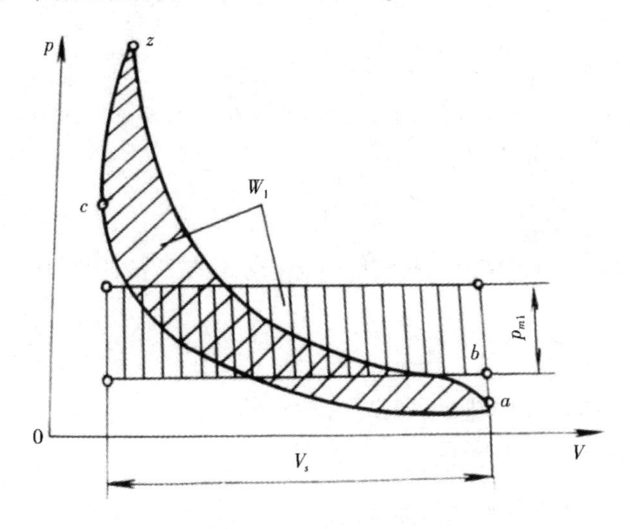

图 4－13　指示功与平均指示压力

2. 指示功率 N_i

指示功率 N_i 是指发动机单位时间(每秒)内所做的指示功。设平均指示压力为 p_i(kPa);单缸工作容积为 $V_h(\text{m}^3)$;缸数为 i;转速为 n(r/min)。

对四行程发动机:

$$N_i = \frac{iW_i n}{2 \times 60} = \frac{ip_i V_h n}{120}, \text{ kW}$$

对二行程发动机:

$$N_i = \frac{iW_i n}{60} = \frac{ip_i V_h n}{60}, \text{ kW}$$

以 τ 表示发动机行程数,可将上两式改写成:

$$N_i = \frac{ip_i V_h n}{30\tau},\ \mathrm{kW}$$

若气缸工作容积 V_h 以升为单位,则

$$N_i = \frac{ip_i V_h n}{30\tau} \times 10^{-3},\ \mathrm{kW}$$

3. 指示燃油消耗率 g_i

指示燃油消耗率 g_i 是指单位指示功(1 kW · h)所消耗的燃油量(G_T)。如测发动机每小时燃油消耗量为 G_T(kg/h),指示功率为 N_i(kW),则指示燃油消耗率为:

$$g_i = \frac{1000G_t}{N_i} \times 10^3,\ \mathrm{g/(kW \cdot h)}$$

g_i 的大致范围是:柴油机为 170 g/(kW · h) ~200 g/(kW · h);汽油机为 230 g/(kW · h) ~340 g/(kW · h)。

4. 指示热效率 η_i

指示热效率(η_i)是指发动机实际循环指示功与所消耗燃料的热量之比值。

$$\eta_i = \frac{W_i}{Q_i} = \frac{3.6}{g_i h_u} * 106,\ \%$$

式中,Q_i 为所消耗的热量,kJ;h_u 为燃料的低热值(kJ/kg);η_i 的大致范围是:柴油机为 0.25 ~0.4,汽油机为 0.4 ~0.5。

(二)内燃机的有效性能指标

发动机有效性能指标是以曲轴输出功率为基础的指标,用以评价内燃机的设计与制造水平及其整机性能。有效性能指标分为动力性指标和经济性指标。

1. 内燃机动力性能指标

(1)有效功率 N_e

指示功率 N_i 不可能完全输出,即在传递过程中不可避免产生如下机械损失。

a. 内部运动机件的摩擦损失占总机械损失的 60% ~70%。如活塞及活塞环与气缸壁、轴承与轴颈、配气机构等。

b. 驱动附属机构的损失占总机械损失的 10% ~20%。如驱动冷却水泵、机油泵、喷油泵、风扇、电动机和点火装置等。

c. 进、排气过程所消耗的功率占总机械损失的 10% ~20%。

上述损失导致功率消耗称为机械损失功率 N_m。指示功率与机械损失功率之差,称为有效功率 N_e(kW),可由试验测得。

$N_e = N_i - N_m$, kW

(2)有效扭矩 M_e

内燃机工作时,由功率输出轴输出的扭矩称为有效扭矩 M_e(Nm)。它与有效功率的关系是:

$$M_e = \frac{9550\ N_e}{n},\ \text{N} \cdot \text{m}$$

$$N_e = \frac{2\pi n M_e}{60 \times 10^3} = \frac{M_e \cdot n}{9550} = 0.1047 M_e \cdot n \times 10^{-3}$$

(3)平均有效压力 P_e

内燃机单位气缸工作容积输出的有效功,称为平均有效压力 P_e(kPa)。有效功率与平均有效压力之间有下列关系:

$$N_e = \frac{iP_e V_h N}{30\tau} \times 10^{-3},\ \text{kW}$$

或

$$P_e = \frac{30\tau P_e}{iV_h n} \times 10,\ \text{kPa}$$

$$P_e = \frac{3.14 M_e \cdot \tau}{1000 V_h i},\ \text{kPa}$$

对于排量($i \cdot V_h$)一定的发动机,P_e正比于 M_e,P_e值越大,则单位气缸工作容积输出功越多,输出转矩越大。P_e值是发动机重要的动力指标之一。

P_e的一般范围是:汽油机 0.7 MPa ~1.3 MPa;柴油机 0.6 MPa ~1.0 MPa;增压柴油机 0.9 MPa ~2.2 MPa。

(4)转速 n 和活塞平均速度 C_m

提高内燃机转速,即可增加单位时间的做功次数,从而使内燃机体积小、重量轻和功率大。转速 n 增加,活塞平均速度 C_m随之增加。

$$C_m = \frac{S}{30},\ \text{m/s}$$

C_m增大,则活塞组的热负荷和曲柄连杆机构的惯性力均增大,磨损加剧,寿命下降,以致 C_m已成为表征发动机强化程度的参数。一般汽油机不超过 18 m/s,柴油机不超过 13 m/s。

为了提高转速又不使 C_m过大,可以减小行程 S,即采用较小的行程缸径比(S/D)值。但 S/D 值减小也会造成燃烧室高度减小,其表面积与容积比(A/V)值增大,混合气形成条件变差,不利于燃烧。n、C_m、S/D 值的大致范围如表 4-3 所示。

表 4-3　n、C_m、S/D 值的大致范围

机型	n(r/min)	C_m(m/s)	S/D
小客车汽油机	5000 ~ 8000	12 ~ 18	0.7 ~ 1.0
载货车汽油机	3600 ~ 4500	1 ~ 15	0.8 ~ 1.2
汽车汽油机	2000 ~ 5000	9 ~ 15	0.7 ~ 1.2
增压柴油机	1500 ~ 4000	8 ~ 12	0.9 ~ 1.3

2. 内燃机经济性指标

(1)有效热效率 η_e

有效热效率是指循环的有效功与所消耗燃料的热量之比。

$$\eta_e = \frac{W_e}{Q_1} = \frac{W_i}{Q_1} = \eta_i \eta_m, \ \%$$

或　$$\eta_e = \frac{3.6}{g_e h_u} * 10^6, \ \%$$

式中:$$\eta_m = \frac{N_e}{N_i} = \frac{P_e}{P_i} = 1 - \frac{N_m}{N_i}$$

Q_1 表示获得有效功所消耗燃料的热量;g_e表示有效燃料消耗率;η_m 表示机械效率。

内燃机台架试验时,可采用单缸熄火法、拖动法、示功法等方法测定 η_m。η_m 值越接近 1,表明内燃机性能越好。

参照 N_i与 P_i的关系,可导出平均机械损失压力 P_m计算式:

$$P_m = \frac{30 N_m \tau}{V_h \cdot n \cdot i}, \ \text{kPa}$$

P_m值的一般范围是:汽油机 0.15 MPa ~ 0.25 MPa;柴油机 0.2 MPa ~

0.3 MPa。

现代内燃机机械效率 η_m 的一般范围，如表 4－4 所示。

表 4－4　现代内燃机机械效率 η_m 的一般范围

机型	η_m
非增压四行程柴油机	0.75～0.80
增压四行程柴油机	0.80～0.92
非增压二行程柴油机	0.70～0.80
增压二行程柴油机	0.75～0.90
四行程汽油机	0.70～0.85

(2)有效燃料消耗率 g_e

有效燃油消耗率是指单位有效功所消耗燃油的量。

$$g_e = \frac{G_T}{N_e} \times 10^3,\ \text{g/(kW·h)}$$

η_e 和 g_e 的大致范围如表 4－5 所示。

表 4－5　η_e 和 g_e 的大致范围

机型	η_e	g_e[g/(kW·h)]
汽油机	0.25～0.3	270～325
柴油机	0.3～0.45	190～285

3. 内燃机强化性能指标

(1)升功率 N_L

升功率是指内燃机每升工作容积产生的有效功率。

$$N_L = \frac{P_e}{iV_h} = \frac{P_e V_h in}{30 i V_h \tau} \times 10^{-3} = \frac{P_e n}{30\tau} \times 10^{-3},\ \text{kW/L}$$

N_L与 $P_e n$ 乘积成正比，即提高平均有效压力和转速，可提高升功率，提高发动机强化程度。

(2)比重量 G_e

内燃机比重量是指其净重 G 与标定工况有效功率之比。它表征内燃机结构重量利用程度及结构紧凑性。

$$G_e = \frac{G}{N_e},\ \text{kg/kW}$$

当内燃机净重一定时，有效功率越大，比重量越小，则其强化程度越高。N_L 与 G_e 的大致范围如表 4-6 所示。

表 4-6　N_L 与 G_e 的大致范围

机型	N_L(kW/L)	G_e(kg/kW)
汽油机	30~70	1.1~4.0
汽车柴油机	18~30	2.5~9.0
拖拉机柴油机	9~15	1.6~5.5

(3)强化系数

内燃机强化系数用平均有效压力与活塞平均速度的乘积表示。其系数越大，则内燃机强化程度越高，即机械负荷和热负荷越高。$P_e \cdot C_m$ 的大致范围是：汽油机 8 MPa·m/s~17 MPa·m/s；小型高速柴油机 6 MPa·m/s~11 MPa·m/s；重型汽车柴油机 9 MPa·m/s~15 MPa·m/s。

表 4-7　内燃机的有效指标

有效指标	P_e (kPa)	n (r/min)	C_m (m/s)	s/P	g_e [g/(kW·h)]	η_e	N_L (kW/L)	G_e (kg/kW)	$P_e \cdot C_m$
汽油机	650~1200	3600~6000	10~15	0.7~1.2	270~325	0.25~0.3	22~55	1.5~4.0	80~140
柴油机	600~950	2000~4000	8.5~12.5	0.75~1.2	241~285	0.3~0.4	18~30	4.0~9.0	60~99

(三)内燃机的环境性能指标

内燃机除要求具有良好的动力性、经济性和较高的强化程度，还必须具有良好的排气清净性、较低噪声度、较小振动和可靠的低温启动性。

1. 排放污染

内燃机排放污染是指排出废气中的有害成分，主要有：一氧化碳 CO、碳氢化合物 HC、氮氧化物 NO_x、二氧化硫 SO_2、铅化合物、臭味气体、固体微粒以及从曲轴箱通风孔泄漏出的碳氢化合物和从汽油箱逸出的燃油蒸气等。这些有害排放物主要生成于燃烧过程中，应从混合气形成、燃烧和排气方式上设法加以控制。

为了保护环境，保障人体健康，内燃机在工作机理和结构设计上应尽量使有害排放物减少，对废气加以净化处理。世界各国制定了内燃机排污标准，我国已拟订了废气排放和排气烟度限制标准及其测试方法国家标准，如表 4-8

和表4－9所示。

表4－8　汽油车怠速污染物排放标准值

年限	车别	CO(%)		HC(碳氢化合物)			
				四行程		二行程	
		Ⅰ	Ⅱ	Ⅰ	Ⅱ	Ⅰ	Ⅱ
1995年7月1日以前	定型汽车	3.5	4.0	900	1200	6500	7000
	新生产车	4.0	4.5	1000	1500	7000	7800
	在用汽车	4.5	5.0	1200	2000	8000	9000
1995年7月1日以后	定型汽车	3.0	3.5	600	900	6000	6500
	新生产车	3.5	4.0	700	1000	6500	7000
	在用汽车	4.5	4.5	900	1200	7500	8000

注：=1 * ROMAN Ⅰ表示最大总质量不大于3500 kg的汽车

=2 * ROMAN Ⅱ表示最大总质量大于3500 kg的汽车

表4－9　柴油车自由加速烟度排放标准

年限	车别	烟度值(FSN)	年限	车别	烟度值(FSN)
1995年7月1日以前	定型汽车	4.0	1995年7月1日以后	定型汽车	3.5
	新生产车	4.5		新生产车	4.0
	在用汽车	5.0		在用汽车	4.5

2. 噪声污染

内燃机工作时产生的噪声刺激神经，使人心情烦躁、反应迟钝，甚至导致耳聋、高血压和神经系统疾病。噪声主要源于进、排气门，风扇和增压器等的气体动力噪声，气缸内燃烧噪声，机体内的机械噪声(如活塞敲击、配气机构运行、齿轮运转)等。国际标准组织(ISO)提出了保护环境和保护听力的噪声标准，现代内燃机噪声已大大超过了允许的值。为此，我国拟订了机动车辆允许噪声、中小功率柴油机噪声限值和噪声测试方法的标准。

3. 启动性能

内燃机在一定温度下能可靠启动，且启动迅速。消耗的功率小、磨损少是启动性能的重要标志。启动性能的好坏直接影响车辆机动性、操作者的安全和劳动强度。我国标准规定，不采用特殊的低温启动措施，汽油在－10 ℃、柴油机

在 -5 ℃以下的环境条件下启动顺利,且 15 秒以内能自行运转。

(四)内燃机的可靠性与耐久性

内燃机的可靠性与耐久性用以衡量其在持续的负荷运转中工作性能的可靠程度与耐久程度。

可靠性是指内燃机在规定条件下和规定时间内完成规定功能的能力。评定其可靠性,最广泛采用的是无故障指标,包括发生故障前的工作时间、故障间隔时间、无故障工作概率等。我国汽车行业对于载货汽车发动机的可靠性评定已有单项指标和综合指标。单项指标包括平均首次故障时间、平均故障间隔时间、当量故障率和使用有效度。综合指标为单项指标加权计算后得出的可靠性水平评定分数。

耐久性是指内燃机在规定的使用和维修条件下,达到某种技术或经济指标极限时完成规定功能的能力。耐久性常指内燃机的使用寿命或大修寿命。耐久性的评定,设计部门可以按各主要零件的试件在试验中的磨损来确定各主要零件乃至整机的耐久性指标;使用部门可以按整机达到极限状态前的工作小时数或车辆行驶里程数来评定。

可靠性和耐久性受诸多因素的影响,例如所用材质、加工方法、装配调试乃至负荷特点、气候因素等。即便是同一型号内燃机,可靠性和耐久性也会有相当大的差别。当然,发动机的可靠性与耐久性也与其结构组成和工作机理有关。

内燃机工作时,各系统及有关机件将承受不同机械负荷与热负荷。机械负荷包括由于气体压力、冲击力、惯性力引起的应力和振动、预紧、摩擦等引起的附加应力,使内燃机零部件分别受到拉伸、压缩、弯曲、扭转等或它们复合成的各种负荷引起的变形。热负荷过大可使某些零件温度过高而失去工作能力,如零件烧伤、变形导致配合间隙破坏,材料强度、硬度下降而加速磨损,润滑油变质结胶而使机件润滑条件恶化、摩擦磨损加剧等;热负荷过大还使某些零件温差过大导致内部热应力过大,如缸盖底面和活塞顶部出现变形和裂纹等。同时,某些结构还会发生化学蚀损,如气缸内壁上部因高温废气而蚀损,湿式缸套外壁因电化学作用而穴蚀,高压油路、冷却水路、曲轴轴瓦等结构也可能穴蚀。

内燃机在正常运转、满负荷作业和正确的技术维护下,机械负荷、热负荷和化学蚀损将在允许限度以内,可靠性和耐久性将合乎规律地自然地缓慢下降。如果处在“敲缸”、超负荷、过热、“飞车”等不正常情况下长期作业,发动机将承受不应有的静负荷、动负荷、热负荷,甚至加速化学蚀损,可靠性和耐久性急剧下降。

(五)内燃机的热平衡

内燃机燃料的热能只有一部分转化为有效机械能,其余部分通过各种途径而损失。一般情况下,内燃机热平衡方程式可以表述为:

$$Q = Q_e + Q_r + Q_w + Q_s$$

式中,Q 表示进入内燃机的燃料产生的热量,如 G_f 代表内燃机每小时的耗油量,H_u 代表燃料低热值(kJ/kg),则 $Q = G_f H_u$。Q_e 相当于有效功的热量,$Q_e = 3.6N_e$。Q_r 表示随废气排出的热量,相当于废气内能与新鲜充量内能之差,不包括燃料不完全燃烧的热损失。如 c'_p 和 c_{p1} 分别代表废气和新鲜充量的平均定压比热,T'_0 代表进气管入口处新鲜充量的温度,T_r 代表废气在靠近排气门处的温度,M_1 表示每小时排出的废空气量,M_2 表示每小时消耗的空气量,则 $Q_r = (M_2 + G_f)c'_p T_r - (M_1 + G_f)c_{p1} T'_0$。$Q_w$ 表示传递给冷却介质的热量,如 G 代表冷却水的循环量,c 代表冷却水的比热,t_2 和 t_1 分别代表出水口和进水口处的水温,则 $Q_w = Gc(t_2 - t_1)$。Q_s 为其余热损失,包括燃料不完全燃烧的热损失,即相当于燃料完全燃烧应该放出的热量与燃料在燃烧过程中实际放出的热量之差,还包括驱动辅助机构和附属装置的能量消耗、废气热量损失和机体辐射热损失等。

显然,热平衡随内燃机负荷、转速、供油或点火提前角等工况参数和调整参数的改变有所不同。

为了估计热平衡方程式中各项相对值,同时便于比较不同内燃机热平衡,常以百分数来表示热平衡方程式。

$$q_e + q_r + q_w + q_s = 100\%$$

式中:$q_e = \frac{Q_e}{Q} \times 100\%$; $q_r = \frac{Q_r}{Q} \times 100\%$;

$q_w = \frac{Q_w}{Q} \times 100\%$; $q_s = \frac{Q_s}{Q} \times 100\%$。

一般高速四行程内燃机热平衡的百分数大约如表 4-10 所示。

表4－10 高速四行程内燃机的热平衡(%)

热平衡各项组成	汽油机	柴油机	增压柴油机
q_e	20～30	30～40	35～45
q_r	40～45	35～40	25～40
q_w	25～30	20～25	10～25
q_s	5	5	2～5

关于内燃机的热平衡，还可用热流图来表示其中各项的大小与相互关系，如图4－14所示。

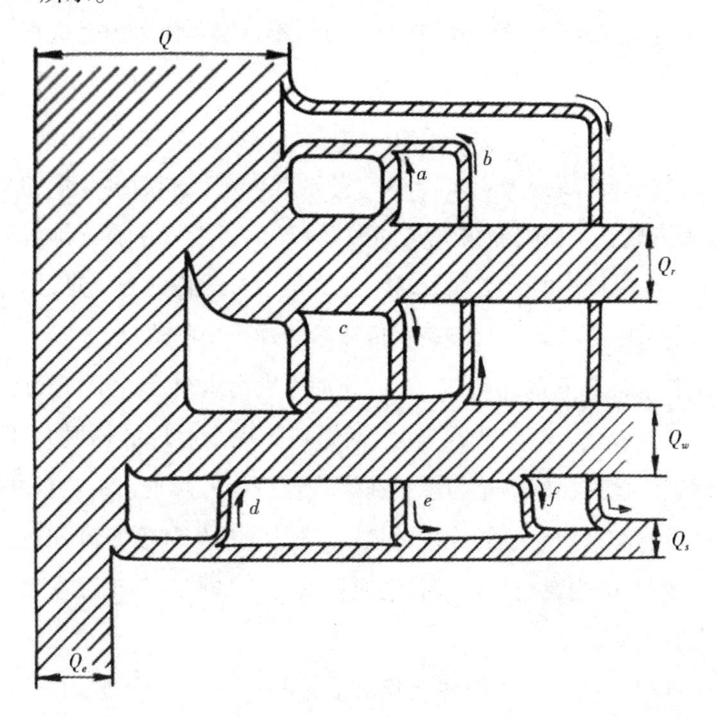

a. 从废气回收的热量 *b*. 从气缸壁回收的热量 *c*. 废气传给冷却水的热量

d. 摩擦生热传给冷却水的部分 *e*. 排气系统辐射出的热量 *f*. 冷却系统辐射出的热量

图4－14 内燃机的热流图

七、影响内燃机工作性能的主要因素

内燃机的工作是一个非常复杂的过程，影响其工作性能的因素很多，各因素之间存在着错综复杂的关系。下面从以下几个方面进行阐述。

(一)影响内燃机动力性与经济性的主要因素

为了概括表现各方面因素对动力性和经济性指标的影响,现做如下推导:

由式　$\eta_e = \frac{W_e}{Q_1}\frac{W_i\eta_m}{Q_1} = \eta_i\eta_m$

$$\eta_e = \frac{3.6}{g_e \cdot H_u} = \frac{3.6N_e}{G_T H_u}$$

可得　$N_e = \frac{H_u}{3.6} G_T \eta_i \eta_m$

式中 H_u 单位为 MJ/kg,N_e 单位为 kW。

现在把它转换成 P_e 和内燃机进气量的关系。

如果 L_0 表示 1 kg 燃料完全燃烧所需的空气(kg);a 表示内燃机的过量空气系数;ρ_s 表示进气管内的空气密度;η_v 表示充量系数,即实际进入气缸的新鲜充量与理论上可充入气缸的充量之比。

与 G_T(kg)燃料混合的实际进入气缸的空气量为 $m_1 = aG_T L_0$

1 小时内理论上可充入内燃机的空气量为 $m_s = \rho_s V_h n \times \frac{2}{\tau} \times 60i$

$$= 120\rho_s V_h ni \cdot \frac{1}{\tau}$$

则　$\eta_v = \frac{m_1}{m_s} = \frac{aG_T L_0}{120\rho_s V_h ni \cdot \frac{1}{\tau}}$

或　$G_T = 120\rho_s V_h ni \frac{\eta_v}{a} \cdot \frac{1}{L_0} \cdot \frac{1}{\tau}$

代入式(a)可得

$$N_e = \frac{120H_u}{3.6L_0} \cdot \rho_s V_h ni\eta_v \cdot \frac{\eta_i}{a} \cdot \eta_m \cdot \frac{1}{\tau}$$

对于结构和使用燃料已经确定的内燃机,相应参数可作为常数,所以

$$N_e \propto \rho_s \eta_v \cdot \frac{\eta_i}{a} \cdot \eta_m n$$

按照各有效指标间的关系式,对柴油机则可得到:

$$N_e \propto \rho_s \eta_v \frac{\eta_i}{a} \eta_m n (\text{或 } N_e \propto \Delta g \eta_i \eta_m n)$$

$$M_e \propto \Delta g \eta_i \eta_m n$$

$$G_T \propto \Delta g n$$

$$g_e \propto \frac{1}{\eta_i \eta_m}$$

式中 Δg 代表每循环供油量。

对汽油机可得到：

$$N_e \propto \eta_v \frac{\eta_i}{a} \eta_m n$$

$$M_e \propto \eta_v \frac{\eta_i}{a} \eta_m$$

$$G_T \propto \frac{\eta_i}{a} n$$

$$g_e \propto \frac{1}{\eta_i \eta_m}$$

以上这些可供定性分析用的关系式表明了对内燃机动力性、经济性指标的各方面因素的影响，各种调整参数和工况参数对内燃机性能指标的影响将在内燃机特性中进行分析。

由以上各关系式可知，对内燃机工作性能影响较大的实际因素可以从几个方面来分析：

(1)增压度　在保持过量空气系数 α 等几个参数不变的条件下，如果采用增压技术，提高空气密度 ρ_s 可以使 N_e成比例地增长。

(2)换气质量　换气是否充分，是每循环发挥工作性能的基础。换气完善程度由 η_v 来衡量，尽量提高充量系数有利于发动机的工作。对汽油机，充进气缸的燃油量与 η_v 成比例，所以换气尽量充分，η_v 值高，有利于提高 N_e；对柴油机，充进气缸的空气量越多，能够完全燃烧的循环供油量 Δg 才能越多，Δg 与 η_v 存在着比例关系。所以要求换气充分，就是要求提高 η_v。

(3)对指示效率产生实际影响的因素　包括压缩比的高低、燃烧是否及时完全和热损失的多少等。

压缩比的高低尤其对汽油机产生显著的影响，压缩比提高可以改善循环的热量利用(膨胀比加大)、减少热损失(燃烧室散热面积减小)，从而提高 η_i，并使汽油机部分负荷时采用稀混合气可更好工作。当然，我们也应考虑到提高压缩比对燃料辛烷值的要求提高，并使发动机热负荷和机械负荷增大等不利方面。

燃烧是否及时完全，是每循环发挥工作性能的关键。η_i 表现了实际循环的效率，在一定的发动机上，它主要受燃烧完善程度的影响。内燃机燃烧完善程度主要从完全、及时、柔和、无烟、低排污等几方面来加以衡量。燃烧愈完善，在 Z 点的热利用系数愈高，平均指示压力也就愈大，这是研究燃烧过程所努力追求的目标。但由于种种因素的影响，内燃机燃烧过程往往难以达到理想完善的程度。对柴油机而言，主要与换气质量、压缩终点的温度、最大喷油压力、燃油雾化质量以及燃油束与燃烧室内空气运动的配合等因素有关；对汽油机而言，主要与空燃比、化油器、点火提前角等因素有关。

总的来说，如果采用尽量小的 α 达到尽量高的 η_i，就可以增加气缸单位工作容积的做功量，提高其动力性和经济性。

(4)尽量减少机械损失　机械损失愈少，意味着燃料热能转换为有效机械功愈多，冷却系和润滑系传递的热量和消耗功率也愈少，机件传递的热流和相应的磨损也会减少。负荷增大时，某些摩擦副间将出现边界润滑，甚至出现接触性的干摩擦。减少摩擦损失应从减小接触面、改善表面性能、改进润滑油性能、改善试运转时的零件磨合等方面入手。为了减少机械损失，还应该优化进、排气系统结构和尺寸，通过减少进、排气阻力来减少换气损失。在高速车用发动机上，换气损失可能高达机械损失的20%，采用直接喷射式燃烧室比采用开式燃烧室可减少气缸内的节流损失。

(二)影响机械损失及机械效率的主要因素

1. 增压

当内燃机采用排气涡轮增压时，N_i 与增压度增加成正比，此时气缸中最大爆压虽有增加，但采取降低压缩比等措施后，P_z 增加的幅度将低于 N_i 增加的幅度，致使机械损失减少；当采用机械增压时，机械损失的减少与否，将视增压比的高低由泵气功与压气机耗功的和而定。此外，增压后，润滑油温度的提高，会使润滑油黏性阻力降低，并且燃烧较为柔和，有利于减轻轴承上的冲击负荷等。综上所述，若内燃机转速不变，则机械损失功率将与非增压时大致相当。由于

N_i值提高，因此涡轮增压及低压比的机械增压将使 η_m 提高。

2. 曲轴转速及活塞平均速度

曲轴转速及活塞速度的提高将使活塞摩擦损失及轴承摩擦损失迅速增加。同样，非增压机的泵气损失、辅助机械损失、二行程机的扫气泵驱动功率均随转速及活塞速度的提高而增加。虽然转速增加后，每循环相对损失的热量较少，润滑油黏性阻力有所降低，但综合影响仍将使机械损失功率 N_m 或 P_m 大大增加。

图 4－15 所示为一部 6 缸非增压高速柴油机平均机械损失压力 P_m 随转速 n 迅速增加。图 4－16 所示为同一柴油机机械效率 η_m 随转速增加而下降，图中实线表示全负荷工况，虚线表示 30% 的全负荷工况。显而易见，负荷低时的 η_m 比全负荷时的下降更显著。

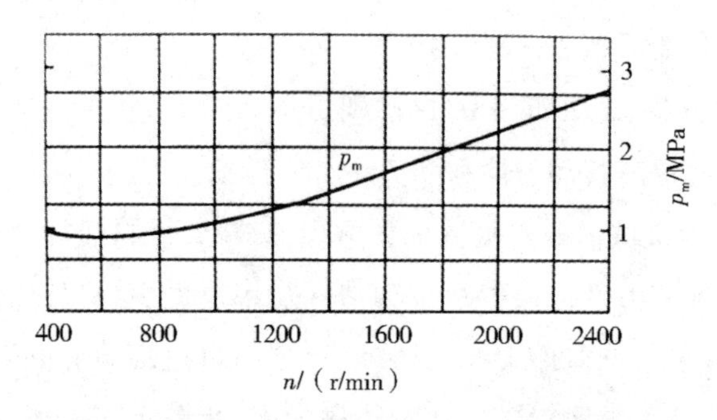

图 4－15　平均机械损失压力 P_m 与转速 n 的关系曲线

6 缸柴油机，气缸总排量 8 kg，$\varepsilon = 16:1$，转速范围 600～2400 r/min

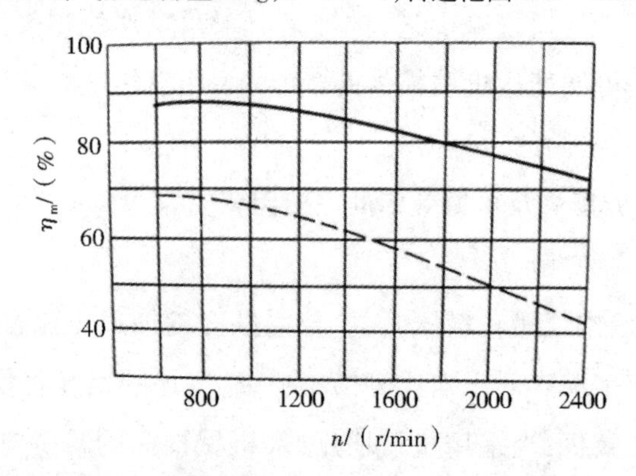

图 4－16　机械效率 η_m 与转速 n 的关系曲线

3. 负荷

虽然负荷增加，P_z 也随之加大，但机械损失也会增大，而且在高负荷时 P_z 增加的幅度应比低负荷时小；在涡轮增压内燃机中，为控制 P_z，一般采取降低压缩比的措施，使机械损失压力不致增加过大。同时，负荷增加，润滑油温度提高，其黏性阻力下降，因此负荷大小对 P_m 的影响不会太大。负荷增大必然增加供油量，从而使 P_i 成正比地增加，机械效率 η_m 也随之提高。

4. 润滑油温度及冷却水温度

润滑油温度和冷却水温度对内燃机机械损失功率 N_m 有较大的影响。润滑油因温度升高，而黏度下降，黏性阻力减小，机械损失 N_m 或 P_m 也减小。润滑油温度取决于冷却水温度，水温高则油温高，所以提高水温会使 N_m 或 P_m 下降。

冷车启动时，水温和油温皆低，故 N_m 大；热车稳定状态时，则 N_m 小。因而对柴油机正常运转时的水温和油温都做了明确规定，以保证 N_m 不致过大。图 4－17 所示为 N_m 与油温 T 的关系曲线，N_m 随着油温 T 增加而降低，并到达一个最低点。当超过这一温度后，N_m 又将逐渐增加。N_m 最小时，油温略大于润滑油容许温度。图 4－18 所示为 N_m 随冷却水温 T 变化曲线，显然 N_m 随着水温上升而下降。

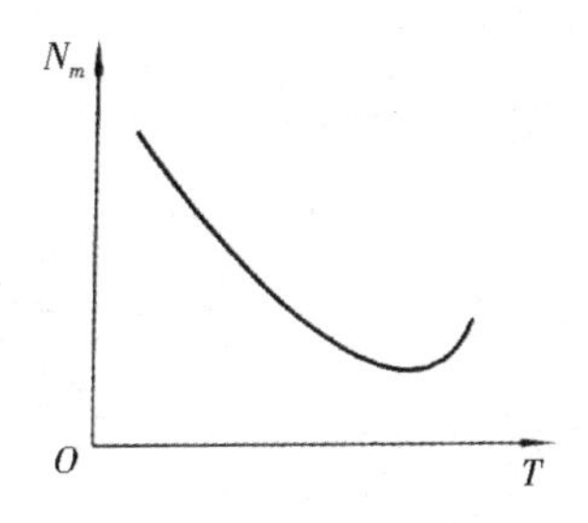

图 4－17　机械损失功率 N_m 随油温 T 变化曲线

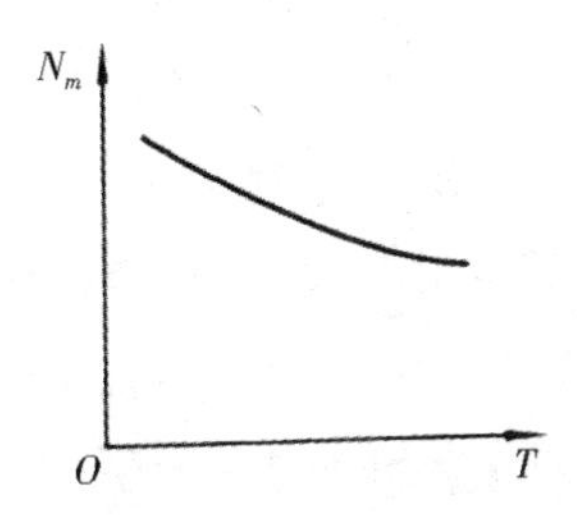

图 4－18　机械损失功率 N_m 随水温 T 变化曲线

5. 气缸尺寸及数目

若运动速度不变，作用于摩擦表面的正压力不变，机械损失中的摩擦损失功率则与摩擦面积的大小有关,指示功率则与气缸工作容积有关。即在 p_z、c_m 保持不变的前提下,若缸径加大或者行程加长,则气缸面积与容积比相应地减小,N_i 增加的幅度大于 N_{mf},η_m 相对提高。

当气缸尺寸和 n 都相同时,多缸机的 η_m 比单缸机大,这是由于单缸机带动辅助机械所需的功率相对偏大,机械损失功率相对增加。

6. 工艺水平

气缸套内壁、轴颈、轴承等摩擦表面加工精度对机械损失功率有较大影响,表面加工精度越高,机械效率越高。

影响内燃机工作性能的诸多因素相互牵连、相互制约,至于影响内燃机环境性能与可靠性和耐久性的因素,在本章第三节中已做过论述。

思考题

1. 什么是构成柴油机的两大机构四大系统?

2. 单缸四行程化油器式汽油机的四行程各是什么?

3. 内燃机压缩比过大时,有哪些不正常现象?

4. 四冲程柴油机与四冲程汽油机的区别。

5. 二行程内燃机与四行程内燃机相比有哪些优点和不足?

6. 内燃机的动力性能和经济性能指标为什么要分为指示指标和有效指标两大类? 表示动力性能的指标有哪些? 它们的物理意义是什么? 它们之间的关系如何? 表示经济性能的指标有哪些? 它们的物理意义是什么? 它们之间的关系如何?

7. 怎样求取发动机的指示功率、有效功率、平均指示压力和平均有效压力?

8. 机械效率的定义是什么? 提高机械效率的途径有哪些?

9. 平均有效压力和升功率在评定发动机的动力性能方面有何区别?

10. 北京牌越野车 BJ－212 用的 492 汽油机 $s=92$ mm,①在 3750 r/min 时发出 55.15 kW(75 马力),计算这时的 Me 和 Pe 值;②在 2250 r/min 时 $Me=0.172$ kNm(17.5 kgfm),计算这时的 Ne 和 Pe 值;③对照这两个转速下 Pe 的比值和 Me 的比值,说明 Pe 和 Me 的关系。

第三节　蒸汽轮机

一、概述

汽轮机是用蒸汽做功的一种旋转式热力原动机，它的优点是功率大、效率高、结构简单、易损件少、运行安全可靠、调速方便、振动小、噪音小、防爆等，在炼油厂还可以充分利用炼油过程中产生的余热生产蒸汽作为机泵的动力，这样可以综合利用热能。正因为这些优点，蒸汽轮机在炼油厂得到了广泛的应用。蒸汽轮机的种类繁多，根据工作原理、性能、结构特点等，蒸汽轮机可按如下几方面进行分类，具体如表4－11所示。

表4－11　蒸汽轮机分类

分类	名称	说明
按工作原理分	冲动式汽轮机	蒸汽主要在喷嘴叶栅内膨胀
	反动式汽轮机	蒸汽在静叶栅与动叶栅内膨胀
按所具的级数分	单级汽轮机	通流部分只有一个级
	多级汽轮机	通流部分有两个以上的级
按蒸汽在汽轮机内流动的方向分	轴流式汽轮机	蒸汽流动方向与轴平行
	辐流式汽轮机	蒸汽流动方向与轴垂直
	周流式汽轮机	蒸汽流动方向沿圆周流动
按汽轮机热力系统特征分	凝汽式汽轮机	排汽压力低于大气压力
	抽汽背压式汽轮机	排汽压力高于大气压力，中间有抽汽
	背压式汽轮机	排汽压力高于大气压力
按用途分	电站汽轮机	用于发电
	工业汽轮机	用于带动泵、压缩机泵
	船用汽轮机	作为船舶的动力装置

续表

分类	名称	说明
按汽轮机进汽压力分	低压汽轮机	1.2 MPa ~ 1.5 MPa
	中压汽轮机	2 MPa ~ 4 MPa
	次高压汽轮机	5 MPa ~ 6 MPa
	高压汽轮机	6 MPa ~ 12 MPa
	超高压汽轮机	12 MPa ~ 14 MPa
按转速分	低速汽轮机	$n < 3000$ 转/分
	中速汽轮机	$n = 3000$ 转/分
	高速汽轮机	$n > 3000$ 转/分

二、汽轮机的工作原理

汽轮机的主要元件是由喷嘴(也称静叶)与动叶(也称叶片)两个部件组成。喷嘴固定在机壳或隔板上,动叶固定在轮盘上。

蒸汽通过喷嘴时,压力下降,体积膨胀形成高速汽流,推动叶轮旋转而做功。如果蒸汽在叶片中压力不再降低,也就是蒸汽在叶片通道中的流速(即相对速度)不变化,只是依靠汽流对叶片的冲击力量而推动转子转动,这类汽轮机称为冲动式,也称压力级,在工业中应用广泛。如果蒸汽在叶片中继续膨胀(简称相对速度)比进口时要大,这种汽轮机的做功不仅因为蒸汽对叶片的冲击力,而且还因为蒸汽相对速度的变化而产生的巨大的反作用力,所以这类汽轮机称为反动式汽轮机。

只有一列喷嘴和一列动叶片组成的汽轮机叫单级汽轮机。由几个单级串联起来的叫多级汽轮机。由于高压蒸汽一次降压后汽流速度极高,因而叶轮转速极高,将超过目前材料允许的强度。采用压力分级法,每次在喷嘴中压力降都不大,因而汽流速度也不高,高压蒸汽经多级叶轮后能量既充分得到利用而叶轮转速也不超过材料强度许可范围。这就是采用多级汽轮机的原因。

由于蒸汽离开,每一级叶片的流速仍很高,为了充分利用汽流的动能,可用导向叶片将汽流引入第二排叶片中(每一个叶轮可安装二排叶片),进一步推动转轴做功，这称为速度分级，简称速度级（又称复速级）。速度级常用于小型汽轮机或汽轮机的第一级。

三、蒸汽轮机本体构成

汽轮机包括汽轮机本体、调节保安装置及辅助设备三大部分。

（一）蒸汽轮机本体

蒸汽轮机本体包括：

静体（固定部分）：汽缸、喷嘴、隔板、汽封等；转子（转动部分）：轴、叶轮、叶片等；轴承（支承部分）：径向轴承和止推轴承。

1. 汽缸

汽缸本身是水平剖分为上下部分，上下缸又各分有前后缸。前缸因温度高，用铸钢制造；后缸温度低，用铸铁制造。汽轮机组在启动或停机、增减负荷时，缸体温度均会上升或下降，会产生热胀和冷缩的现象。由于温差变化，热膨胀幅度可由几毫米至十几毫米。但与汽缸连接的台板温度变化很小，为保证汽缸与转子的相对位置，在汽缸作为台板间装有适当间隙的滑销系统，其作用是：

a. 保证汽缸和转子的中心一致，避免因机体膨胀造成中心变化，引起机组振动或动、静之间的摩擦；b. 保证汽缸能自由膨胀，以免发生过大应力而引起变形；c. 使静子和转子轴向与径向间隙符合要求。

根据构造、安装位置和不同的作用，滑销可分为：

a. 横销（图 4－19）：其作用是允许汽缸在横向能自由膨胀，一般装在低压缸排气室的横向中心线上或排气室的尾部，左、右各装一个。

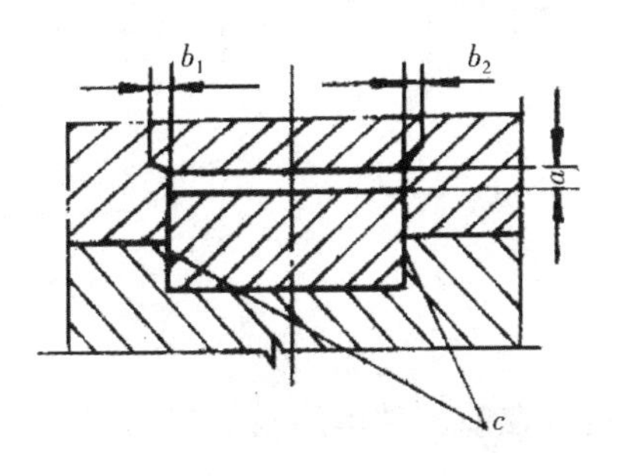

图 4－19　纵横销

b. 纵销（图 4－19）：其作用是允许汽缸沿纵向中心能自由膨胀，限制汽缸纵向中心的横向移动。纵销中心线与横销中心线的交点称为“死点”，汽缸膨胀时这点始终保持不动。纵销安装在后轴承座、前轴承座的底部。

c. 立销(图4－20):其作用是保证汽缸在垂直方向能自由膨胀,并与纵销共同保持机组的纵向中心不变。立销安装在低压汽缸排气室尾部与台板之间、高压汽缸的前端与前轴承座之间以及双缸汽轮机的低压汽缸前端和高压汽缸端与中心轴承座之间。所有的立销均在机组的纵向中心线上。

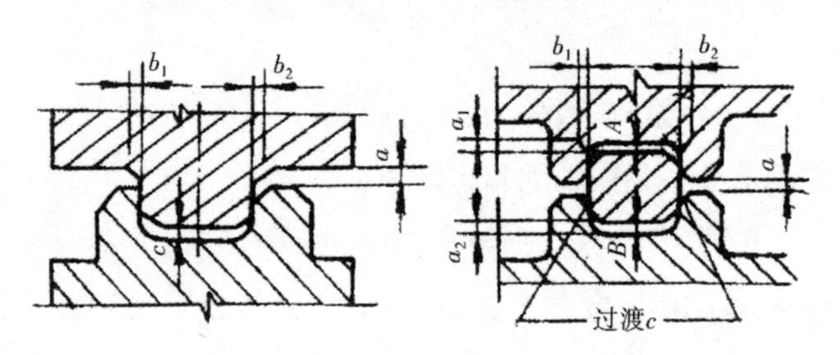

图4－20 立销

d. 猫爪横销(图4－21):其作用是保证汽缸能横向膨胀,同时随着汽缸在轴向的膨胀和收缩,推动轴承座向前或向后移动,以保持转子与汽缸的轴向相对位置。猫爪横销安装在前轴承座及双气缸汽轮机中间轴承座的水平结合面上。猫爪横销和立销共同保持汽缸的中心和轴承座的中心一致。

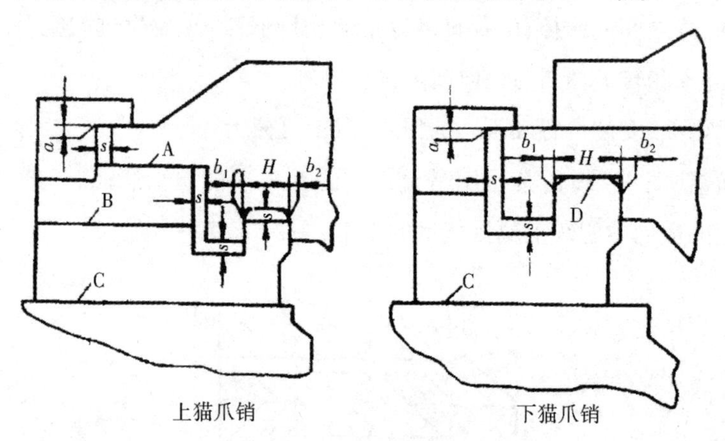

图4－21 猫爪横销

e. 角销(图4－22):装在前部轴承座及双缸汽轮机中间轴承座底部的左右两侧,以代替连接轴承座与台板的螺栓,但允许轴承座纵向移动。

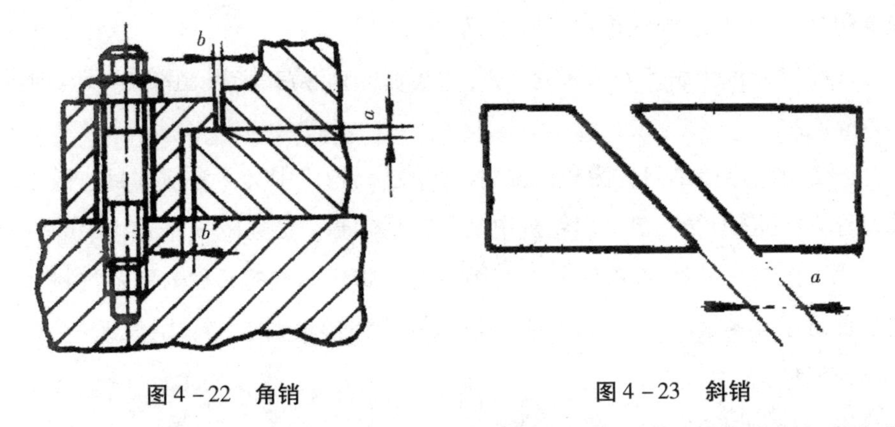

图 4－22　**角销**　　　图 4－23　**斜销**

f. 斜销(图 4－23):它是一种辅助滑销,具有起纵销和横销的双重导向作用,装在排汽室前部左右两侧撑脚与台板之间。

前轴承箱坐落在前座架上,前座架由地脚螺栓固定在基础上,前轴承箱与前座架之间有纵向键导向,允许前轴承箱沿前座架纵向滑动。前汽缸靠猫爪与紧固在前轴承箱上的滑块连接,前汽缸与前轴承箱之间有垂直键定位,保证两者纵向中心一致。后汽缸坐落在后座架上,后座架由地脚螺栓固定在基础上,后汽缸导板保证后汽缸与纵向中心一致。

就每台汽轮机的滑销系统而言,都有一个点,不管汽轮机的汽缸怎么前后左右膨胀,这个点的相对位置都不变,这个点叫汽缸膨胀的死点。为保证汽缸能向前、后、左、右自由膨胀,各滑销与其槽的配合上,要求有一定的间隙,并且在精密加工之后,由钳工精心配制,滑动面要求光洁,无锈斑及毛刺,滑销系统发生故障,会妨碍机组的正常膨胀,严重时会引起机组的振动,甚至使机组无法正常运行。

2. 喷嘴组和隔板

在冲动式汽轮机中,蒸汽热能转变为动能的过程是在喷嘴中发生的。蒸汽流过变截面的喷嘴汽道之后,体积膨胀,压力降低,流速增加,然后按一定的喷射角度进入动叶片中做功。

汽轮机汽缸中的隔板是由隔板外缘、喷嘴、隔板体构成的圆形板状组合件,汽缸内的一级隔板与其后的一级叶轮组成一个压力级。隔板分为上、下两个半圆,在中分面上有定位键,以保证上下隔板组成一体。

在汽轮机中,通常将装在调节汽室上的喷嘴组合体简称为喷嘴组,它是由喷嘴组外缘、喷嘴及喷嘴组内缘所组成。

汽轮机隔板按制造方法来分，可分为铸造隔板、焊接隔板、组合隔板三种。

3. 汽封

汽轮机高压端轴封称为高压轴封，在单缸汽轮机中又称为前轴封。低压端轴封称为低压轴封，在单缸汽轮机中又称为后轴封。装在隔板汽封槽中的汽封称为隔板汽封。另外，装在隔板上与围带配合防止漏汽的又称为围带汽封。不论是轴封还是隔板汽封、围带汽封，其构造及外形均大同小异，阻汽原理一致，统称为汽封。

(1)汽封的作用

汽轮机汽缸两端轴孔处与转轴间有一定间隙，这样在工作时，汽缸内进汽端将发生高压蒸汽大量泄漏。再看排汽端，一般凝汽式汽轮机的排汽压力在 0.02 kg/cm^2(绝对)左右，即排汽端处于高真空状态，大气中的空气将沿后轴孔大量漏入排汽管和凝汽器，就会破坏汽轮机的真空。因此，为了减少高压端的向外漏汽和排汽端往里漏空气，要求在汽缸两端轴孔处配备汽封装置(又称轴封)。

(2)汽封的结构

目前广泛采用的是高低齿型的梳齿结构，如图 4-24 所示。

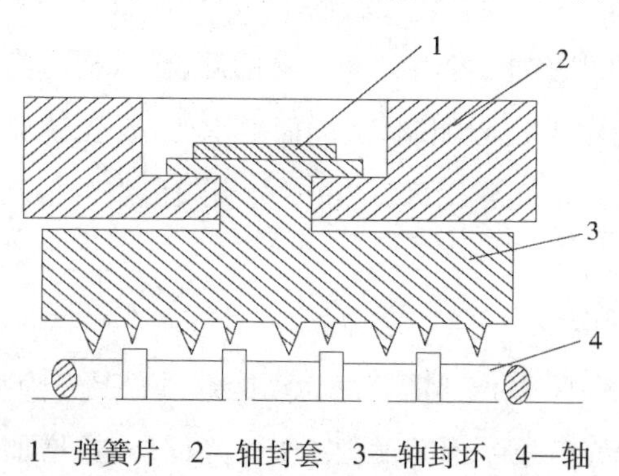

1—弹簧片 2—轴封套 3—轴封环 4—轴

图 4-24 高低齿型轴封

轴封片直接在轴封环上车出，或将轴封片压紧在轴封环的槽道里，轴封环一般由四个或六个弧段组成。齿尖最薄处厚度为 0.1 毫米。有弹簧片压住轴封环，使其紧贴隔板或汽封体，弹簧片的作用是箍紧轴封环，当轴封片与主轴相碰时，可自动退让，防止轴封受损。当压差较小时，可以不用高低齿，而用平齿。

为了减少漏汽，要求轴封间隙尽量小，但为了保证机组的安全运行，要求轴封不发生碰擦现象，所以轴封间隙有一定的要求。

除了汽轮机两端有轴封，每一级隔板轴孔也需要安装汽封片，以减少级间漏汽。隔板汽封的结构与轴端汽封相同，只是压差较小，所需要汽封片数目较少而已。此外，有的汽轮机叶片上也设有汽封装置。

(3)汽封环和汽封片的材料

高温工作区汽封环用铬不锈钢1Cr13或铬钼钒不锈钢Cr11MoV，汽封片用铬镍钛不锈钢1Cr18Ni9Ti；低温工作区汽封环用锡青铜，汽封片用铅黄铜。

(4)端部轴封系统

为了确保汽轮机安全工作，合理地利用端部轴封的漏汽，提高汽轮机的经济性，汽轮机端部轴封都有一套专门的轴封管路系统。

高压端虽装有轴封，但仍不能避免蒸汽经过轴封向外漏。为了尽量减少这一损失，高压端轴封可分成若干段，每段之间留一定的空室，将这些空间的漏汽合理地引至不同的地方加以利用，以提高汽轮机的经济性。小型汽轮机的高压漏汽经管道可引至低压端轴封内作为密封用汽，其余少量漏汽再经几道轴封片，由信号管排至大气。运行人员可通过观察信号管的冒汽情况来判断端部轴封工作的好坏。

低压端为了防止空气经轴封片漏入汽缸，必须引用压力稍高于大气压力的蒸汽来封住轴封通道。这部分蒸汽是由高压端轴封引来的，在轴封室中一部分经部分轴封片后流入低压汽缸中，另一部分则沿轴封间隙外流，最后经信号管排至大气。

汽轮机正常工作时，高压端轴封漏汽除引入低压端轴封，多余的部分可以经管道引入凝汽器。汽轮机启动和停机时，高压端轴封没有蒸汽，则应引用经过节流降压的新蒸汽同时送入高、低压端轴封中去。

4. 转子

汽轮机所有转动部件的组合体称为转子。它主要包括：主轴、叶轮、叶片等部件(图4－25)。

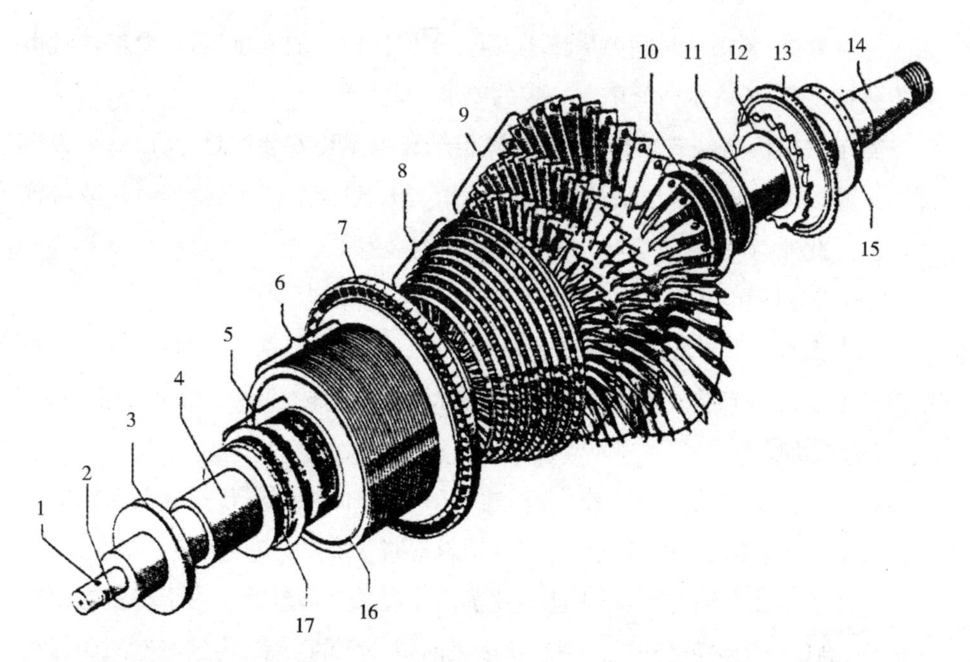

1—危急遮断器孔　2—轴位移凸肩　3—推力盘　4—前径向轴承　5—前汽封　6—内汽封
7—调节级　8—转鼓段　9—低压段　10—后汽封　11—后径向轴承挡　12—盘车棘轮
13—盘车油轮　14—联轴器挡　15—后端平衡面　16—主平衡面　17—前端平衡面

图 4－25　汽轮机转子图

汽轮机转子除了受高温高压蒸汽的作用，更主要的是由于它在高速下工作，受离心力的作用，还必须考虑振动的问题。我国国产机组主要采用的转子形式有：套装式转子、整锻式转子、组合转子和焊接式转子。国产中小型、中等参数以下的机组的转子都采用套装式结构。

套装式叶轮在套装前叶轮内孔应比轴径小 0.05% ~0.15%，套装时将叶轮内孔周缘加热，直至叶轮内孔比轴径大 0.10 ~0.20 毫米，或控制红套温度在 250 ℃ ~270 ℃，将叶轮红套套在轴上，待叶轮冷却后，内孔对轴就产生了很大的压紧力，保证叶轮高速旋转时的安全可靠。套装式叶轮的优点是加工制造方便，但是它在高温条件下工作时，叶轮与主轴之间容易发生松动，所以高温机组的转子常用整锻式结构。

(1)叶轮的结构

叶轮的结构分为三个部分：

①轮缘部分　是安装叶片的部分，具有与叶根结构相配合的形状。

②轮毂部分　通过它将叶轮红套套在轴上。

③轮体部分　把轮缘与轮毂联成一体的中间部分。由于速度很高,它的受力与变形主要取决于叶轮本身旋转时产生的离心力,以等强度的形式为好,但是制造困难。一般常用锥形。材料低压时用 45 钢,中压用 35CrMoA 或 34CrMoA。一般轮体上还钻有七个平衡孔,这是为了减少叶轮前后压差所造成的作用在转子上的轴向推力。

(2)叶片的结构与固定

叶片由叶根、工作部分和叶顶组成。

叶根　用来将叶片固定在叶轮上,叶根与叶轮的连接应牢固可靠,而且要保证叶片在任何运行条件下都不会松动,同时叶根的结构应在满足强度的条件下尽量简单,使制造、安装方便,并使叶轮缘的轴向尺寸为最小。常用的叶根有:T 形叶根、菌形叶根、叉形叶根、枞树形叶根。

工作部分　蒸汽从这里通过,将动能转化为机械功,工作部分是叶片的主要部分。叶片的凹入部分称为叶面,凸出部分称为叶背,一般汽轮机的叶片型线沿叶高是相同的,当叶高很长时,而叶高与直径之比大于 1∶10 时,则用扭曲叶片。

叶顶　一般做成铆钉状,上面有套装围带,它加强了叶片强度又减少了漏汽。围带有以下几种形式:

①铆接围带:围带由扁钢制成,然后用铆接法固定在叶片的顶部。

②整体围带:围带与叶片同为一整体,在加工叶片时一起铣出,待叶片组装后,再将围带焊在一起。

③弹性拱形围带:它是将弹簧钢片弯成拱形,用铆钉固定在叶片顶部,采用互圈环状连接。

当叶片很长时,还装有拉金,将叶片连接成叶片组,以增强叶片强度并改善叶片的振动特性。拉金通常做成棒状或管状,在一级叶片中一般有 1 ~ 2 圈拉金,最多不超过 3 圈,用拉金连接的方法有分组连接、整圈连接及组间连接。

叶片的安装有以下几种:

①周向埋入法:将叶片以圆周方向依次嵌装在叶轮轮缘的相应槽内,最后一个叶片(末叶)封住缺口再用铆钉铆死,T 形叶根和菌形叶根均采用此法。

②轴向埋入法:将叶片从轴向单个装入叶轮轮缘的相应槽内。枞树形叶根常采用此法安装。

③径向跨装法:将叶片的叉形叶根径向插入叶轮轮缘的叉形槽内,然后用铆钉固定。此法仅适用于叉形叶根的安装。

5. 轴承

目前大多数汽轮机采用滑动轴承。汽轮机除了有径向轴承,还有止推轴承。汽轮机在工作时,转子上产生一个由高压端推向低压端的轴向推力,因此通常在转子前端设有推力轴承,以承受轴向推力,并对保持通流部分的轴向间隙起了定位作用。目前我国国产机组的前轴承大多采用径向推力联合轴承。

四、调速控制系统

在炼油化工行业中,汽轮机大多用作原动机驱动压缩机、机泵等。为了节约能源,汽轮机的效率都是在一定转速下进行设计。当转速变化很大时,汽轮机会严重地偏离设计工况,使效率降低,为此需要将汽轮机稳定在一定转速,汽轮机控制调速系统就是为了满足这个要求。它根据汽轮机的转矩和转速相应变化的关系,利用转速变化作为讯号来进行调节。当转速有一个很小的变化时,调速系统能自动地改变汽轮机的进汽量,使汽轮机的功率和负荷相适应,从而使转速不发生很大的变化。汽轮机的调速控制系统由启动装置、安全装置、保安装置、调速器、监视装置组成。

(一)启动装置

启动装置的作用是打开速关阀,由危急保安装置的压力油作为启动油,随着操纵杆的移动,滑阀也随之移动,依次接通启动油压和速关油压,将速关阀打开。

(二)安全装置(速关阀)

速关阀水平安装在汽轮机汽缸的进汽管路上,由阀体、滤网和油缸等部分组成(图4-26)。速关阀是新蒸汽管网和汽轮机之间的主要关闭机构,在运行中出现事故时,它能在最短时间内切断进入汽轮机的蒸汽。

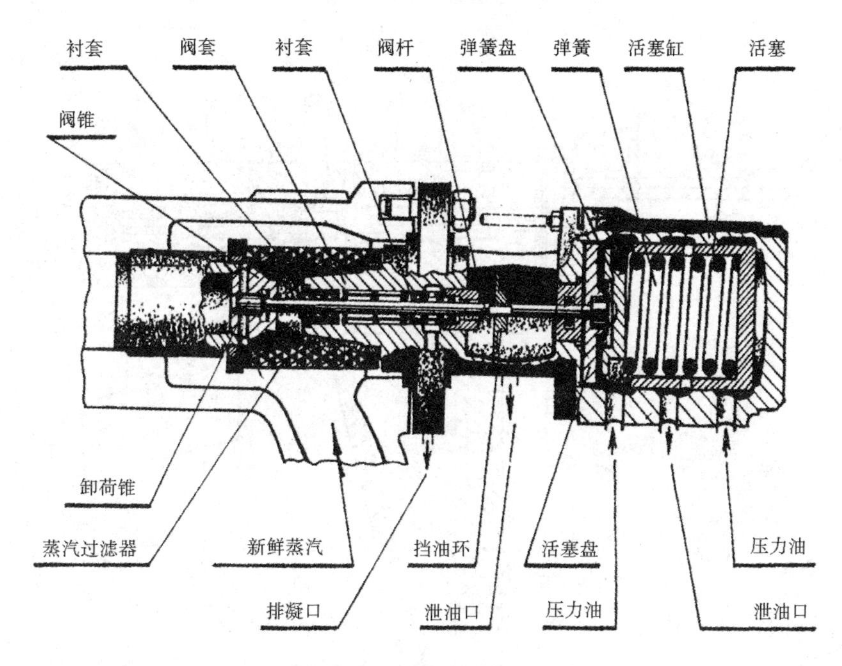

图 4－26　速关阀结构图

阀体部分：

新蒸汽经过蒸汽滤网阀锥，在这个阀锥中装有一只卸荷锥，由于它的面积相对阀锥要小得多，因此在速关阀开启时能够减少提升力。在卸荷阀开启后，阀锥后的压差减小，容易被开启。阀套中的衬套有一个轴向密封面，当速关阀全开后，阀杆和衬套之间就不会有漏汽，而阀门关闭时，阀杆和衬套之间的漏汽经排凝口排出。

油缸部分：速关阀是由油压控制的，开启过程是通过启动装置来操作的，压力油经过外侧接口通到活塞前面，使活塞克服弹簧力并将其压向活塞盘，而由启动装置的速关阀油通过内侧的接口进入活塞盘后面，速关油压力将活塞盘和活塞一起推到终点位置，阀门也由阀杆提升而开启，这时活塞前的空间和启动装置中的回油口相通。如果危急保安装置动作，速关油路中压力迅速下降，弹簧力大于活塞盘后油压力，那么活塞盘和阀杆、阀锥被迅速推向关闭位置，活塞盘后残留的部分速关油流入活塞和弹簧空间并经卸压口排出。

（三）保安装置

1. 危急保安装置

当汽轮机在运行中出现故障时，危急保安装置动作，将速关阀的速关油泄掉，使速关阀迅速关闭，切断汽轮机进汽（见图4－27）。

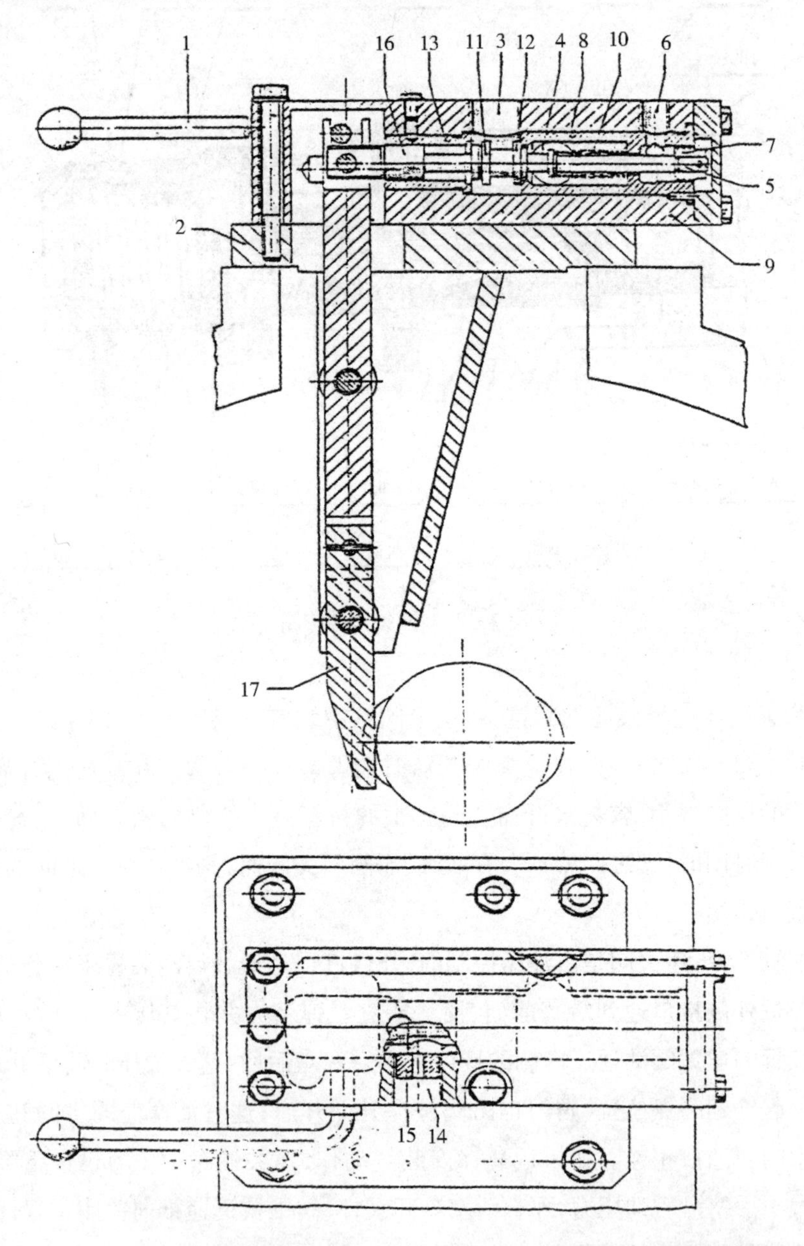

1—杠杆　2—托架　3—通向速关阀的油口　4—回油口　5—滑阀　6—从实验滑阀来的压力油　7—活塞　8—衬套　9—滑阀壳体　10—弹簧　11—控制凸肩　12—控制凸肩　13—衬套　14—压力油进口　15—节流孔板　16—活塞　17—钩

图4－27　危急保安装置结构图

危急遮断滑阀及其壳体通过托架装在前轴承座上,壳体内装有衬套,滑阀可以在衬套中沿水平方向滑动。滑阀上有两个控制凸肩,衬套与滑阀凸肩相应的端面起对凸肩的限位和油路的密封作用。在危急保安装置未投入工作时,弹簧使滑阀处于与衬套(13)端面接触的位置。滑阀的另一端是活塞,它的端部有一扁司和钩的一端相连接,而钩的另一端插在汽轮机转子的两个凸肩之间。

在危急保安装置的滑阀处于工作位置时,压力油从接口流经节流孔板形成速关油进入危急保安装置。由于活塞(16)的环形面积比控制凸肩(12)的环形面积小,使得速关油作用在滑阀上的力大于弹簧的作用力。因此,控制凸肩(12)被紧密地压在衬套(8)的端面上,这样,回油口被切断,速关油经油口流出壳体,通过启动装置进入速关阀。如果危急保安装置的油压下降,滑阀就会被弹簧推向衬套(13)的端面,切断进油,同时将速关油与回油口接通,泄去速关油,使速关阀迅速关闭。

危急保安装置可以通过以下途径操作:

①手动:将杠杆向下压

②转子轴向位移:钩被转子的凸肩抬起

③危急遮断器动作

上述情况均是切断压力油,同时泄掉速关油。

2. 危急遮断器

危急遮断器的作用是当汽轮机转速超过最高连续运行转速的9%～11%时,通过危急保安装置使汽轮机停机。

危机遮断器的结构如图4－28所示,在汽轮机转子前轴端部分按要求加工的径向孔中,装配有两只导向环,上面一只用螺纹套筒压在转子装配孔中的接触面上;下面一只由弹簧压住,两只导向环中装入被弹簧压着的飞锤,飞锤中装有销,旋入螺纹套筒内的螺栓使销不致落到另一侧。

若汽轮机转速升高到规定的动作转速时,飞锤和销的离心力克服弹簧力而使飞锤击出打在危急保安装置的拉钩上,引起速关阀关闭,汽轮机立即停机。

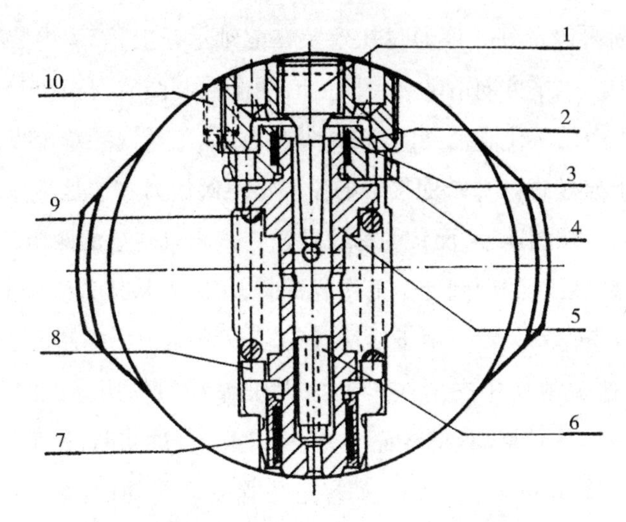

1—螺栓　2—螺纹套筒　3—导向片　4—导向环　5—飞锤

6—销　7—导向片　8—导向环　9—弹簧　10—螺钉

图4-28　危急遮断器

3. 电磁阀

二位三通电磁阀装在进入保安系统的压力油管路上。它可以切断进入危急保安装置的压力油,同时引起危急保安装置动作而将速关油泄掉,最终使速关油快速关闭。电磁阀可以由控制室或某一保护装置来操纵(视需要通过一定的保护装置将要求保护的物理量转换成电信号与电磁阀连锁)。

(四)错油门与油动机

1. 油动机与错油门的作用

油动机通过错油门将由调速器输出的二次油压信号转换成油缸活塞的行程,并通过杠杆系统操纵调节汽阀的开度,使进入汽轮机的蒸汽流量与所要求的流量或功率相适应。错油门从二次油路中得到信号,并控制作为动力的压力油进入油缸活塞的上腔或下腔。

2. 油动机与错油门的结构(图4-29、图4-30)

油动机主要由错油门、连接体、油缸和反馈系统组成。双作用油动机由油缸体、活塞、活塞杆及密封体组成,活塞杆上装有反馈导板及与调节汽阀杠杆相接的关节轴承。错油门的滑阀和套筒装在其壳体中,错油门滑阀的上端是转动盘,转动盘与弹簧座之间装有推力球轴承,弹簧的作用力取决于与调节螺栓及杠杆的位置。

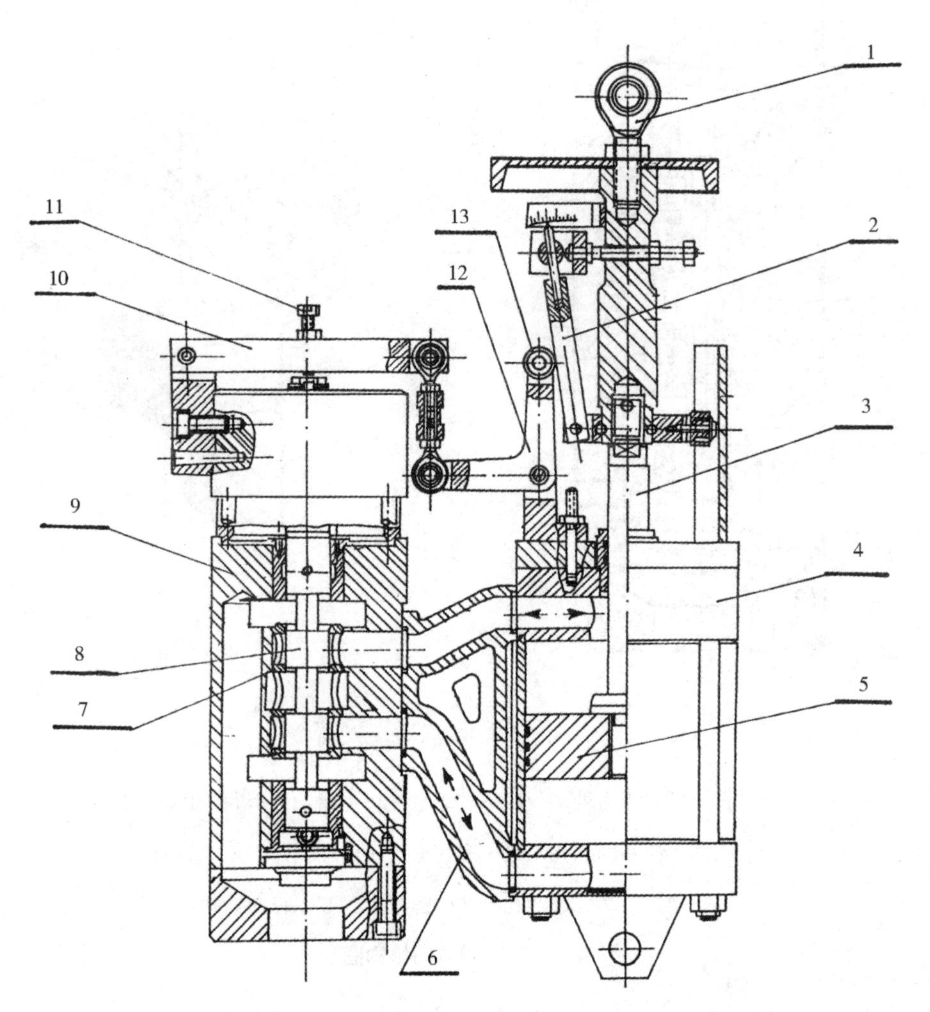

1—关节轴承　2—反馈导板　3—活塞杆　4—油缸　5—活塞　6—连接体　7—套筒

8—错油门滑阀　9—错油门　10—杠杆　11—调整螺栓　12—弯曲杠杆　13—滚针轴承

图4-29　油动机结构图

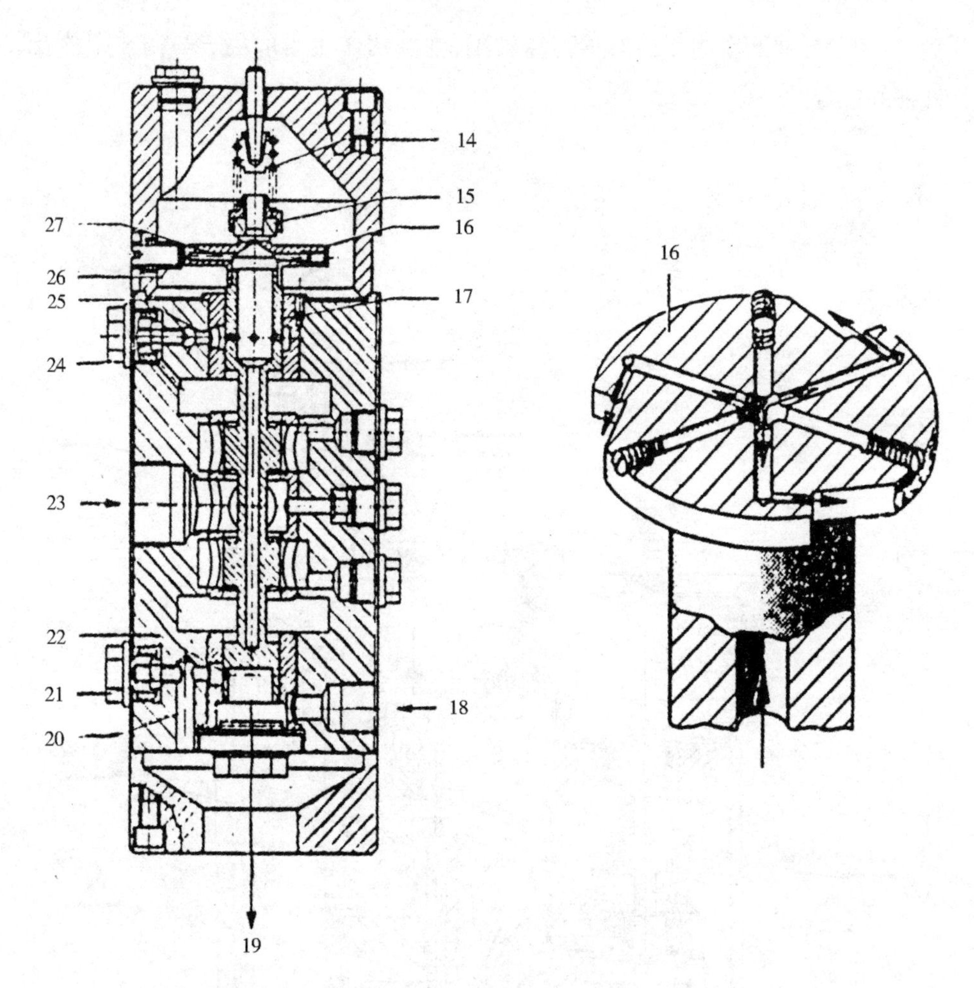

14—反馈弹簧　15—推力轴承　16—转动盘　17—错油门滑阀　18—二次油
19—回油　20—回油孔　21—螺钉　22—回油孔　23—压力油
24—螺钉　25—进油孔　26—螺栓套　27—径向油孔

图 4-30　错油门结构图

3. 错油门工作原理

二次油压的变化使错油门滑阀产生上、下运动，当二次油压升高时，滑阀上移，由接口通入的压力油进入油缸活塞上腔，而下腔与回油口相通，于是活塞向下移动，并通过调节汽阀杠杆使调节汽阀开度增大。与此同时，反馈导板、弯曲杠杆将活塞的运动传递给杠杆，杠杆便产生与滑阀反方向的运动使反馈弹簧力增加,于是错油门滑阀返回到中间位置。通过活塞杆上调节螺栓调整反馈导板的斜度,可改变二次油压与活塞杆行程之间的比例关系。图示的反馈导板是直线,二次油压与活塞行程是线性关系。若反馈导板是特殊型线,则两者也可以是非线性关系。

反馈系统的作用是使油动机的动作过程稳定,它通过弯曲杠杆、杠杆、活塞杆及错油门滑阀构成反馈环节。弯曲杠杆一端的滚针轴承顶在反馈导板上,另一端和受弹簧作用的杠杆调节螺栓连接。

在这里还要对两个问题进行详细介绍,即错油门滑阀的旋转与振动。

压力油从接口进入错油门,并经其壳体内的通道,由进油孔进入滑阀中心,而后从转动盘中的径向、切向孔喷出,由于压力油从转动盘的切线方向连续喷出,因此使错油门滑阀产生旋转运动,通过螺钉调节喷油量的大小,可改变滑阀的转动频率,这一频率可用专门的测量仪表在螺栓套中测出。

为提高油动机动作的灵敏度,在错油门滑阀旋转的同时,又使其产生轴向振动,这是通过在滑阀下部的回油孔(22)来实现的,滑阀每转动一圈该孔便与回油孔(20)接通一次。这时就有一部分二次油压排出,于是引起二次油压下降并导致滑阀下移,当滑阀继续旋转,小孔被封闭时,则滑阀又上移,因此随着滑阀旋转,滑阀一直重复上述动作。这时,就有微量压力油反复进入油缸活塞上腔或下腔,使活塞及调节汽阀阀杆出现微小振动,从而使油动机对调节信号的响应不会迟缓,错油门滑阀的振幅可由螺钉来调节。

(五)调速器

常见的调速器有双脉冲式、SRIV 型、Woodward PG-PL 型、Woodward 505 电子调速器。下面仅就 Woodward 505 电子调速器进行详细的介绍。

1. Woodward 505 调速器介绍

Woodward 505 是美国 Woodward 公司生产的以微处理器为基础的数字式调节器。根据每一台汽轮机的特性和参数对 505 进行组态。

505 接受转速探头送来的频率信号,经内部频率/电压转换器转换后与设定值比较,产生相应的 4 ~ 20 mA 模拟信号,输出至电液转换器(I/H),I/H 把模拟信号转换成相应的二次油压 1.5 ~ 4.5bar,二次油压控制错油门,进而控制调阀开度,控制蒸汽流量,调整汽机出力,使转速稳定在设定值。

图4－31是驱动压缩机的汽轮机的控制回路。压缩机的入口或出口压力可转换成模拟信号4～20 mA给Woodward 505，以遥控信号改变505的设定值来控制转速。

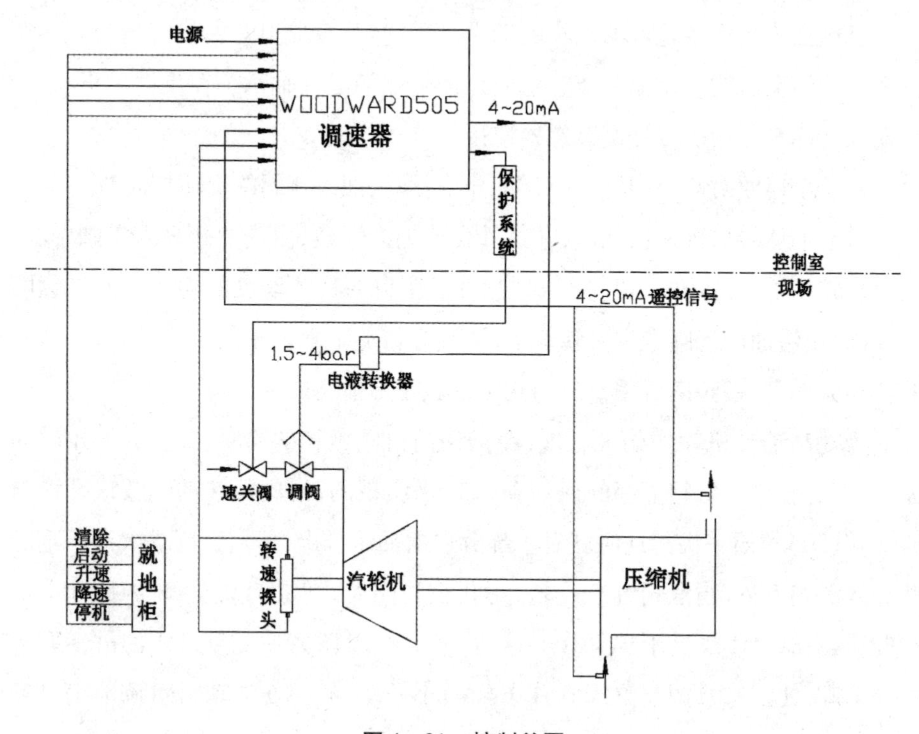

图4－31　控制总图

汽机的启动、暖机、升/降速可以在505面板上完成。安装在汽机旁的就地柜上一般设置必要的按钮，也可以完成上述功能。但505面板操作有优先权。

利用505可以进行汽机的超速试验，505面板上会显现报警信号。505出现跳闸信号给保护系统，切断油路，关闭速关阀，可以保证汽机安全。

2. Woodward 505面板介绍

图4－32是505控制面板，由LED显示屏和30个按键组成。LED可同时显示两行，每行24个字符，可在组态和运行时显示和监视参数。30个按键的功能介绍如下：

◀ ▶

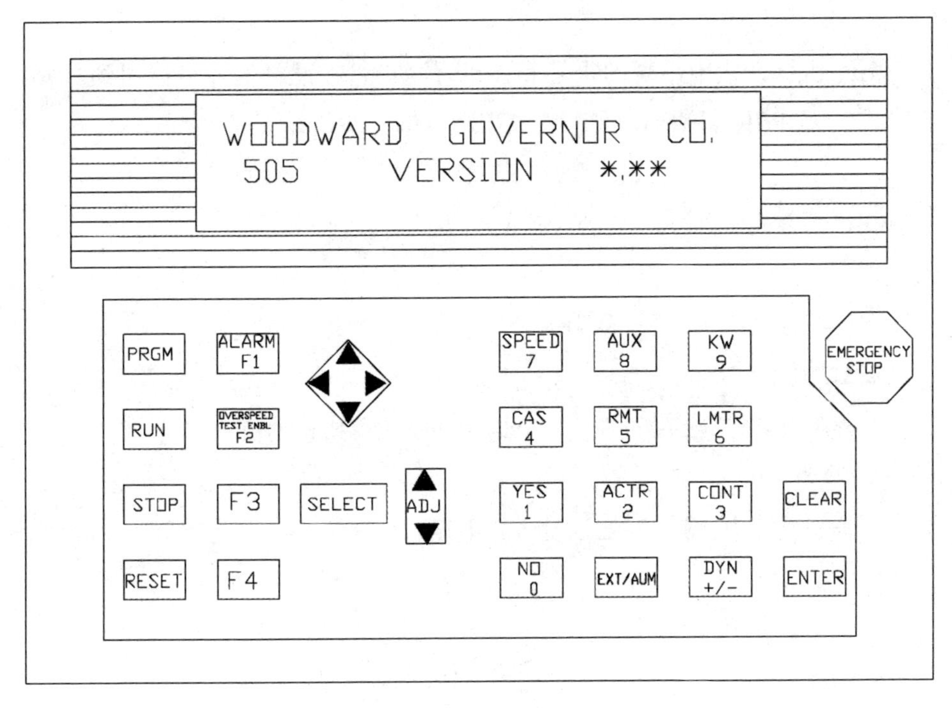

图 4－32　505 控制面板

向左或向右移动功能模块

在某一功能模块中向上或向下移动子模块

ADJ ↑ ADJ ↓

在运行方式中增大或减少某一可调参数

PRG

按此键，停机时调节器由 CONTROLLING　PARAMETER　PUSH　RUN　OR　PRGM 状态转入程序状态；运行时，进入菜单。（只能监测，不能修改）

RUN

按此键，调节器由 CONTROLLING　PARAMETER　PUSH　RUN　OR　PRGM 状态转入运行状态。

STOP

运行方式中，按此键可使汽轮机可控停机。

RESET

清除运行方式中出现的报警和停机,停机后,按此键使调节器回到 CONTROLLING PARAMETER PUSH RUN OR PRGM。

0/NO

在程序方式中,输入 0 或 NO;在运行方式中,执行 NO。

1/YES

在程序方式中,输入 1 或 YES;在运行方式中,执行 YES。

2/ACTR

在程序方式中,输入 2;在运行方式中显示执行机构的位置。

3/CONT

在程序方式中,输入 3;在运行方式中显示控制参数。

4/CAS

在程序方式中,输入 4;在运行方式中显示串级调节信息。

5/RMT

在程序方式中,输入 5;在运行方式中显示遥控信息。

6/LMTR

在程序方式中,输入 6;在运行方式中显示阀位控制信息。

7/SPEED

在程序方式中,输入 7;在运行方式中显示转速调节信息。

8/AUX

在程序方式中,输入 8;在运行方式中显示辅助调节信息。

9/KW

在程序方式中,输入 9;在运行方式中显示功率信息。

CLEAR

退出功能模块。

ENTER

用于输入新数值。

DYN/ + -

在程序方式中,输入正负号;在运行方式中,显示动态参数。

EXT

在程序方式中,输入小数点。

ALARM(F1)

当键上的指示灯量时,按此键显示报警原因。

OVERSPEED TEST ENBL(F2)

与 ADJ↑同时操作,允许提升转速基准超越调节器上限转速,以进行超速试验。

F3

可组态的功能键。

F4

可组态的功能键。

EMERGENCY STOP

紧急停机键。

3. 调节系统概述

该调节系统用于驱动压缩机的汽轮机。它的主要功能是控制汽轮机的转速和压缩机的压力,对转速做无差调节,与 DCS 进行直接连接,实现中控启动和运行监控。Woodward 505 具有网络通信口,可以与管理系统实现联网。

调节系统主要由两个转速传感器、数字式调节器 Woodward 505、电液转换器、错油门/油动机和调节汽阀组成。速关组合件上装有电液转换器和停机电磁阀,是保护系统的主要部分。

Woodward 505 同时接受转速传感器的汽轮机转速信号和来自压缩机的控制信号,转速设定值和转速实际值进行比较后 505 输出执行信号 4 ~ 20 mA 给电液转换器,转换成相应的二次脉冲油压给错油门/油动机,操纵调节汽阀,实现转速/功率调节。

汽轮机超速时,505 电超速保护动作,停机电磁阀相应动作,切断速关油,关闭速关阀,同时关闭调门,机组停机。

汽轮机超速时,危急遮断器动作,危急保安装置切断速关油,则速关阀关闭,同时关闭调阀,机组停机。

五、辅助设备

(一)冲击式盘车装置

冲击式盘车装置的结构及作用原理见图 4 - 33、图 4 - 34、图 4 - 35。

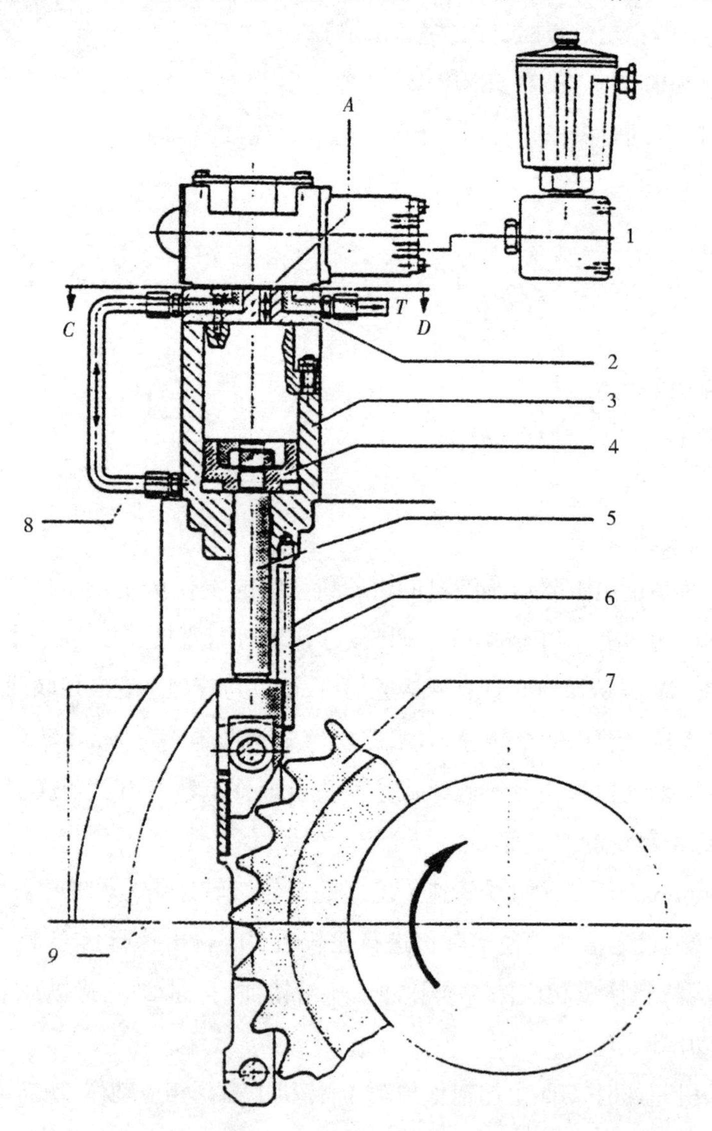

1—电磁阀 2—连接板 3—压力油缸 4—活塞 5—活塞拉杆
6—导向杆 7—棘轮 8—销轴 9—框架

图 4 - 33 冲击式盘车装置的结构

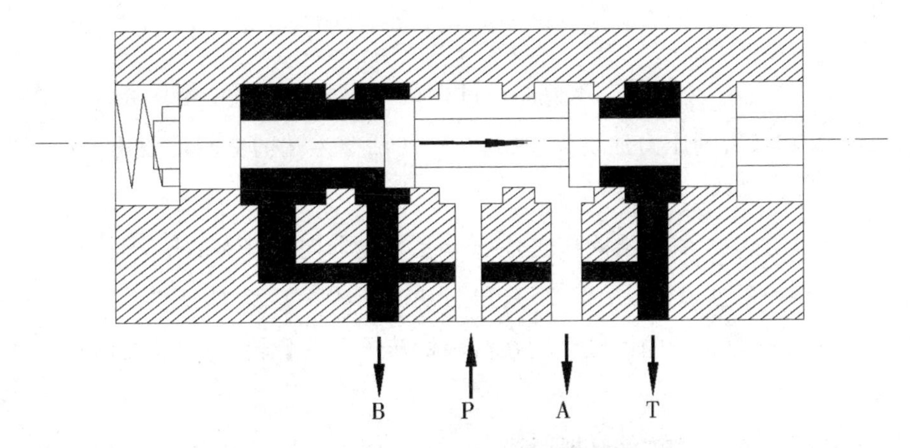

图 4－34 原理图：电磁阀没有激磁

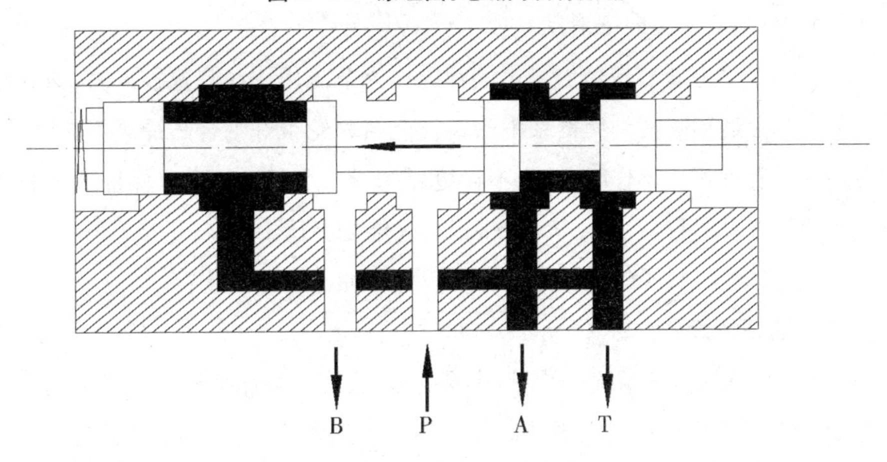

图 4－35 原理图：电磁阀被激磁

如果汽轮机热态停机，汽轮机转子不再转动，在冷却的时候，经过一定的时间间隔会出现转子弯曲，这种弯曲在立即重新启动时会产生明显的影响。由于转子偏心，通过摩擦可以引起叶片汽封或者叶片的严重损坏。此外，转子的不平衡会产生过大的振动，这样可能引起轴承过早磨损。

如果在这个停车冷却阶段让转子连续而有节奏地转动，就不会危及汽轮机的再运行。冲击式盘车装置在每次运动中都使汽轮机转子旋转一定的角度，以满足这个条件。CCR 装置循环氢和新氢压缩机使用的就是冲击式盘车装置。

冲击式盘车装置主要由电磁阀、压力油缸、活塞和框架组成，连接板把电磁阀和装在后轴座上的压力油缸连接在一起。压力油缸中有活塞及活塞拉杆，压力油缸上有一个导向杆，它起引导活塞拉杆的作用，活塞拉杆上固定着可摆动的框架。

连接板带有多个油孔。压力油经过接口 P 引向电磁阀的滑阀壳体。如果电磁阀没有激磁,则压力油要流向接口 A,使活塞上端的空间形成压力(见图 4-34)。

如果电磁阀被激磁,滑阀移向另一末端,关闭通向接口 A 的压力油通道,同时打开油路 B 的通道(见图 4-35),压力油流到活塞下面,活塞带动拉杆和框架一起向上压,框架中的销轴作用在汽轮机转子上的棘轮,使汽轮机转子旋转一定的角度。

若切断电磁阀,则弹簧又把滑阀压向它原先的位置,油路 B 无压力,压力油 P 向 A 转向,则活塞又向下滑动。

在回油管 T 上装有带位置指示的针阀作为节流用。在装置投入时,该针阀使活塞的向上运动减慢到使框架中的销轴能与棘轮很好啮合。针阀不能全关。冲击式盘车装置停止工作时,首先不让电磁阀投入运行。这可以保证活塞处于最下面的位置,而只有在等了 15 秒钟以后才能切断压力油。

只有当汽轮机转子停止转动时才可以操作冲击式盘车装置。

(二)油系统设备

汽轮机必须设置油系统,为了简化系统结构,往往与压缩机的油系统组合在一起,形成整个机组的统一油系统。其作用主要是供给机组各轴承润滑油,使轴颈和轴瓦之间形成油膜,以减少摩擦损失,同时带走由摩擦产生的热量和由转子传来的热量;供给动力驱动、调节系统和保安装置用油;供给油密封装置密封油以及大型机组的顶油装置用油。供油系统必须在任何情况下都能保证可靠用油,否则会引起轴瓦乌金的损坏或熔化,影响动力控制,严重时会造成设备的损坏事故。

汽轮机组的油系统是由贮油箱、油泵、油冷却器、油过滤器、安全阀、止回阀、调压阀、控制阀以及高位油箱、蓄压器、油管路等组成。

1. 油箱

油箱除具有储油任务之外,还担负着分离空气、水分和各种机械杂质及气泡的任务。回油从一侧进入油箱,吸油在另一侧,中间由垂直的隔板隔开。油箱的底部具有一定的坡度或做成圆弧形,并在最低处设有排污管,以便定期排除油箱中的水分和沉淀物。油箱的吸油管侧装有油位计,指示油箱的油位。为了使油中机械杂质能沉淀下来,油箱中的油流速度应尽量缓慢,回油管尽量布置在接近油箱的油面,以利于气泡的逸出。油箱上均装有排烟管,用来排除油箱中的空气和其他气体。容量较大的汽轮机,在油箱上还装有排烟风机,除了排出油箱中空气和其他气体,还可使油箱保持一定的负压,使回油畅通。负压不宜过大,以免吸入灰尘和杂质。油箱的容积越大,油箱中的油流速度越小,有利于空气、水分及杂质的分离。但油箱的容积太大,不仅给现场布置带来困难,而且还要多消耗钢材。通常用循环倍率 K 来表示油系统的相对情况,它表明所有油量每小时通过油系统的次数。若以 Q 表示系统每小时的油流量,V 表示油系统的容积,则循环倍率 $K=Q/V$。通常规定 $K=8\sim10$,K 值越大,说明油每小时通过油系统的次数越多,油在油箱中分离效果差,油容易劣化。为了便于冬季开车时控制油温,有的油箱下部还设有加热装置,如蒸汽加热盘管或夹套。

2. 油泵

工业汽轮机油系统设有多种油泵,如主油泵、辅助油泵和事故油泵等。有的主油泵与主轴相连,有的单独设置,常用的油泵形式有齿轮泵、螺杆泵和离心泵,某些机组还采用注油器。

3. 油冷却器

油冷却器是一种表面式热交换器,油走管外,冷却水走管内,用来降低油质的温度,使油温保持在35 ℃~40 ℃。管束胀接在固定管板和活动管板上,油在管外流动,冷却水在管内流动,产生热交换,将油的热量带走。油侧压力要高于水侧压力,以保证即使管束泄漏,也不会发生冷却水漏入油中使油质恶化的现象。一台机组常备有两台以上的油冷却器,既可保证冷却效果,又可轮换进行检修。

4. 油过滤器

汽轮机油系统要求清洁度很高,一般过滤精度为20~40 μm左右,因此在油泵进口处设有粗过滤网,经过油冷却器之后,还要经过精细地过滤。常用的过滤器为网式或纸制滤芯,一般设置两台,每台都可单独处理全部流量,一台运行,另一台备用或清洗。过滤器前后有测压仪器,当过滤器的压差上升到一定程度时就会报警,说明过滤器较脏,需要清洗。

5. 高位油箱(事故油箱)

安装在机组高5~8 m处,确保机组在发生停电或停车事故时,机器每个润滑油部位具有必要的润滑油,其容量应保证供油时间不少于 3 分钟,对转动惯量较大的机组,应适当地增大油箱的容量。

6. 油蓄压器

润滑油系统中设有油蓄压器,用来稳定润滑油压力。在主油泵停车、备用油泵启动的瞬间,油蓄压器能够维持一定的润滑油压,而使机组不因正常的油泵切换而误停。油蓄压器内有蓄压器球囊,球囊内按规定压力充上氮气,用来稳定油的压力。

(三)抽气器

抽气器的任务是将漏入凝汽器内的空气和蒸汽中所含的不凝汽气体连续不断地抽出,保持凝汽器始终在高度真空下运行。抽气器运行状况的优劣,影响着凝汽器内真空度的大小,对机组的安全、经济运行起着重要的作用。

抽气器的工作原理:图 4 - 36 为喷射式抽气器的示意图,它由喷嘴 A、混合室 B、扩压管 C 组成。工作介质通过喷嘴 A,由压力能转变为速度能,便在混合室中形成了高于凝汽器内的真空,达到把气、汽混合物从凝汽器中抽出的目的。为了把从凝汽器中抽出的气、汽混合物排入大气,在混合室之后设有扩压管 C,把工质的速度能再转变为压力能,以略高于大气压力将混合物排入大气。抽气器的整个工作过程可分为三个阶段,分别为介质在喷嘴内的膨胀增速阶段,工质与混合室内的汽、气混合物相混合阶段以及超音速流动的压缩阶段。

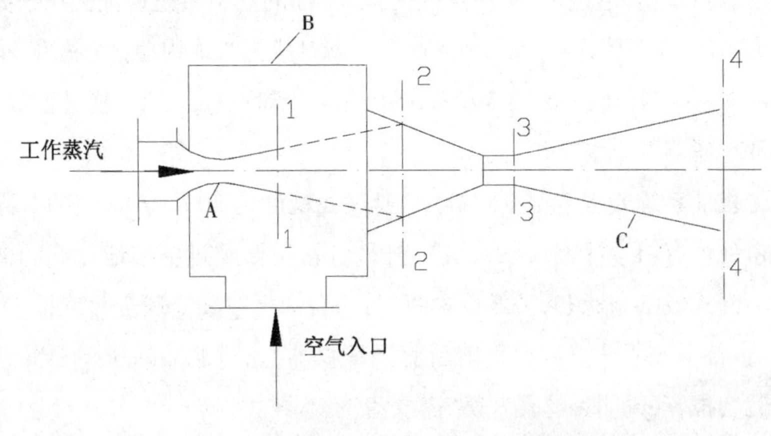

A—工作喷嘴　B—混合室　C—扩散管

图 4 - 36　喷射式抽气器示意图

抽气器分为射汽抽气器和射水抽气器,以过热蒸汽为工作介质的抽气器叫射汽抽气器,以水作为工作介质的抽气器称为射水抽气器。

1. 启动抽气器

启动抽气器的任务,是在汽轮机启动前抽出汽轮机和凝汽器内的大量空气,使凝汽器内加快建立真空的速度,缩短机组的启动时间。另外,在运行中当汽轮机真空系统严重漏汽,凝汽器内真空度下降至 80 KPa 以下时,可临时投入启动抽气器,维持机组的运行,待漏汽消除后再将其停止。

启动抽气器的特点是抽气量大,结构简单。其缺点是建立的真空较低,工质不能回收,直接排入大气,热损失大,不经济。所以,在运行中,一般情况下不使用启动抽气器,只将它作为一种备用设备。启动抽气器能够达到的真空度一般只有 80 KPa 左右,只有当凝汽器内的真空低于 80 KPa 时才可投入启动抽气器。若凝汽器内真空高于启动抽气器的最高真空时,不得投入启动抽气器。启动抽气器的工作原理和构造与图 4 - 37 所示的喷射式抽气器基本相同。

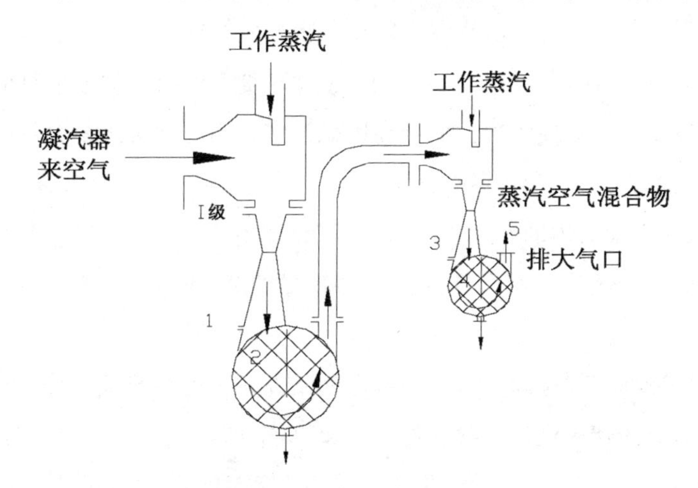

1—第Ⅰ级抽气器　2—中间冷却器　3—第Ⅱ级抽气器　4—外冷却器　5—排空气口

图 4 - 37　两级抽气器简图

2. 主抽气器

主抽气器一般是由两个射汽抽气器和两个冷却器组成,称为二级抽气器。大机组一般使用三级抽气器,其工作原理与二级抽气器相同。如图 4 - 37 所示,新蒸汽管或压力适当的抽汽管,将蒸汽引至抽气器喷嘴,蒸汽进入喷嘴后开始膨胀加速而进入混合室中,在混合室中形成了高度的真空,从而把凝汽器内的气、汽混合物抽了出来,在混合室内与高速汽流掺混后进入扩压管中。气、汽混合物在扩压管中流速降低,压力逐渐升高,当压力升至凝汽器压力与大气压力中间的某一数值时,便排入第一级抽气器的冷却器中。蒸汽在冷却器中绝大部分被冷却凝结成疏水,未凝结成疏水的气、汽混合物经连通管进入第二级抽气器,被第二级抽气器的扩压管压缩至比大气压力稍高的压力,再排入第二级的蒸汽冷却器,在冷却器中绝大部分蒸汽被冷却凝结成疏水,剩余的少量气、汽混合物排入大气中。

主抽气器冷却器采用凝结水泵出口管的凝结水做冷却水,吸收工作蒸汽的凝结潜热和回收工质,使从凝汽器中抽出的气、汽混合物还能得到再冷却,保证抽气器在高效率下工作。汽轮机启动、停机或低负荷运行时,由于凝汽器内的凝结水量过少,不能满足抽气冷却器的需要,因此,在抽气冷却器出口管上增设了凝结水再循环管。当抽气冷却器通过的冷却水量不足时,即可开放凝结水再循环阀,使部分或全部凝结水再回至凝汽器中冷却,循环使用。

在射汽式抽气器中,气、汽混合物在一级扩压管的压力升高不能过大,否则其效率将下降,因而现代发电厂使用射汽抽气器的机组。除辅助抽气器外,主抽气器一般采用两级抽气器。大型高压机组多采用三级抽气器,其目的是提高抽气器的效率。为了配合多级抽气器气、汽混合物在扩压管中逐级增压的原则,冷却水在冷却器内的冷却顺序,先由一级开始逐级冷却。在汽轮机设备中,抽气器的蒸汽消耗量平均为新蒸汽总消耗量的0.5%~0.8%,小机组可达到1.5%。

为了保证抽气器在新蒸汽压力偏低的条件下仍能稳定地工作,工业上一般采用经过节流的新蒸汽作为抽气器的工作蒸汽,即在喷嘴入口管处设一节流孔板。对于高压机组,抽气器的工作压力采用1.5 MPa~2.0 MPa,中小机组采用0.5 MPa~1.5 MPa。

虽然射汽抽气器抽气效率低,但其结构简单,能回收工作蒸汽的热量和凝结水,这是比较经济的,因而在很多机组中被广泛应用。

多级抽气器比同样抽气能力的单级抽气器消耗的蒸汽量少。三级抽气器的汽耗量约比两级抽气器少10%。

六、汽轮机的启动、停机和运行

(一)启动前的检查

工业汽轮机组是一个复杂的机组,这里以汽轮机驱动离心式压缩机为例,说明机组的启动与准备。

汽轮机驱动离心式压缩机的启动过程中,汽轮机和压缩机从静止状态加速至额定转速,从室温加热到额定功率下温度,压缩机出口压力从低压上升到额定压力,机器的各个零部件的工作条件都处于剧烈的变化之中。启动前的准备工作是运行的首要环节,它是关系到启动工作能否顺利、安全进行的重要条件,准备工作的疏忽可能使机组启动时间拖长,不能按时投产,严重时还会造成设备的损坏。启动前,应当检查汽轮机组所有曾经进行过检修的地方,肯定检修工作已经全部结束,确认机组各个部分均已处于正常状态。影响操作的杂物、易燃物品应当清除干净,并应做好机组清洁工作,在此基础上进行下列检查与准备工作。

1. 汽轮机的检查与准备

认真检查主汽阀、调节汽阀和其他安全保护装置,要求动作灵活、准确;调节系统传动机构应当加以润滑,螺丝、销子、防松螺帽应装配齐全、完好,油动机与调节阀的行程应符合规定,汽轮机与联轴器、变速器、压缩机都应处于完好状态,汽缸和新蒸汽管道上的通大气疏水阀应当打开;其他在启动时影响真空的阀门,以及汽、水可以倒回汽缸的阀门,均应处在关闭位置。汽缸、高温管道及其阀门保温装置应该良好。校正位移、膨胀指示值,如有可能,应当在启动前记录汽轮机冷态时的汽缸膨胀、相对膨胀、轴向位移、上下汽缸温度等原始数值。某些工业汽轮机应当校正汽缸膨胀的零点读数,当汽缸完全处于冷态时,指示值应为零。在推力轴承无磨损时,应当校正推力轴承磨损的指示读数。校正轴向位移指示计和振动计的读数,盘动冷凝水泵的转子,检查有无卡涩现象;打开即将投用的泵的吸入阀,打开排气阀,进行冷凝水泵的联动试验。检查冷凝器的水位,冷凝器气侧应补水至水位计的3/4位置。打开水位计的阀门;打开水室放空阀;检查水位控制器,打开水位报警器上的阀门。检查抽气器上蒸汽滤网,清除阻塞。检查启动抽气器与主抽气器的各个阀门。检查密封蒸汽管线上的各个阀门。检查密封蒸汽压力控制器和仪表。检查主蒸汽管路各法兰接头是否装好。主蒸汽截止,阀门应关闭,疏水阀应打开。

2. 压缩机的检查与准备

检查汽轮机、联轴器、变速器及压缩机各缸之间的轴对中是否符合要求,是否连接可靠。盘车检查压缩机转子与静子是否有碰擦,变速器齿轮啮合是否良好。检查气体管线安装、支承及各弹簧支座是否合适,膨胀节是否能自由伸缩。检查中间冷却器,打开各段中冷却器的壳体疏水阀,排除积水,使疏水阀处于自动排放状态;对中间冷却器管侧通水、排气。各段缸体疏水阀应打开,进行排水,各管道低处的排放阀打开排水,排水后关上。检查压缩机防喘阀门并定位,以免发生喘振。防喘振调节阀应调整在最小允许流量。进行压缩机段中间冷却器高液位报警试验,当各段的中间冷却器、气水分离器的液面超过上限值时,应发出报警信号。

3. 测量仪表、信号的检查与准备

检查各监测部位的仪表、信号是否配全;仪表的指示读数应经过检验、校准;遥控仪表与总控制室配合试验,确认动作正常。检查仪表空气系统,检查控制仪表的整定值;接通仪表电源;打开仪表风压管阀门;记录仪表应调整记录纸上的时间。检查和试验通信设备和联络信号。要特别注意对仪表、信号的检查与试验,不准确和不可靠的仪表和信号,会使我们判断错误、丧失警惕,有时会造成比没有这些仪表还要大的损失。

4. 油系统检查、试验与调整

检查油箱油位,不足则应加油,检查油位计,检查油温,若低于 23 ℃则应使用加热器,使油温在 23 ℃以上。油冷器、油过滤器应充满油,放出空气。检查油冷器的冷却水系统,油冷器与过滤器的切换阀位置不得弄错,应切换到需要投用的一侧。主油泵和辅助油泵都应进行检查和试运转,并做联动试验,确认工作正常且转向正确后,辅助油泵可首先投运,进行油循环。温度计、压力表应当配全,量程合格,工作正常。油流窥视镜可用于观察油的流动情况。向蓄压器充氮,将干燥的氮气充到蓄压器中,使蓄压器内气体压力保持在规定数值。调速系统油压调整,首先开动辅助油泵进行油循环,当油温循环至 24 ℃以上时停辅助油泵,并把开关拨到自动启动位置。开动主油泵调整油压,采用调节泵的出口管线至回油箱的压力调节旁通闸阀,使调速系统油压达到规定值。调速油压达到要求后，应对润滑油压进行调试，采用调节滤油器出口管线减压阀，或手调旁通阀门，使润滑油压力达到规定值。但要注意，绝对不允许手调润滑油出口总阀，此阀在运行时应处于常开位置，对此阀应采取防动措施。调速油低油压试验，目的是验证主油泵停机或因其他原因调速系统油压过低时，辅泵能否自动启动。常用的试验方法有两个：一是当主油泵工作正常时，将主油泵停运，使油压下降，到整定值时应发出报警信号，观察辅泵能否立即自动启动；二是主泵正常工作时，将泵出口至回油箱的旁通阀全开，或手动调润滑油进口阀门，让油压下降到整定值时，应发出报警信号，辅泵应自动启动。润滑油低压试验的目的是验证当润滑油压力下降至整定值时，是否会发出报警信号，并使辅泵启动；并验证压力开关性能及停车信号系统。试验方法可通过改变滑油管线上的阀门开度，使润滑油压力下降。初次投运时，应当进行油箱油位高、低报警试验，采用向油箱放油或加油的方法改变油位，达到整定值时应发出报警信号，加油时应当将油过滤。具有密封油系统的机组，应进行密封油系统试验，通过调整密封油槽的液位控制器的仪表气源压力，当达到各整定的极限值时，应分别发出“高液位报警”或“低液位报警”，辅助油泵启动，主汽阀跳闸。

5. 主汽阀跳闸试验、电磁阀试验

为了确保安全，每次从完全停机状态准备启动时，都应进行主汽阀跳闸关闭试验和电磁阀试验。这种试验不仅在启动前进行，在启动之后低速运转时也可进行一次。进行试验前必须使油系统运行，建立正常油压。主汽阀试验时，关闭蒸汽总截止阀，主汽阀挂闸，将手动紧急停机手柄复位。操作紧急停机手柄，观察主汽阀动作，主汽阀应当迅速脱扣关闭。电磁阀试验时，用仪表室或控制室的手动电磁阀按钮，使电磁阀通电；保安油系统卸压，确认主汽阀能迅速跳闸关闭，试验后将主汽阀挂闸复位。

（二）汽轮机冷态启动

工业汽轮机组的冷态启动是操作中最复杂、最全面的过程，机器要经历从静止到额定转速，从室温到高温，从零负荷到额定负荷，从小流量到大流量，从低压到高压等全部变化过程，各部件须经受加热、加速和加力的变化。

1. 启动油系统

调整油温、油压，检查过滤器的压力降、高位油箱油位，通过窥镜检查径向轴承和止推轴承的回油情况,检查调节动力油和密封油系统,启动辅助油泵停主油泵,交替开停。

2. 暖管

汽轮机冷态启动时,当蒸汽进入冷态的蒸汽管道时,将使管壁受热而温度升高,同时蒸汽急剧凝结变成水。因此,暖管必须与管道的疏水密切配合,使积聚在管中的凝结水能及时疏出而不产生管道的水冲击。水冲击严重时会造成汽阀或汽管的连接法兰破裂。当这些水被高速蒸汽流带入汽轮机时,汽轮机内部产生水冲击而使轴向力大增,并可能损伤转子和叶片。

一般所说的暖管是指主汽阀前蒸汽管道的暖管,预热主汽阀前的管线和汽室,检查锅炉供汽的温度和压力。主汽阀至调节汽阀一段管路的暖管,一般与启动暖机同时进行。暖管所需要的时间取决于管道长度、管径尺寸和蒸汽参数以及管道强度所允许的温升速度。当温升太快时,管道内外壁温差很大,会引起很大的热应力。一般中参数机组暖管时间为 20 ~ 30 分钟,高压机组为 40 ~ 60 分钟左右。

暖管过程分两步进行,即分低压暖管和高压暖管。低压暖管是用低压力大流量的蒸汽进行暖管,汽压一般维持在 0.25 MPa ~ 0.3 MPa,而对高参数大功率机组则保持在 0.5 MPa ~ 0.6 MPa。对金属加热要均匀,对管道较为安全。暖管时可通过开启总汽阀的旁通阀来进行,但速关阀必须关闭。暖管同时与疏水配合,应打开疏水阀。低压暖管刚开始时蒸汽管道的壁温约为室温,比低压暖管压力的饱和温度(约 150 ℃左右)要低很多,蒸汽进管后在管壁上急剧凝结,此时蒸汽放热是以凝结放热为主,金属温度升高很快。因此必须严格控制管内蒸汽压力,不使之过高,控制进汽阀门和疏水阀门的开度,以控制新汽流量。当管壁温度已升高到低压暖管压力下的蒸汽饱和温度 150 ℃左右时,而且管壁内外温差不大,便可以升压暖管。逐渐开大进汽阀门,将压力逐渐升到额定压力。升压速度取决于管道强度所允许的温升速度,一般中参数汽轮机组升压时允许管道温升速度为每分钟 5 ℃ ~ 10 ℃,高压汽轮机升压速度为每分钟 0.1 MPa ~ 0.2 MPa,温升速度每分钟不得超过 3 ℃ ~ 5 ℃。暖管时应注意防止蒸汽漏入汽轮机内,注意调节汽阀的关闭,以防止上下汽缸温差过大,转子热弯曲。暖管期间可以启动抽气器及油泵,使润滑油系统开始循环,凝汽设备投入运行,这样可以加速暖机过程，并减少建立真空的时间。此时，盘车装置也可以投入运行。

3. 疏水

在暖管和启动之前要观察疏水系统工作是否正常，主汽管、主汽阀上、下部以及汽轮机本体的疏水阀、疏水器都应工作可靠。通入蒸汽之后，管路和汽轮机内任何部分都不应当有凝结水积聚。因此，在启动时必须将各个疏水阀全部打开，直到喷出的蒸汽不带颜色为止。一般当汽轮机所带的负荷达到正常负荷的10%～15%时，才可以将疏水阀完全关上，这时疏水可通向疏水器。刚启动时，管路、阀门和汽缸的疏水容易混有杂质，水质不纯，没有回收的必要。在正常运行时应当定时检查疏水阀，将水放尽冒出无色蒸汽后再马上关上。

4. 盘车

在机组启动时，如果转子不是在运动状态下加热，而是在静止状态下通入蒸汽，则转子会发生不均匀的热变形，使得转子向上产生弯曲，影响径向间隙，产生振动，甚至产生事故。因此在启动冲转之前，在暖管时可以启动润滑油系统，并使盘车装置投入运行，使转子缓慢转动后，才可以向轴封供汽，加速抽真空。

汽轮机在停机后，它的零部件逐渐冷却，这个过程的进行要经过若干小时，对大型工业汽轮机来说，它的轴要经过30～40小时以后才能达到周围环境温度。如果轴不是在运动中逐渐冷却的话，就会产生变形和弯曲。转子上部温度较高，因为热空气向上升，处在热的环境中，而轴的下半部处在较冷的环境中，因为冷空气积聚在下部。转子上、下部的温度差竟可以达到50 ℃～60 ℃，因此转子(主要是轴)下面的金属材料较上部先发生收缩，以致使轴产生向上弯曲。弯曲程度开始时逐渐增大，以致使汽轮机某一段时间内不允许再启动。此段时间内如果启动，由于轴的弯曲最大，容易造成转子和静子的碰撞和强烈的振动，以致发生事故。超过一定时间之后，机内温度趋于平衡，轴的温度也趋于一致，轴开始逐渐伸直。因此，每台汽轮机在停机之后都有一段时间不准机组再启动。这段时间的长短因机、因地而异，可以通过实验的方法来测定，可用千分表准确测出轴的变形与时间的关系曲线，此曲线可作为开车的参考，有的制造厂说明书中有规定。

盘车是减少轴弯曲变形的良好方法，根据各机组情况，盘车可有两种：一种是手动盘车(定期盘车),对没有盘车设备的机组只好用手动盘车,即定期将转子转动180°,这样原来向上弯曲的部分,转动后便逐渐开始变直,然后再向相反的方向弯曲。但必须注意,要准确地转动180°,否则这种措施会收不到效果。如果需要再启动的话,最好选在两个转动时间间隔的中间,这时转子正好接近伸直状态。

盘车间隔时间随机组不同和停机以后时间不同而不同,这取决于转子弯曲变形速度,而变形速度又与转子结构、尺寸和汽轮机转子的上、下部分温差有关。若结构尺寸一定,则只与上、下部分温差有关。因此,每次盘车间隔时间也该相应地变化,即刚停机时上、下部分温差小,盘车的间隔时间可稍长,此后由于转子上、下部分温差增加,盘车间隔时间可以适当缩短。再以后,机内温度又趋向均匀,转子上、下部分温差又少,盘车间隔时间又可延长,当转子变形小到一定数值时即可停止盘车。在实际过程中,为了操作上的方便,盘车过程做了适当的简化,一般在停机初期(如4~8小时之内)每隔15~30分钟盘车一次,此后将盘车间隔时间逐渐延长,甚至每隔1~2小时盘车一次;一般先每隔30分钟,过4个小时每隔60分钟将转子转180°。总之,只要保证在每次盘车时,转子的挠度不超过安全启动所允许的最大挠度(0.03 cm~0.05 cm),就可以使汽轮机安全启动。具体盘车时间要遵照各机组制造厂的规定。

另一种盘车方法是电动盘车(连续盘车)。在汽轮机停机后冷却的全部阶段内,或者启动前一定时间内,利用电动盘车设备不断地慢慢转动转子,使转子均匀受热、均匀变形以达到安全运转的目的。这种装置在一般工业汽轮机组上都有。停机时,汽轮机转子在完全静止以后,必须立即投入盘车装置。在启动时,必须先开动盘车,然后才可向轴封供汽。各机组应当按照制造厂规定的盘车时间和盘车方式进行盘车。当然,盘车之前必须将润滑油系统投运。如果停机时打算不久即将再次启动,应当在转子静止到下次转子冲动前的一段时间内进行连续盘车。连续盘车时间对高压机组一般不应少于3~8小时,中压机组不应少于1~2小时,在此之后可改为定期盘车,在启动之前应再改为连续盘车。一般机组应在转子冲动前两小时进行连续盘车。

应当注意,盘车时应尽可能地保证轴承的必要的润滑条件,以免损坏轴瓦。盘车时,转子以低速转动,在轴颈处不能形成正常的油膜,可能形成半干摩擦,轴承的轴瓦会发生额外的磨损，因此盘车时间也不要太长。

对于没有盘车设备的机组，在转子冲动前暖管阶段最好定期手动盘车，使转子上、下部分均匀受热。转子冲动后，应当在低速下充分进行暖机，低速暖机时间不应太短，以弥补没有连续盘车的缺陷。停机后最好设法手动盘车，停机到下次再启动时间相隔不应太近，以消除转子变形，使转子恢复正常。

没有盘车设备，手动盘车也相当困难的话，不盘车进行启动时，最好在转子冲转后再向轴封供汽，以免转子在静止时受热变形。如果轴封不供汽不能建立必要的起重力真空的话，在轴封供汽后，要马上冲动转子，中间时间不要拖得太长，以免转子静止受热时间太长产生变形。

5. 建立真空

冷凝式汽轮机在转子冲动前，循环水泵、冷凝水泵和抽气器等设备都已投入运行，目的就是建立必要的启动真空。启动真空度高，也就是冷凝器内绝对压力低，从而使汽缸内压力低，则机内空气密度小，转子转动时，摩擦鼓风损失就小，转子冲动时阻力小，可以减少冲动转子所需要的蒸汽量。这样做，一方面减少蒸汽消耗，提高经济性；另一方面又可以减少叶片所受的力。因为叶片所受的力与蒸汽流量成正比，这对提高安全性是有好处的。另外，真空度高亦即排汽压力低，相应的排汽温度也低，对冷凝器来说也是安全的。如果启动真空度低，则转子冲动时阻力大，启动汽量大，除了不经济，叶片受力也大，冷凝器所承受的排汽温度高，这对叶片和冷凝器的安全都是不利的。如果真空度太低，阻力大，若主汽阀开度不足，则可能造成转子一时冲动不起来，而蒸汽又已进入机内，会形成“静止暖”现象。一般说来，转子在静止状态是严禁通入蒸汽的，因为这会造成轴的弯曲。如果转子是处于盘车状态，情况可能稍好一些。所以除制造厂有特殊规定的机组，一般不允许在过低的真空下冲动转子。

一般工业汽轮机冲动转子时真空要求达到450～500 mmHg，最低不应小于300 mmHg。在这样的真空下冲动转子，在转子转动后真空不会降到100 mmHg以下，大气安全阀不至于动作，有的机组应用的单管真空计也不至于被吹掉。同时在这样的真空下，冲动转子排汽温度不太高，可减缓排汽缸的膨胀速度，对减少汽缸热应力也是有利的。一般中压机组启动真空为正常真空的60%～70%，随着转速的增加，真空也应随之上升。有的工业汽轮机要求启动时真空应达到600 mmHg,而升速时真空应在650 mmHg以上。没有明确规定的机组,在启动时真空至少应当达到350mmHg以上。

6. 轴封供汽

当汽轮机转子冲动前,抽气器已经投入工作,如果它所建立的真空值能够达到要求,就可以在不向轴封供汽条件下冲动转子,在冲动后立即向轴封供汽,使真空随转速不断升高。抽汽装置所能建立的真空值与抽气器的性能及轴封间隙的安装、调整质量有关,如果抽气装置不能达到300 mmHg以上的真空或者汽轮机要求在较高的真空下冲动,就应首先向轴封供汽。向轴封供汽的目的是防止空气沿轴流入汽缸,较快地建立有效的真空,并减少叶片受力。如在冲转前向汽轮机轴封送汽,应当在机组连续盘车状态下进行。

汽轮机转子在静止状态下一般禁止向轴封供汽。对于制造厂有特别规定的汽轮机,以及轴封不供汽不能达到启动所需真空的汽轮机,在短时间内向轴封送汽又不至于引起不正常情况发生时,则可以考虑提前向轴封供汽,但应严格遵守供汽时间。转子转动前,供汽时间不能太长,并按制造厂说明书严格执行。因为转子静止时向轴封供汽,轴封处局部温度升高很快,并会从轴封处向汽缸内部漏汽,引起轴颈和转子受热不均匀而发生弯曲,甚至使转子和静子在启动过程中发生碰撞,引起振动,严重的会导致汽轮机的损坏。

有盘车设备的机组,一般可以在连续盘车状态下先向轴封供汽。如果需要的话,对于没有盘车设备的机组,也可在每隔几分钟将转子转动180°的情况下,向轴封供汽。对于不能进行盘车的机组,从安全的角度来说最好在转子冲动后,再向轴封供汽。如果不供汽启动真空建立不起来的话,也可以在冲动转子之前向轴封供汽,但是在转子静止时轴封供汽时间一定不能太长。轴封供汽后,争取尽快冲动转子。

7. 冲动转子

冲动转子是启动操作的关键,真正的启动从这里开始,以前的工作都是属于准备工作。冲动转子是汽轮机由冷态变到热态,由静止到转动的开始。操作关键是控制汽轮机金属温度的升高和转子转速的升高。

转子刚转动时,接近额定温度的新蒸汽进入金属温度较低的汽轮机,这时蒸汽对金属进行剧烈凝结放热,因此汽轮机金属温度变化剧烈容易造成很大的热应力。随着转速的升高,汽轮机温度也将升高,汽缸内蒸汽对金属对流放热的成分逐渐增大,金属温升速度才放慢。

新蒸汽在进入汽轮机之前应达到50 ℃的过热度。为了减少热应力,在额定参数下冷态启动的机组,采用限制新蒸汽流量、延长暖机升速时间的办法来控制金属加热速度。

当蒸汽进入汽轮机后,第一级前的压力已升高到规定的冲转数值(一般为额定压力的10% ~15%)以上时,应注视转子是否转动,尤其对没有盘车设备的机组更要特别注意,因为蒸汽流量很小,刚启动时转速很低,压力表与转速表量程又很大,压力与转速变化不易发现。如果此时转子没有转动,应当停止冲转,待消除不能冲转的原因后再行启动。

具有连续盘车装置的机组,应当在冲转后自行脱扣。盘车中转子摩擦力已有减少,不需要冲动静止转子那样大的蒸汽流量。

转子转动后应注意转子转动的情况,监视转子并判断转子转动是否正常。此外,应用听棒监听机组内部有无金属碰擦声,检查各轴瓦的振动。如轴承箱有明显的晃动,说明转子存在暂时弯曲或发生碰擦。如果发现有碰擦声,应当紧急停机,并找出原因。因为此时转速低,又无汽流声,有问题容易发现。冲转后应当检查冷凝器的真空值,由于一定数量的蒸汽突然进入冷凝器,真空可能降低很多。当蒸汽正常凝结后,真空又要上升。要注意调整冷凝器的水位,防止冷凝器无水和满水情况。要检查各轴瓦的回油、油温情况。

若冲转后一切正常,便使转速维持在低于额定转速的某一转速下进行暖机。暖机转速应根据启动升速曲线或操作规程确定。

8. 暖机与升速

转子冲转之后,在转速升到额定转速之前,需要有一个暖机和升速过程。暖机的目的是使汽轮机部件受热均匀,减少温差,避免产生过大的热变形和热应力。暖机的转速和时间随着机组参数、功率和结构的不同而不同。冲动式汽轮机级数不多,间隙较大,为叶轮式转子,因而所需暖机时间相对较少;级数多、间隙小的反动式汽轮机,暖机所需的时间就要很长。中参数汽轮机暖机时间较短,高参数机组暖机时间则较长。带动辅助设备的冲动式小汽轮机,甚至可以不经过暖机阶段。因此暖机时间因机组而不同,可以从几十分钟到几小时,根据制造厂的规定进行。

目前多采用分段升速暖机，即在不同的转速阶段进行暖机。这种暖机方式要比稳定在一个低转速下进行暖机的效果好，一般分为低速暖机、中速暖机和高速暖机。低速暖机转速为额定转速的10% ~15%；中速暖机转速为额定转速的30% ~40%；高速暖机转速为额定转速的80%左右。在各个转速阶段，暖机的持续时间视机组而异：中压机组的低速暖机时间为20 ~30分钟；高参数机组则要长些，为1 ~2小时；低速暖机的作用除了减少热变形与热应力，主要是给运行人员提供一个全面检查机组在启动后工作情况的机会。对没有盘车装置的机组，低速暖机时间可稍长一些。

中速暖机是中、高压汽轮机启动的重要环节，中速暖机必须充分，因为中速暖机升速时，要通过临界转速进入高速暖机。如果中速暖机不充分，则在通过临界转速和进入高速暖机时，金属温升速度可能加快。中速暖机一定要避开转子的临界转速，要在70%临界转速以下。因为启动时蒸汽参数和真空都不稳定，所以转速受到干扰，也不稳定。如暖机转速离临界转速太近，转速波动时很容易落到临界转速区内，引起机组剧烈振动，可能造成事故。带动离心式压缩机的工业汽轮机额定转速都很高，从低速暖机到临界转速之间的中速暖机可分成两段或三段进行，以免每段转速上升太多，金属温升太快。一般在中速暖机前后，法兰内、外壁金属温差显著增加，法兰与螺栓的温差也显著增加。因此，这时要严格控制法兰内、外壁温差，法兰与螺栓温差和左、右两侧法兰温差，注意检查汽轮机金属温度、汽缸膨胀，相对膨胀和汽缸左、右两侧的对称膨胀情况。

高速暖机是过临界转速后到接近调速器工作最低转速这一段，一般可分成两个或三个转速阶段进行。高速暖机是升速过程中汽轮机加热速度最大的阶段。此时由于进汽量大，金属膨胀比较严重。高速暖机阶段需30分钟以上。高速暖机阶段也需要对机组进行全面的检查。如果机组振动值过大，则不许强行升速。当一切正常，充分进行高速暖机后，可继续升速到调速器工作转速。调速器开始动作时，一定要检查调速器工作情况，此时汽轮机进入自动调节。转速升高后润滑油温度将升高，冷凝器真空也将发生变化，因此应当注意调整。

机组投入自动调节后，再运行暖机一段时间便可以上升到额定转速。在额定转速下要稳定运行一段时间，对机组进行全面检查，并进行保安系统试验。一切正常后便可准备加负荷。在到达额定转速前的升速过程中，应当注意排汽温度的变化。冷凝式汽轮机的排汽温度将有所提高，这是因为汽轮机没有负荷，流经汽轮机的蒸汽流量很小，排汽缸的热量不能被蒸汽全部带走，使排汽室得不到充分冷却，因而排汽温度升高。另外，新蒸汽严重节流，根据节流原理和蒸汽性质，蒸汽节流后焓值不变、压力降低，蒸汽焓降膨胀线在焓熵图上向右移，而排汽压力一定，终点温度便提高，可能提高到过热区，因此排汽温度升高。再者，启动时一般真空度较低，排汽压力高，因而排汽温度也随之提高。最后，靠近末级叶片尺寸大，鼓风摩擦损失大，使蒸汽加热。以上的原因使排汽温度升高，与冷凝器中的蒸汽压力值不对应，这是启动中的特殊现象，应当加以注意。排汽温度过高，能使汽缸受热和膨胀不均匀，使机组中心变动，引起振动。我国电站高压汽轮机在启动时控制排汽温度在60 ℃以下，有的机组专门设有冷凝器低负荷时的喷水装置，在排汽温度高于60 ℃时投入使用，以降低排汽温度。减少空负荷运行时间，维持适当的真空和适当的蒸汽流量，对控制排汽温度有一定作用。

升速和暖机是密切相连的，从冲转后低速暖机到额定转速，整个过程就是暖机和升速过程，也是汽轮机各部件的升温过程。升速的速度决定了允许温升速度，根据运行经验，低中参数机组可按每分钟5%～10%额定转速的速度提升转速，对高压机组可用每分钟2%～3%额定转速提升转速。升速过快，会引起金属过大的热变形与热应力；升速过慢，会引起启动时间不必要的延长，也无好处。具体机组的升速和各阶段暖机时间应严格按照各机组的升速曲线执行。

在操作上要注意，在升速之前应当对机组进行全面检查，并做好升速的各项准备，机组应一切正常，蒸汽参数、真空、油系统、保安系统、机组振动值和轴弯曲度等都应合乎要求，上、下汽缸之间，汽缸结合面法兰与螺栓之间的温差不应太大。对高压机组应当测量调节段上、下汽缸之间的温差，升速之前不应大于35 ℃，最大不应超过50 ℃。温差太高时，应检查附近汽缸上的疏水阀是否正常，疏水是否通畅。升速之前油温不应低于30 ℃，油压应正常，否则不应升速。汽轮机各部件膨胀应均匀、正常；转子和汽缸的差胀值不应超过规定，当发现两侧热膨胀不对称或与规定数值不符时，应停止升速。升速时，真空应达到规定值，当转速达到调速器工作转速时，真空应当达到正常数值。

汽轮机的振动值是升速中重要的监视指标，要特别注意各轴承处振动值的变化，当发生不正常的振动时，表明暖机不良或升速过快，会造成汽轮机主要部件的变形或中心线变动，甚至引起摩擦。此时应将转速降低，再暖机 10 ~ 30 分钟，直到振动达允许值后，才可继续升速。如果是转子暂时性热弯曲引起的振动，则经过降速暖机后，振动可以消除，然后再升速。如升速后仍然出现过大的振动值则应立即打闸停机，查明原因，予以消除。振动过大时，绝不允许强行升速，否则会造成转子永久性弯曲等恶性事故。

9. 通过临界转速

汽轮机组转速与汽轮机转子自振频率相重合时，便引起共振，结果导致机组轴系振动幅度加大，机组振动加剧。汽轮机长时间在临界转速下运转，就会造成破坏事故。临界转速对汽轮机的柔性转子来说是客观存在的，是不可避免的。我们应当掌握它的规律，在升速中加以控制，迅速、安全地渡过临界转速这一关。

目前大的汽轮机组几乎都采用柔性轴，它的工作转速大于第一阶临界转速，第二临界转速由于转速太高，在工业转速范围内一般碰不上，一般要求 $1.4n_{c1} < n < 0.7n_{c2}$。汽轮机与工作机械所组成的机组，其临界转速不止一个，一般汽轮机每个转子有一个，驱动的工作机械的每个缸也各有一个（柔性轴结构），这些临界转速凑在一起便构成机组的一个临界转速区域，升速时要迅速通过临界转速区。在通过之前应当稳定运行一段时间，一般为 15 ~ 30 分钟，在此期间主要进行机组的全面检查并充分暖机，为通过临界转速做好充分准备，要检查蒸汽参数、真空、油系统、保安系统、喘振系统、轴承、阀门和振动及机内声音，并做好记录。通过检查，证明一切都合乎规定，具备通过临界转速条件时，工作人员及时向主控室报告。一般要以 1000 ~ 1500 r/min 的升速速度快速通过临界转速区，在临界转速区内不得停留，要在 2 ~ 3 分钟之内通过。主控室要密切配合现场，监视机组要监视通过临界转速时各种参数的变化，特别要监视转速、振动和轴向位移，预先向锅炉岗位通知，做好供汽工作，保证汽压和汽温。现场人员应当合理分工，密切监视转速、油温、油压、振动，用听棒监听机组内部，并实测转子的临界转速。

通过临界转速区之后，机组要稳定运行一段时间，一般为 15～30 分钟，便于对机组进行全面检查。特别要注意检查轴承、轴封并监听设备内部声音，观察在临界转速时是否由于振动加大造成异常或破坏。如果振动造成异常，应当暂停升速，采取措施加以消除。另外，机组通过临界转速区时，因升速较快，汽量会有较大增加，金属部件也会产生较大的温差。为了避免因温差过大、膨胀不均而产生热应力和振动，机组通过临界转速后还应再稳定暖机一段时间。

小型工业汽轮机一般都是刚性轴工作转速低于临界转速，升速时碰不上临界转速。

10. 调速器投入工作

手动主汽阀或启动器提升汽轮机转速到调速器最低工作转速后，调速开始动作，便进行自动控制。汽轮机转速可以由调速器控制或由风压信号控制，也可以由主控制室控制。

一般规定，调速器最低工作转速为额定转速的 85%，而跳闸停机转速为额定转速的 110%。当转速靠近调速器最低工作转速时，特别要注意观察调节汽阀的动作。调速器工作后，机组便进入自调空转运行，应当报告主控室，并稳定运行一段时间，对机组进行全面检查，不允许有异常现象。

11. 跳闸试验与超速试验

当汽轮机暖机升速完成，调速器投入工作，稳定运行 10～15 分钟后，在额定转速下对机组进行全面检查，确认一切正常，则可进行危急保安器试验和超速试验。

机组在第一次试运或大修后，以及停机一个月以上，或者运行 2000 小时以后，必须进行危急保安器的动作试验。可以用手动打闸危急保安器使机组停机，或用停机按钮或电磁跳闸阀使机组停机，也可以由控制室操作停机按钮停机。进行试验时要特别注意跳闸时主汽阀的动作是否迅速灵敏，最好用秒表精确记录一下从打闸到停机的时间，绘出汽轮机惰走曲线。

超速跳闸试验时，由主控制室或手动调速器使机组升速，并用准确的转速表测量转速，记录机组超过额定转速后的跳闸实际转速。跳闸转速一般为额定转速的 110%。如果转速超过额定转速的 110% 之后，机组未能跳闸，必须降速，或用手动危急保安器停机，不准再继续升速。每次试验均应连续进行两三次检查,两次跳闸动作的最大转速差不应超过0.6%。如果超速跳闸转速不符合规定,则应停机检查并做调整,调整完成后,再进行试验。

超速跳闸后,重新启动汽轮机,除临界转速外,以1000~1200 r/min的升速速度升到调速器动作转速,然后再用手动调速器做超速跳闸试验。跳闸停机后,待到转速降到额定转速90%以下时,方可将手动危急保安器复位,将主汽阀挂扣。

每台汽轮机都有自己的启动、升速曲线,试车和启动时必须遵守。

12. 汽轮机带负荷

对于驱动工业机械的汽轮机,如驱动压缩机、离心泵及鼓风机等,汽轮机是带动被驱动机械一起启动、升速的,因此升速和加负荷是分不开的。驱动压缩机的汽轮机带着负荷启动,由于启动时压缩机的气体回流或放空,因此是低负荷或者称为"空负荷";当压缩机升压时,则为加负荷。

汽轮机不宜长时期做空负荷或低负荷运转,除非有特殊需要,如拖动发电机的汽轮机用于干燥发电机、汽轮机单机试验、压缩机进行气体循环或压缩机试验等,否则汽轮机不应长时间空转或低负荷运行。长时间空转或低负荷运行会造成一些不良后果,如调节气阀在开度很小的范围内工作,蒸汽节流现象严重,压力降落大,流速也大,使调节汽阀的阀座和阀体磨损加剧。另外,空负荷或低负荷运行时,通过汽轮机的蒸汽流量很小,不足以把转子转动时摩擦鼓风所产生的热量带走,这就导致排汽温度高于正常值,会造成排汽缸或冷凝器温度过高。一般汽轮机允许的长期运行最低负荷的10%~15%额定出力,尽量减少汽轮机空转时间,尤其当压缩机与汽轮机脱开、汽轮机单独运转时,运转时间不要太长。在空负荷或低负荷状态运行时,特别要注意排汽缸温度,不要超过规定值,一般中压冷凝式机组控制在120 ℃以下,短时间运行可以允许到150 ℃。

汽轮机带动压缩机联合运转,在压缩机升压、并入系统送气之前,应属于低负荷运行。汽轮机加负荷是指压缩机升压、并入管网系统送气。压缩机升压并网前要运转一段时间,这段运转为低负荷暖机。低负荷暖机时间不应太长,此时应对汽轮机和压缩机进行全面检查,并与有关部门联系,做好加负荷,即压缩机升压并网的准备工作。

汽轮机从空负荷或低负荷过渡到满负荷的加负荷过程,也是汽轮机温度上升的过程,增加负荷意味着增加蒸汽流量,因此汽轮机各级的压力和温度将随着流量的增加而提高,温度上升速度与负荷增加的速度成正比。要将金属的热应力和热膨胀控制在允许的范围之内,必须控制加负荷的速度,该速度取决于最危险区域(通常为调节级处)金属允许的加热速度。加负荷速度的具体数值应根据每台机组的特点来确定,主要是监视调节级处汽缸法兰金属温升速度及差胀值。国内电站用汽轮机的允许加负荷速度,中压机组每分钟升高4% ~5%额定负荷,高压机组每分钟升高1% ~2%额定负荷。当负荷升至30% ~40%额定负荷时,为了控制汽缸沿横断面的金属温差不超过允许值,汽轮机需要停留一段时间进行暖机,然后再继续升高至额定负荷。

在加负荷过程中,工作人员必须密切监视汽缸膨胀、轴承振动、差胀、轴向位移、新汽参数、控制点金属温差、油系统状态等。要特别注意监视振动情况,加负荷引起振动,说明机组加热不均匀,可能改变了机组中心,或因轴向、径向间隙消失引起动静部分摩擦。无论是几个轴承,或者是一个轴承的某个方向(垂直、水平或轴向)的振动逐渐增大,都必须停止加负荷,使机组在原负荷下继续运行一段时间。如果振动没有消除,可再降低10%负荷再运行一段时间,当振动减小后可以继续增加负荷。如果停止加负荷后振动仍然较大,或再次加负荷时振动重新出现,这就要仔细分析原因,采取措施决定汽轮机组是否可以继续运行。负荷增加时,蒸汽流量增加,轴向推力要增大,因此要对转轴向位移、推力轴承温度、推力轴承的回油温度等进行认真的检查和记录,发现异常应停止加负荷,并分析原因,予以处理。检查调节系统动作是否正常,油动机、调速器手轮(同步器)、调节汽阀等动作应当灵活、不卡涩,气动控制系统应正常。当转动调速手轮负荷不增加时,应停止旋转,在没有查明原因之前,应将手轮先向减负荷方向退回几转。

根据负荷增加的程度,调整轴封蒸汽压力,保持规定值。注意监视和调整冷凝器的状态,如调整不当会造成冷凝器满水或凝结水泵失水的现象。

汽轮机加负荷后,应关闭汽管和汽缸上的直接疏水阀,蒸汽室上的疏水阀一般应在最后一个调整汽阀开启以后再关闭。

工业汽轮机带负荷运行规程可参见离心式压缩机、发电机和离心泵等工作机械的运行规程。

离心式压缩机的升压(加负荷)可以通过增加转速和关小放空阀或回流阀来实现,但操作要缓慢稳妥。如果要升高压缩机的出口压力,就必须逐渐打开出口阀门,并缓慢地关小放空阀或回流阀,直至全关,以使压缩机出口有合乎要求的流量和压力。如果通过流量调节还不能达到规定出口压力,此时就必须将汽轮机升速。切记加负荷时要防止压缩机发生喘振。当压缩机通过检查确认一切正常,工作平稳,其出口压力比管网系统压力高出0.1 MPa~0.2 MPa,就可将压缩机出口阀门逐渐打开,向系统输送气体,并入管网并保持出口压力的稳定。

不同用途的汽轮机组的加负荷的概念不同。对驱动发电机的汽轮机组加负荷是指并入电网,即并列,并列后汽轮机开始带负荷,负荷可逐渐加大,即输电量逐渐增加。工业汽轮机带动发电机组进行启动后,长期处于空负荷或低负荷运行状况。当汽轮机升速到额定工作转速定速后,经全面检查各项监视指标均已在正常范围之内并且空转试验合格后,即应使机组迅速与电网并列,带规定的低负荷。并列后的汽轮机不宜长时间在空负荷或低负荷下运行,因为空负荷或低负荷时,进入汽轮机的蒸汽量较少,不足以将转子转动时摩擦鼓风所产生的热量带走,导致排汽缸温度升高超过允许值。汽轮机带负荷的过程,实际上是继续对汽轮机各部件加热的过程,增加负荷必然要增大进汽量,使汽轮机各部件金属又受到一次剧烈加热,因此,需在低负荷下进行暖机。

随着负荷增加,进汽量增大,汽轮机各级压力和温度随之升高,汽轮机金属温度也随之升高。为了把金属的热膨胀和热应力控制在允许的范围内,必须严格控制加负荷的速度。加负荷速度一般取决于调节级汽室金属的允许温升速度。根据汽轮机参数和结构不同,加负荷速度亦不同,中参数汽轮机每分钟增加4%~5%额定负荷,高参数汽轮机每分钟增加1%~2%额定负荷。加负荷过程中,金属的温升速度、汽缸膨胀和胀差都变化较大,故需分别在几个负荷点停留进行暖机,并适当调整法兰螺栓加热装置,以保持汽轮机各部位金属温度均匀上升,使各项控制指标始终在允许范围之内。

加负荷时要相应地调整轴封蒸汽,根据凝结水质情况回收凝结水,调整冷凝器水位。随着负荷的增大,循环水量相应增大,维持合理真空运行。

一些特殊的情况应合理地限制机组的负荷，如汽轮机通流部分结垢，机组缺少一级或数组叶片，冷凝器真空过低达到报警值，又无法迅速恢复到正常值，轴向位移或轴振动值突然上升到接近报警值。

13. 汽轮机运行中的检查与维护

汽轮机在运行中应监视蒸汽的温度和压力，冷凝器真空，水、气、油的温度、压力和流量，机组的振动和轴位移等。

蒸汽温度应经常维持在额定值，其变化范围不应超过规定值。若蒸汽温度超过允许范围，就应联系有关部门迅速恢复汽温，并对机组运行情况做全面检查，记录汽轮机超温时间和蒸汽温度。当蒸汽温度继续缓慢下降或急剧下降时，应及时打开主蒸汽管道和汽缸的疏水阀，按制造厂或有关规定减负荷或停机。一般当急剧下降 50 ℃以上时，为避免水冲击确保机组安全，应立即拉闸停机。严禁汽轮机超过设计温度极限运行。

蒸汽压力应经常维持在额定值，其变化范围不应超过规定值。蒸汽压力降低或超过允许值对机组的安全、经济运行都不利。超出规定范围时，工作人员应与有关部门联系迅速恢复；汽压降低超过 0.5 MPa（表压）时，应按制造厂规定降低负荷，如汽压继续下降应根据具体情况打闸停机。

冷凝器真空应维持在规定范围内，真空下降时应根据情况按制造厂或有关规定减负荷，同时立即查明原因设法消除。正常运行时，当机组振动、轴位移、止推轴承温度正常，监视段压力不超过规定值时，一般主冷凝器真空不应低于 550 mmHg（表压）。

机组运行时要密切监视各转子轴位移变化，其轴位移正常值范围和报警值应按制造厂有关规定正确整定好。当轴位移逐渐增大，出现“高”报警而不再持续增加时，应加强监视并检查转子止推轴承油温或止推瓦块乌金温度、润滑油温和油压；检查汽轮机蒸汽参数、排汽压力、压缩机气体成分和进出口压力及出口流量；检视汽轮机及工作机械的振动情况，注意倾听汽轮机或压缩机内及轴封处有无不正常声音：检查压缩机有无喘振现象，发现异常应立即报告上级。在轴位移“高”报警期间，机组负荷应注意避免发生大幅度或剧烈波动。当轴位移逐渐增大，出现“高高”报警或轴位移急剧增加时，应立即拉闸停机。

汽轮机组振动值应不超过允许范围，运行中应经常监视机组振动值和振动的变化情况，当机组振动值达到“高高”停机值时，应拉闸停机。对于具有转子振动信号动态分析装置的机组，应根据振动情况进行定期或不定期的全面分析。

机组运行中油过滤器前后压差值达到制造厂规定值，或油冷却器出口油温超过规定值，应将油过滤器或油冷却器切换使用备用设备，为此应检查和确认备用油冷却器油侧应没有积水，备用油过滤器滤芯等安装正常，缓慢打开油过滤器或油冷却器之间的连通阀，同时打开油过滤器或油冷却器顶部的排气阀，放出空气直至油溢出。空气全部放净后关闭，密切注意不使润滑油压和调速油压发生波动。油冷却器水侧排气和通水，开启冷却水阀。检查油路上的蓄压器，确认氮气压力符合规定。

机组运行中，主油泵切换至辅油泵时应检查蓄压器氮气压力是否正常。

（三）汽轮机热态启动

工业汽轮机的热态启动，是指汽轮机在未完全冷却的状态下再行启动。热态和冷态的划分，视不同机组而异，一般用汽轮机冷态启动时在额定转速下的金属温度作为界限，下汽缸的外壁温度高于它的叫热态，低于它的叫冷态。不同机组在冷态启动额定转速下的金属温度不同，一般为 150 ℃ ~200 ℃。因此，一般规定下，汽缸外壁温度在 150 ℃ ~200 ℃以上属于热态。工业汽轮机一般常用停机的时间长短来区分冷态与热态，这个时间一般由制造厂家规定。

一般认为，汽轮机停机后 2 ~12 小时，特别在停机后 5 小时以内，转子的热弯曲最大，有些机组把这段时间规定为禁止重新启动时间，因此对热态启动应特别注意，必须确保汽轮机的安全。各机组热态启动条件应按制造厂规定。当制造厂无规定时，下述状态可作为热态启动，即汽轮机因连锁误动作跳闸等原因停机后立即或很快地恢复运转；汽轮机停运 2 小时以内（此时下汽缸的汽室附近外壁温度在 150 ℃ ~200 ℃），盘车未中断准备很快启动以及因工艺或其他系统故障，汽轮机短时间低速暖机运转而重新启动升速。有的机组热态启动的条件控制较严，启动前需测量转子晃动值，一般转子的最大弯曲值不允许超过 0.03 ~0.04 mm，上、下汽缸温差和胀差不允许超过允许值，进汽参数应高于汽缸金属温度 50 ℃ ~100 ℃，否则不允许热态启动。

热态启动的汽轮机应按热态升速曲线升速，以较快速度升速到调速器最低工作转速,并将负荷加至停机前水平,升速中应严密监视振动情况。在振动值正常情况下,机组尽量不做或少做速度停留,逐步连续将转速升至调速器最低工作转速,然后按需要提升转速和加负荷。汽轮机升速至额定转速后,经确认机组运转一切正常之后,就可以按冷态启动要求带负荷。

热态启动具有一系列的特点:首先,启动之前机组金属部件已具有较高的温度。其次,启动升速过程中,不需要暖机,只要操作跟得上,就应尽快启动。但是,由于汽轮机经过短时间停机,各部件的金属温度都还比较高,而且停机后各部件因冷却速度不同而存在温差,因此处于热态的汽轮机在启动前就存在着一定的热变形,动静部件间的间隙已经发生变化。当启动前热变形超过允许值或启动过程中操作不当时,将造成动静部件的严重磨损和大轴弯曲事故,因此热启动时必须注意。再次,在热态启动之前,汽缸和转子就已存在着一定的热弯曲变形,汽轮机在停机中各部件的冷却是不均匀的,汽轮机下部冷却得快,形成上、下的温差,使汽缸和转子向上弯曲。汽缸由于结构厚,保温良好,停机后只靠内部冷却,一般经 2 ~3 天或更长时间,上、下汽缸温度才能趋于一致。转子的热弯曲自汽轮机停住时开始,随着上、下部温差的增大而逐渐增加,经过一定时间后,转子弯曲达到最大值,继续冷却后,又逐渐缩小。当经过一定时间汽轮机完全冷却后,上、下部温差消失,弯曲值也逐渐消失。汽缸上、下部温差最大时为60 ℃甚至100 ℃,由此而产生的转子最大弯曲值可达到0.3 mm,此值大于安全启动时所允许的最大弯曲。

每台机组在停机后达到最大热弯曲的时间(t_max,达峰时间)对安全启动具有重要意义,这个时间应由运行经验加以确定。小型机组为停机后 1.5 ~2 小时,中等容量或较大容量机组为 5 ~12 小时,更大容量和更高参数的机组时间更长,有的将近30 小时。

当转子处于最大弯曲时,启动最为危险,这是因为:①转子转动可能引起动静部分的碰擦,产生大量热量,使轴的两侧温差增大,加大轴的弯曲,弯曲加大又加剧碰擦,形成恶性循环,使转子在发热处产生塑性变形和永久性弯曲,造成事故。②由于转子弯曲,转子重心偏离回转中心,使转子产生不平衡离心力,造成机组的强烈振动。振幅的大小与转速的平方成正比,当汽轮机升速时,振幅增加很大,严重时会使汽轮机无法继续升速。③造成汽封的磨损或损坏,增加漏汽量和轴向推力,可能发生转子轴位移过大或推力轴承毁坏。

为了保证汽轮机在热态下安全启动,必须注意下列事项:

①严格遵守规定的再启动时间,避免在转子最大弯曲时启动,没有盘车装置或未按规定投运盘车的机组,不准在禁止启动时间内启动,具体再启动时间按制造厂说明书规定。

②注意盘车。在停机后立即连续盘动转子,是缩短禁止启动时间,消除转子热弯曲的有效方法。定期盘车效果较连续盘车效果差,它只能减少热弯曲,而不能消除热弯曲。定期盘车要定时地将转子盘转 180°。如果有加热装置的话,可用人为加热下汽缸的方法,来减少汽缸温差。热态启动前,机组必须处于盘车状态,如果汽轮机跳闸停机后,不能进行盘车,而又需要热态启动,则必须在跳闸后 5 分钟之内启动。如果停机后打算不久再次启动,应当在转子静止到下次转子冲动前的一段时间内进行连续盘车。高压机组的连续盘车时间一般不应少于 3 ~8 小时,中压机组不应小于 1 ~2 小时,在此之后可改为定期盘车,在启动之前应再改为连续盘车。一般机组应在转子冲动前 2 小时进行连续盘车。如果跳闸停机后未盘车时间超过 2 小时,则汽轮机不得按热态方式进行启动。

③控制进汽温度必须符合要求,同时保证蒸汽量和主蒸汽管温度必须超出蒸汽饱和温度 50 ℃以上。冲转汽轮机的温度,应当比当时汽轮机进汽部分的金属温度高出 30 ℃ ~55 ℃,这样可以避免由于汽温低于金属温度而使汽轮机产生冷却现象。这样既可以缩短启动时间,也可以避免转子产生急剧收缩,以免造成通汽部分轴向动、静部分间隙消失。为了使蒸汽温度达到要求,热态启动时暖管必须充分,这样新汽进入汽轮机时,温度不会下降很多。

④高压汽轮机热态启动应严格监督调节段附近上、下汽缸的温差,在冲动转子前不应超过 50 ℃。

⑤对热态启动的机组,应在盘车状态下先向轴封送汽,然后再启动抽气器抽真空。这样轴封段转子不致被冷空气冷却,免得局部收缩,引起前几级动叶片进汽侧轴向间隙减小。对盘转中的转子,提前供给轴封蒸汽,还可以迅速建立真空,缩短启动时间,转子又不会产生热弯曲。但要注意,送往前轴封的蒸汽温度应当采用制造厂规定的上限数值,以免蒸汽温度比金属温度低太多,导致

转子收缩太大。

⑥冲转后，当检查机组一切正常时，应在启动过程中适当加快升速和带负荷速度，避免使原来在较高温度状态下的部件急剧冷却。热态启动时，从金属温差和汽轮机轴向间隙的观点出发，快速启动和快速带负荷，对汽轮机来说是安全的，采取较慢的速度对机组反而不利。

热态机组再启动时，为了防止汽缸金属温度下降，部件冷却收缩而使机组产生振动，应当根据再启动前汽缸温度，在同一机组的冷态启动曲线上找出与此温度相对应的工况点，这个工况就是该次热态启动的起始工况。冲动转子后，升速、加负荷时，减少在这工况点之前的一切不必要的停留，除做必要的检查工作必须停留外，快速地以 200 ~ 300 r/min 的升速速度，把转速升到起始工况。到起始工况后，汽轮机的加热已符合金属温度变化的要求，因此下步继续升速、加负荷就可以完全按冷态启动的要求进行。即达到起始工况点后，继续升速，加负荷便可按冷态升速曲线进行了。根据上述道理，一般制造厂家都给出停机后再启动的升速曲线，往往与冷态启动升速曲线同时给在同一图表中。

⑦加强监视机组振动和轴位移。振动是由转子弯曲，轴向、径向间隙消失，动、静部分碰擦，机组中心偏斜等原因引起的。在热态启动中，这些问题发生的可能性要比冷态启动大。如果发现较大的振动，应立即降速，查清原因并消除后方可升速；如果振动过大达到“高高”报警值，则应拉闸停机，待重新检查转子弯曲，采取措施，消除振动原因后，才可以重新启动机组。

热态启动时，机组很快就可以达到额定转速，油温如果低于正常运行的温度，则可能由于油膜不稳而引起振动，引起动静间隙变化、转子弯曲、机组中心偏斜，从而导致严重后果。所以在冲转前，油温要加热到正常运行的温度，达到 35 ℃ ~45 ℃。

⑧加强准备工作。热态启动过程快，要求机组保温良好，不使转子及汽缸温差过大，要求操作熟练、准确和迅速。启动前尽量做好一切准备工作，在启动过程中，系统的切换操作减到最少，与其他单位加强联系，配合好。

（四）运行

1. 蒸汽品质

蒸汽中含有杂质而引起的积垢，在汽轮机中不仅造成热力方面和机械方面的损失，而且若蒸汽中含有氯化物，还可能造成叶片的折断。为此，蒸汽中不得含有氯和氯化物。氯的含量达到0.0025%时就会产生有害的作用，特别是对制造叶片用的耐高温钢产生显著的有害作用，侵蚀性的积垢所引起的腐蚀应力首先在蒸汽湿度开始形成的范围内对叶片材料的弯曲交变强度产生不利的影响。我国水电部对锅炉给水和蒸汽品质制定了有关的标准。

2. 蒸汽温度

在较长时间蒸汽超温的影响下，汽轮机各部件材料强度会下降，同时部件的寿命会缩短。蒸汽温度的变化速度对汽轮机部件的寿命也同样有很大的影响。蒸汽温度变化速度及绝对值越大，瞬时叠加到基本应力上去的附加应力就越大。由蒸汽温度变化引起的附加热应力和基本应力会导致机组部件，特别是汽缸的弹性变形，也常常会出现塑性变形和裂纹，严重威胁汽轮机的安全运行。

3. 汽轮机油

汽轮机油包含各种附加成分，如防老化剂、防腐蚀剂和除泡沫剂等，添加这些成分不得影响油的空气分离能力。因为当油内细微分布的空气超过一定程度时，油泵运行、润滑和液压调节将出现困难。汽轮机油需定期化验，如油质出现不合格，需立即采取相应的措施。由于汽轮机蒸汽易漏入润滑油中，因此油箱要加强脱水。

（五）汽轮机的停机

工业汽轮机的停机，是一个复杂的变化过程，如果操作不当会引起一些严重后果，因此制造厂和运行厂都对停机操作制定了明确的规程，必须严格遵守。

停机一般有两种。一种是根据生产计划，事先已做好准备，或者根据机组运行情况，需要停机处理，已经与有关部门联系并得到批准。这种有计划、有目的、有准备的停机叫作“正常停机”或“计划停机”。另一种是在机组运行中，根据设备状态，因设备故障或发生事故不能继续运转，需要强迫停机；或者工艺系统发现问题，上级指示主机马上停机，以确保生产安全。这种无计划、无准备的停机，叫作“紧急停机”。

汽轮机的停机过程是一个降温过程、冷却过程，随着机组温度的下降，各部件受到不均匀的冷却，也将产生热变形和热应力，但与启动过程所产生的情况相反。因此，停机时降速、减负荷速度应当比升速、升负荷速度小。停机的降速、减负荷过程中，新蒸汽参数可以维持额定值保持不变，而用减小进汽量的办法来降速、减负荷，一般的常规停机都是这样。另外一种方法可以随着负荷的减少，逐渐降低新汽的压力和温度，这种叫"滑参数停机"。从热变形和热应力的角度出发，滑参数停机对机组有利，但给锅炉供汽带来不少麻烦，紧急停机时根本无法实现这种方式。

在正常停机中，根据不同的停机目的，在运行操作上也应有所不同，停机后所保持的汽缸金属温度水平也不同。如果只需要短时间停机，很快需要再启动的话，这时要求汽缸金属温度维持在较高水平，停机时可以用较快的速度减负荷，降速。大多数汽轮机可以在30分钟内均匀地降速、减负荷，安全停机，不会产生过大的热应力。如果机组停机后，需要长时间停运或者属于计划大修停机，一般要求停机后汽缸金属温度较低，以便及早开工检修，缩短工期，这时可以采用滑参数停机，也可以采用额定参数停机。这种停机过程应在不同的转速负荷下适当地停留运转，也可把汽缸金属温度降低一些。

为了保证机组的安全，减负荷速度应有一定的控制，控制数值主要取决于汽缸金属允许的温度下降速度，一般要求每分钟下降不得超过1.5 ℃。为了保证这个降温速度，在下降一定转速后必须停留一段时间，使汽缸和转子的温度均匀降低。在各个转速阶段的运行时间和降速速度，原则上可以按升速曲线的逆过程进行。在不同的转速阶段运行一段时间，逐渐分阶段降速，直至停机，这对机组的安全是有好处的。在减负荷过程中，不宜在低负荷或空负荷低转速下维持长时间的运行。

柔性转子的降速过程与升速过程一样，都要通过临界转速区，通过前应做好准备，通过后要认真检查，在临界转速区不得停留，应快速通过。

减负荷降速过程应当做好压缩机的防喘振准备工作，应当采取"降速先降压"的原则，即在降速之前，根据压缩机的特性曲线，校对下个转速下对应的喘振流量极限值，降速后运行点不要落在喘振区内。根据每个压缩机的特点，降速前采取卸压、防喘措施，如打开旁通阀使气体循环或打开放空阀等。在紧急停机时要首先安排好压缩机的防喘工作，切断工艺系统，然后再打闸停机，否则系统内的高压气体会倒流，引起压缩机的喘振和轴承的烧毁。

减负荷过程要注意调整冷凝器的水位，一般应开大凝结水再开循环阀，当转速下降到大约为正常转速的1/2时，开始逐渐降低真空，可关小抽气器。当转速降至大约为正常转速的1/3时，可停用抽气器。当转速降至零时，真空也正常降至零。

轴封供汽不可过早停供，以防大量冷空气漏入汽轮机汽缸内，发生转子轴封段局部急速冷却，严重时会造成轴封磨损。一般当真空降至为零时，才停供轴封供汽，这样可使汽缸内外压力相当，冷空气不会进入汽缸。

降速时要保证一定的真空，目的是将机内湿汽抽出，保持机内的干燥，防止停机期间发生腐蚀。短期停机的保养要求不高，可以在转速降至零之前，使真空降至零以加速停机。

在停机时，转子的摩擦鼓风产生热量，但此时已停上供汽，汽缸内部得不到蒸汽的冷却，因此在停机过程中，排汽缸温度反而会上升，甚至可达到120 ℃以上。有的机组在排汽口装有喷水减温装置供停机时使用，以防排汽口及冷凝器温度过高。当转子完全停止转动后，盘车装置应当立即启动进行盘车，以减少或消除转子在静止后由于汽缸本体上下部冷却速度不同而引起的转子热弯曲，为下一次启动创造良好的条件。

停机后辅助油泵需要继续运行，以保证盘车时轴承润滑油的供应，同时也为了带走高温的汽缸沿轴颈向轴承箱中部件散发的热量，以防轴承乌金过热。直到轴承出口油温达到规定数值并不再升高时，辅助油泵才能停用。对于高压汽轮机，油系统运行时间不应少于8小时；对中低压、中小容量汽轮机，油系统运行时间一般不少于4小时。一般当机组轴承温度低于43 ℃，轴承出口油温降到38 ℃以下时，才可以停运油系统。

停机后，系统中仍有疏水排向冷凝器，因此停机后一段时间内，仍要维持凝结水泵的继续运行，继续使冷却水通过冷凝器，即在短时间内需启动的机组、凝结水泵和冷却水泵没有必要停运。对短时间内不再启动的机组，当确认冷凝器无任何水源进入后，才可以停止凝结水泵的运行。

停机后应严防高温蒸汽从各管道漏入汽轮机内部，否则上、下汽缸温差过大，可能造成轴的弯曲。

停机后要严防设备发生腐蚀，必须保证关严各汽、水系统阀门，全开防腐蚀阀门、导管和排大气疏水阀，排除与汽轮机和压缩机缸体相连接的管道和缸体低洼处的积水。根据各机组的实际情况,有时还要堵塞某些蒸汽和疏水管路,某些部件还要涂抹油层。

气温较低的北方各厂,冬季停机后应做好防冻工作,对室外设备和管道的放水阀如冷油器、中间冷却器,冷凝器和汽水管道等应特别注意。

1.正常停机主要程序

(1)停机前准备

①与主控制室及有关部门联系。

②盘车电动机空转试验,转动正常,转子静止时立即投入连续盘车,避免转子发生热弯曲。

③检查主汽阀,向关闭方向稍微活动一下,主汽阀动作灵活不卡涩。

④检查压缩机各段及管线阀门开度状况,各放空阀或回流控制阀及防喘振装置等,确认处于正常状态。

(2)减负荷

①与主控制室联系,做好工艺系统方面的减负荷准备。

②接到停车通知后,关闭压缩机送气阀,同时缓慢打开有关的回流控制阀或放空阀,使气体全部进行循环或放空,切断压缩机与工艺系统。

③由主控制室或现场用手动汽轮机调速器或启动器将汽轮机降速到调速器最低工作转速,降速缓慢均匀,打开所有的防喘振阀和回流阀。开阀顺序与关阀顺序相反,应先开高压后开低压。阀的开关都必须缓慢进行,既要防止因关得太快而使压升比超高造成喘振,又要防止因回流阀打开过快而引起前一段入口压强在短时间内过高而造成转产轴向力过大,使止推轴承损坏。整个降速、停机过程应按升速曲线的逆过程进行,在各转速阶段应停留一定时间。

④准备通过临界转速区和共振区,对机组各部分状况进行一次全面检查,倾听内部声音。

⑤快速通过临界转速区,在临界转速区和共振区附近不得停留。转速低于70%临界转速区时,可停留运行一段时间,对机组进行全面检查,尤其注意机组的振动、轴向位移和差胀。

⑥用启动器或主汽阀手动降速,降到500 r/min左右再运行30分钟左右,低速运行时间不应太长。

(3)调整汽轮机轴封密封蒸汽压力

随着负荷的变化,要调整密封蒸汽压力,以维持轴封的正常工作,防止冷空气进入轴封。

(4)检查冷凝器

检查冷凝器水位和水位控制器,当负荷降到一定程度之后,稍开再循环管阀门。

(5)停机

①在 500 r/min 左右运行 30 分钟后,用手打闸停机或迅速关闭主汽阀停机,要注意主汽阀一定要关严。注意记录从打闸到转子全停的惰走时间,惰走时注意倾听机内声音。惰走曲线的形状或惰走时间标志着转子转速的下降速度,它与机组转子的惯性力矩、摩擦鼓风损失以及机组的机械损失有关。如果惰走时间急剧缩短,则说明转子发生碰擦或卡涩,必须迅速处理;如果惰走时间显著增加,则说明新汽管道或抽汽管道阀门不严,有蒸汽漏入汽缸。为了简化操作,一般只记录惰走时间,但在大、小修前停机时,应做惰走曲线,在大、小修之后停机时,也应当做惰走曲线,以便比较判定机组的技术状态。

②抽气器停止运行时,应先关空气阀,后关蒸汽阀,停止轴封供汽,停止轴封蒸汽器。当转子完全静止时,真空应当大致低到零。

③如果要求加速停机,应破坏真空,为此应打开真空破坏阀,并停止向抽气器送汽。

(6)盘车装置运转

转子刚停就应盘车。没有盘车装置的汽轮机停机 4 小时内每 30 分钟应人工盘转 90°,保持间断盘车,4 小时以后,可以每隔 1 小时盘转 1 次。停车后盘车,由于润滑条件不良,不利于保护轴颈和轴承,故停机后盘车时间不宜过长,停机后连续盘车时间一般以 8 ~ 16 小时为宜。盘车时注意润滑油温度,在冷却后油温应为 30 ℃ ~ 40 ℃。如果油温过低,则应当调整油冷器的冷却水量。

(7)停辅助水泵

停凝结水泵后,在转子停止约 1 小时,排汽缸的温度降到 50 ℃以下时,可停复水器或凝汽空冷。如果暂时停机,复水器或凝汽空冷可不停。如果转子静止后,通过轴承的油温已降到 40 ℃,可停供冷油器的冷却水。

(8)停运压缩机各中间冷却器

(9)打开各疏水阀

(10)盘车装置停运

一般停机后48小时才可停止盘车。如果是暂时停车,则盘车器可以不停。

(11)油系统停运

转子静止后,辅助油泵应连续运转一段时间,以便冷却轴颈、轴承和供盘车润滑,一般当油温降到30 ℃以下可停运辅助油泵。如果发现轴承温度上升,可再启动油系统。如果暂时停机,油系统可以不停。

(12)压缩机卸压、排放

如果机组要长期停机,关闭进、出口阀后,应使机内气体降至常压,并使用氮气进行进一步空气置换后,才能停油系统。关闭与汽轮机相通的所有汽、水系统管路上的切断阀,防止汽、水进入汽轮机,特别注意关闭主汽阀前面的蒸汽截止阀。

(13)关闭所有控制器、警报器及保安跳闸系统

(14)防腐、防冻

较长期停止运行的机组,应进一步考虑防腐、防冻等保护措施。

2. 紧急停机

根据现场生产情况和机组运行情况,在发生特殊情况或接到上级指示后,机组需要立即停机,以确保机组的安全或生产安全,这时操作人员应当沉着冷静,迅速地采取措施,实行紧急停机。

(1)紧急停机的条件

究竟在什么情况下紧急停机,这需要根据各机组的用途、生产中所处的位置和各使用部门的具体规定执行。但对一般汽轮机压缩机组而言,在下述情况下应当采取紧急停车措施,立即打闸停机,破坏真空,并向主控制室和有关部门联系。

①蒸汽、电、冷却气和仪表气源以及压缩工艺气体等突然中断。

②汽轮机超速,转速升到危急保安器动作转速而保安跳闸系统不动作。

③抽汽管线上安全阀启跳后不能自动复位,处理有危险。

④机组发生强烈振动,超过极限值,保安系统不动作。

⑤能明显地听到从设备中发出金属响声。

⑥发生水冲击。

⑦轴封内发生火花。

⑧油箱内油位突然降低到最低油位以下。

⑨油系统着火,并不能很快扑灭。

⑩油压过低,而保安系统不动作。

⑪机组任何一个轴承或轴承出口油温急剧升高,超过极限值,而保安系统不动作。

⑫轴承内冒烟。

⑬主蒸汽管道破裂。

⑭转子轴向位移突然超过规定极限值,而保安系统不动作。

⑮冷凝器真空下降到规定值以下而不能恢复。

⑯压缩机发生严重喘振而不能消除。

⑰压缩机密封系统突然漏气,密封油系统故障不能排除。

⑱压缩机系统和控制仪表系统发生严重故障而不能继续运行。

⑲主蒸汽中断或温度、压力超过规定极限数值,通知锅炉岗位采取措施无效。

⑳机组调节控制系统发生严重故障,机组失控而不能继续运行。

㉑机组断轴或断联轴器。

㉒油管、主蒸汽管、工艺管道破裂或法兰弛开而不能堵住泄漏处,又无法消除。

㉓各使用单位、工艺系统发生紧急停机情况,工艺系统发生事故。

㉔机组及其附属管道发生着火、爆炸等恶性事故。

㉕出现威胁机组和运行人员人身安全的意外情况等。

(2)紧急停机的操作

在机组发生故障,自动保安系统又不起作用,机组不能继续运行,或接上级指示需要立即停机时,操作要点如下:

①手打危急保安器或其他跳闸机构,切断蒸汽进入汽轮机的一切通路,必要时应当迅速破坏真空(打开真空破坏阀)。

②打闸时，要检查自动主汽阀、调节汽阀和抽汽逆止阀是否关闭，检查压缩机回流旁通阀、放空阀是否全开。如果防喘振控制阀不能自动打开，需要迅速打开旁通阀或放空阀以防止喘振。检查送气管线上的逆止阀是否关闭，以防止气体的倒流。

③有备用机时，在汽轮机组拉闸之前，应将备用机组启动开关拨到"自动启动"位置，以便汽轮机打闸停机后，备用机组立即投运。

④向上控制室及有关上级和其他岗位迅速报告机组停机。

⑤根据需要启动辅助油泵。

⑥完成操作规程所规定的其他操作。

第四节　燃气轮机

燃气轮机(Gas Turbine)是以连续流动的气体为工质带动叶轮高速旋转，将燃料的能量转变为有用功的内燃式动力机械，是一种旋转叶轮式热力发动机。燃气轮机结构最简单，而且最能体现燃气轮机所特有的体积小、重量轻、启动快、少用或不用冷却水等一系列优点。

一、工作原理

燃气轮机的工作过程如下：压气机(即压缩机)连续地从大气中吸入空气并将其压缩；压缩后的空气进入燃烧室，与喷入的燃料混合后燃烧，成为高温燃气，随即流入燃气涡轮中膨胀做功，推动涡轮叶轮带着压气机叶轮一起旋转；加热后的高温燃气的做功能力显著提高，因而燃气涡轮在带动压气机的同时，尚有余功作为燃气轮机的输出机械功。燃气轮机由静止启动时，需用启动机带着旋转，待加速到能独立运行后，启动机才脱开。

燃气轮机的工作过程是最简单的，称为简单循环，此外还有回热循环和复杂循环。燃气轮机的工质来自大气，最后又排至大气，是开式循环，此外还有工质被封闭循环使用的闭式循环。燃气轮机与其他热机相结合的称为复合循环装置。

燃气初温和压气机的压缩比，是影响燃气轮机效率的两个主要因素。提高燃气初温,并相应提高压缩比,可使燃气轮机效率显著提高。20 世纪 70 年代末,压缩比最高达到 31∶1,工业和船用燃气轮机的燃气初温最高达 1200 ℃左右,航空燃气轮机的超过 1350 ℃。

二、发电形式

1. 简单发电

由燃气轮机和发电机独立组成的循环系统,也称为开式循环。其优点是装机快、起停灵活,多用于电网调峰和交通、工业动力系统。目前最高效率的开式循环系统是 GE 公司 LM6000PC 轻型燃气轮机,效率为 43%。

2. 发电

由燃气轮机及发电机与余热锅炉共同组成的循环系统,它将燃气轮机排出的功后高温乏烟气通过余热锅炉回收,转换为蒸汽或热水加以利用。这种形式主要用于热电联产,也有将余热锅炉的蒸汽回注入燃气轮机提高燃气轮机出力和效率的。最高效率的前置回注循环系统是 GE 公司 LM5000 - STIG120 轻型燃气轮机,效率为 43. 3%。前置循环热电联产时的总效率一般均超过 80%。为提高供热的灵活性,大多前置循环热电联产机组采用余热锅炉补燃技术,补燃时的总效率超过 90%。

3. 热电联产

由燃气轮机及发电机与余热锅炉、蒸汽轮机或供热式蒸汽轮机(抽汽式或背压式)共同组成的循环系统,它将燃气轮机排出的功后高温乏烟气通过余热锅炉回收转换为蒸汽,再将蒸汽注入蒸汽轮机发电,或将部分发电做功后的乏汽用于供热。形式有燃气轮机、蒸汽轮机同轴推动一台发电机的单轴联合循环,也有燃气轮机、蒸汽轮机各自推动各自发电机的多轴联合循环,主要用于发电和热电联产,发电时最高效率的联合循环系统是 ABB 公司的 GT26 - 1,效率为 58. 5%。

4. 整体化循环

由煤气发生炉、燃气轮机、余热锅炉和蒸汽轮机共同组成的循环系统,也称为 IGCC,主要解决使用低廉的固体化石燃料代替燃气轮机使用气体、液体燃料,提高煤炭利用效率,降低污染物排放。它可作为城市煤气、电力、集中供热和集中制冷以及建材、化工原料综合供应系统。GE 公司使用 MS7001F 技术组成的整体循环系统发电效率可达到42%。

5. 联合循环

由燃气轮机、余热锅炉和核反应堆、蒸汽轮机共同组成的发电循环系统。通过燃气轮机排出的烟气和热核反应堆输出的蒸汽提高核反应堆蒸汽的温度、压力，提高蒸汽轮机效率，降低蒸汽轮机部分的工程造价。目前，这种发电方式处于尝试阶段。

6. 辅助循环

在以煤、油等为燃料的后置循环发电汽轮机组中，使用小型燃气轮机作为电站辅助循环系统，为锅炉预热、鼓风，改善燃烧，提高效率，并将动力直接用于驱动给水泵。1947年，美国第一台工业用途燃气轮机就是采用该种方式参与发电循环系统运行的。

7. 燃气烟气

由燃气轮机和烟气轮机组成的循环系统，利用燃气轮机排放烟气中的剩余压力和热焓进一步推动烟气轮机发电。该系统与燃气蒸汽联合循环系统比较可完全不用水，但烟气轮机造价较高，还未能广泛使用。

8. 燃气热泵

由燃气轮机和烟气热泵，燃气轮机、烟气轮机和烟气热泵，或燃气轮机、余热锅炉、蒸汽热泵，以及燃气轮机、余热锅炉、蒸汽轮机和蒸汽（烟气）热泵组成的能源利用系统。该系统在燃气轮机、烟气轮机、余热锅炉、蒸汽轮机等设备完成能量利用循环后，进一步利用热泵对烟气、蒸汽、热水和冷却水中的余热进行深度回收利用，或将动力直接推动热泵。这一工艺可用于热电联产、热电冷联产、热冷联产、电冷联产、直接供热或直接制冷。该系统热效率极高，如果用于直接供热，热效率可达150%，是未来能源利用的主要趋势之一。

9. 混合燃料电池

美国能源部宣布开发出了世界上第一个将燃料电池和燃气涡轮机结合在一起的发电设备，这种设备能更有效地产生电力并大大减少环境污染。据了解，这一设备的燃料电池由1152根陶瓷管构成，每根陶瓷管兼做一块电池。电池以天然气为燃料，能放出高温高压的废气流，燃气涡轮机则用燃料电池产生的热废气流制第二轮电力。由于燃料电池中没有燃烧过程，只是通过化学分解天然气燃料来产生电力,因此可以大幅度减少污染。设备不会产生二氧化硫,其反应产物中的氮氧化物含量不及天然气发电设备的2%,二氧化碳排放量则减少了15%。而且,只要有天然气和空气存在,燃料电池就能工作。新型发电设备的发电功率为220 kW,能为200户人家提供电力,其发电效率达到55%。这意味着来自天然气燃料的能量中有55%转化成了电能,远远高于燃煤发电设备的35%发电效率,也高于燃气涡轮机50%的发电效率。

第五节 电站锅炉

电站锅炉又称"电厂锅炉",是指发电厂中向汽轮机提供规定数量和质量蒸汽的中大型锅炉。电站锅炉是火力发电厂的主要热力设备之一,常与一定容量的汽轮发电机组相配套,主要用于发电,但在某些特殊场合下也可兼用于对外供热。一般来说,电站锅炉的蒸发量较大,蒸汽参数(汽温和汽压)很高,需要有一整套的辅助设备,多需配置室燃炉膛,采用强制通风方式,可燃用多种燃料(煤粉、原油或重油、高炉煤气或炼焦炉煤气),结构较复杂,效率较高,多数可达85%~93%,对运行管理水平、机械化程度以及自动控制技术则有相当高的要求。

一、工作原理

1. 流化床锅炉

循环流化床锅炉是在鼓泡床锅炉(沸腾炉)的基础上发展起来的,因此鼓泡床的一些理论和概念可以用于循环流化床锅炉,但是它们又有很大的差别。早期的循环流化床锅炉流化速度比较高,因此称作快速循环床锅炉。快速床的基本理论也可以用于循环流化床锅炉。鼓泡床和快速床的基本理论已被研究了很长时间。要了解循环流化床的原理,必须了解鼓泡床和快速床的理论以及物料在鼓泡床—湍流床—快速床各种状态下的动力特性、燃烧特性以及传热特性。

(1)流态化

当固体颗粒中有流体通过时,随着流体速度逐渐增大,固体颗粒开始运动,且固体颗粒之间的摩擦力也越来越大。当流速达到一定值时，固体颗粒之间的摩擦力与它们的重力相等，每个颗粒可以自由运动，所有固体颗粒表现出类似流体状态的现象，这种现象称为流态化。

对于液固流态化的固体颗粒来说，颗粒均匀地分布于床层中，称为“散式”流态化。而对于气固流态化的固体颗粒来说，气体并不均匀地流过床层，固体颗粒分成群体做紊流运动，床层中的空隙率随位置和时间的不同而变化，这种流态化称为“聚式”流态化。循环流化床锅炉属于“聚式”流态化。固体颗粒（床料）、流体（流化风）以及完成流态化过程的设备称为流化床。

（2）临界流化速度

对于由均匀粒度的颗粒组成的床层，在固定床通过的气体流速很低时，随着风速的增加，床层压降成正比例增加，并且当风速达到一定值时，床层压降达到最大值，该值略大于床层静压。如果继续增加风速，固定床会突然解锁，床层压降降至床层的静压。如果床层由宽筛分颗粒组成的话，其特性为：在大颗粒尚未运动前，床内的小颗粒已经部分流化，床层从固定床转变为流化床的解锁现象并不明显，往往会出现分层流化的现象。颗粒床层从静止状态转变为流态化所需的最低速度称为临界流化速度。随着风速的进一步增大，床层压降几乎不变。循环流化床锅炉一般的流化风速是临界流化速度的 2 ~ 3 倍。

影响临界流化速度的因素如下：

①料层厚度对临界流速影响不大。

②料层的当量平均料径增大则临界流速增加。

③固体颗粒密度增加时临界流速增加。

④流体的运动黏度增大时临界流速减小：如床温增高时，临界流速减小。

2. 电站煤粉锅炉

室燃炉又称煤粉炉。原煤经筛选、粉碎、研磨，制成大部分粒径小于 0.1 mm 的煤粉后，经燃烧器喷入炉膛做悬浮状燃烧。煤粉喷入炉膛后能很快着火，烟气的温度能达到 1 500 ℃左右，但煤粉和周围气体间的相对运动很微弱，煤粉在较大的炉膛内停留 2 ~ 3 秒后才能基本上烧完，故煤粉炉的炉膛容积常比同蒸发量的层燃炉炉膛大一倍。这种锅炉的优点是能燃烧各种煤且燃烧较完全，所以锅炉容量可做得很大，适用于大、中型及特大型锅炉。锅炉效率一般可达

90% ~92%。其缺点为附属机械多,自动化水平要求高,锅炉给水须经过处理,基建投资大。

二、循环方式

电站锅炉蒸发系统内介质的循环有自然循环、辅助循环、直流锅炉和复合循环四种方式。

1. 自然循环

依靠蒸发系统的下降管和上升管中工质的密度差建立循环。超高压以下的锅炉普遍采用自然循环方式。亚临界压力锅炉也可采用自然循环方式,但锅筒内压力一般限于20 MPa以下。

2. 辅助循环

与自然循环的主要差别是在蒸发系统的下降管和上升管之间装有循环泵。循环推动力除依靠工质的密度差,还加上循环泵的压力,因此蒸发面的布置较自由,锅筒直径也可较小。这种循环方式主要用于亚临界压力的锅炉。

3. 直流锅炉

直流锅炉中没有锅筒,给水依靠给水泵压力通过各级受热面最终全部变成过热蒸汽输出。直流锅炉广泛用于高压以上的机组,它能用到超临界压力参数。直流锅炉因没有锅筒,采用小直径的管子,锅炉中汽水和金属的蓄热量比较小,也不能靠排污去除随给水进入锅炉的盐分,所以对自动控制和水处理要求比较高。

4. 复合循环

在直流锅炉汽水系统中增设循环泵,把直流锅炉与辅助循环二者结合起来。复合循环锅炉的汽水系统有多种布置方案。复合循环分为超临界压力复合循环和亚临界压力复合循环。前者在高负荷时,循环泵作为增压泵,系统按直流锅炉方式运行,当低于一定负荷投入再循环时,通过水冷壁的流量为给水流量与再循环流量之和。这种系统的特点是减小了高、低负荷下水冷壁中流速的差值,有利于低负荷运行,且高负荷时的流动阻力也不致太大。后者也称为低倍率循环。在这种系统中,蒸发受热面出口装设汽水分离器,满负荷时的循环倍率为1.2 ~2.0。同纯直流锅炉相比,低倍率循环锅炉的蒸发系统的阻力较小,更适于变压运行,而且所用分离器的直径远小于一般的锅筒。

第六节　火力发电厂

火力发电厂简称火电厂,是利用可燃物(例如煤)作为燃料生产电能的工厂。它的基本生产过程是:燃料在燃烧时加热水生成蒸汽,将燃料的化学能转变成热能,蒸汽压力推动汽轮机旋转,热能转换成机械能,然后汽轮机带动发电机旋转,将机械能转变成电能。

火电厂的原动机通常是蒸汽机或燃气轮机,在一些较小的电站,也有可能会使用内燃机。它们都是利用高温、高压蒸汽或燃气,通过透平变为低压空气或冷凝水这一过程中的压降来发电的。

一、基本原理

1. 汽水系统

火力发电厂的汽水系统是由锅炉、汽轮机、凝汽器、高低压加热器、凝结水泵和给水泵等组成,它包括汽水循环、化学水处理和冷却系统等。水在锅炉中被加热成蒸汽,经过加热器进一步加热后变成过热的蒸汽,再通过主蒸汽管道进入汽轮机。由于蒸汽不断膨胀,高速流动的蒸汽推动汽轮机的叶片转动从而带动发电机。为了进一步提高其热效率,一般都从汽轮机的某些中间级后抽出做过功的部分蒸汽,用以加热给水。现代大型汽轮机组都采用这种给水回热循环。

此外,在超高压机组中还采用再热循环,即把做过一段功的蒸汽从汽轮机的高压缸的出口将做过功的蒸汽全部抽出,送到锅炉的再热汽中加热后再引入汽轮机的中压缸继续膨胀做功,从中压缸送出的蒸汽,再送入低压缸继续做功。在蒸汽不断做功的过程中,蒸汽压力和温度不断降低,最后排入凝汽器并被冷却水冷却,凝结成水。凝结水集中在凝汽器下部由凝结水泵打至低压加热器加热,再经过除氧器除氧,给水泵将预加热除氧后的水送至高压加热器,经过加热后的热水加入锅炉,在过热器中把水加热到过热蒸汽,送至汽轮机做功,这样周而复始,不断做功。汽水系统中的蒸汽和凝结水,由于疏通管道很多并且还要经过许多阀门设备,难免产生跑、冒、滴、漏等现象,这些现象或多或少会造成水的损失，因此我们必须不断地向系统中补充经过化学处理过的软化水，这些补给水一般都补入除氧器中。

2. 燃烧系统

燃烧系统是由输煤、磨煤、粗细分离、排粉、给粉、锅炉、除尘、脱硫等工序组成。其具体过程如下：皮带输送机将煤从煤场通过电磁铁、碎煤机送到煤仓间的煤斗内，再经过给煤机进入磨煤机进行磨粉，磨好的煤粉通过空气预热器来的热风，将煤粉打至粗细分离器，粗细分离器将合格的煤粉（不合格的煤粉送回磨煤机）经过排粉机送至粉仓，给粉机将煤粉打入喷燃器送到锅炉进行燃烧，最后，烟气经过电除尘脱出粉尘再将烟气送至脱硫装置，通过石浆喷淋脱出硫的气体经过吸风机送到烟筒排入天空。

3. 发电系统

发电系统由副励磁机（永磁机）、励磁盘、主励磁机（备用励磁机）、发电机、变压器、高压断路器、升压站、配电装置等组成。发电是由副励磁机发出高频电流，副励磁机发出的电流经过励磁盘整流，再送到主励磁机，主励磁机发出电后经过调压器以及灭磁开关经过碳刷送到发电机转子。发电机转子通过旋转其定子线圈感应出电流，强大的电流通过发电机出线分两路，一路送至厂用电变压器，另一路则送到 SF6 高压断路器，由 SF6 高压断路器送至电网。

二、生产过程

（一）流程简介

1. 煤炭在锅炉中燃烧产生大量热量【化学能→热能】。

2. 锅炉中的水产生高温高压蒸汽；蒸汽通过汽轮机又将热能转化为旋转动力；高压蒸汽的热能转化为机械能后，形成凝结水汽【热能→机械能】。

3. 冷却水与凝结水汽热交换，凝结水汽继续循环，吸收燃烧热产生高压蒸汽；冷却水获得热量用于城市的集中供暖和供热（家住电厂附近暖气比较旺就是这个原因）【热能→集中供暖、供热】。

4. 高压蒸汽推动转子转动发电【机械能→电能】。

（二）具体过程

燃煤用输煤皮带从煤场运至煤斗中。大型火电厂为提高燃煤效率都是燃烧煤粉。因此，煤斗中的原煤要先送至磨煤机内磨成煤粉。磨碎的煤粉由热空气携带经排粉风机送入锅炉的炉膛内燃烧。煤粉燃烧后形成的热烟气沿锅炉的水平烟道和尾部烟道流动,放出热量,最后进入除尘器,将燃烧后的煤灰分离出来。洁净的烟气在引风机的作用下通过烟囱排入大气。助燃用的空气由送风机送入装设在尾部烟道上的空气预热器内,利用热烟气加热空气。这样,一方面使进入锅炉的空气温度提高,易于煤粉的着火和燃烧,另一方面也可以降低排烟温度,提高热能的利用率。从空气预热器中排出的热空气分为两股:一股去磨煤机干燥和输送煤粉,另一股直接送入炉膛助燃。燃煤燃尽的灰渣落入炉膛下面的渣斗内,与从除尘器分离出的细灰一起用水冲至灰浆泵房内,再由灰浆泵送至灰场。

火力发电厂在除氧器水箱内的水经过给水泵升压后通过高压加热器送入省煤器。在省煤器内,水受到热烟气的加热,然后进入锅炉顶部的汽包内。在锅炉炉膛四周密布着水管,称为水冷壁。水冷壁水管的上下两端均通过联箱与汽包连通。汽包内的水经由水冷壁不断循环,吸收着煤受燃烧过程中放出的热量。部分水在水冷壁中被加热沸腾后汽化成水蒸气,这些饱和蒸汽由汽包上部流出,进入过热器中。饱和蒸汽在过热器中继续吸热,成为过热蒸汽。过热蒸汽有很高的压力和温度,因此有很大的热势能。具有热势能的过热蒸汽经管道引入汽轮机后,便将热势能转变成动能。高速流动的蒸汽推动汽轮机转子转动,形成机械能。

汽轮机的转子与发电机的转子通过连轴器连在一起。汽轮机转子转动,带动发电机转子转动。在发电机转子的另一端带着一台小直流发电机,叫励磁机。励磁机发出的直流电送至发电机的转子线圈中,使转子成为电磁铁,周围产生磁场。当发电机转子旋转时,磁场也在旋转,发电机定子内的导线就会切割磁力线感应,产生电流。这样,发电机便把汽轮机的机械能转变为电能。电能经变压器将电压升压后,由输电线送至用户。

释放出热势能的蒸汽从汽轮机下部的排汽口排出,称为乏汽。乏汽在凝汽器内被循环水泵送入凝汽器的冷却水冷却,重新凝结成水,此水称为凝结水。凝结水由凝结水泵送入低压加热器并最终回到除氧器内,完成一个循环。循环过程中难免有汽水的泄漏,即汽水损失,因此要适量地向循环系统内补给一些水,以保证循环的正常进行。高、低压加热器就是为提高循环的热效率所采用的装置,除氧器是为了除去水含的氧气以减少对设备及管道的腐蚀。

以上分析虽然较为繁杂,但从能量转换的角度看却很简单,即燃料的化学能→蒸汽的热势能→机械能→电能。在锅炉中,燃料的化学能转变为蒸汽的热能;在汽轮机中,蒸汽的热能转变为转子旋转的机械能;在发电机中,机械能转变为电能。炉、机、电是火电厂中的主要设备,亦称三大主机。与三大主机相辅的工作设备称为辅助设备或辅机。主机与辅机及其相连的管道、线路等称为系统。火电厂的主要系统有燃烧系统、汽水系统、电气系统等。

除了上述的主要系统,火电厂还有其他一些辅助生产系统,如燃煤的输送系统、水的化学处理系统、灰浆的排放系统等。这些系统与主系统协调工作,它们相互配合完成电能的生产任务。为保证这些设备的正常运转,火电厂装有大量的仪表,用来监视这些设备的运行状况,同时还设置有自动控制装置,以便及时对主、辅设备进行调节。现代化的火电厂已采用了先进的计算机分散控制系统,这些控制系统可以对整个生产过程进行控制和自动调节,根据不同情况协调各设备的工作状况,使整个电厂的自动化水平达到了新的高度。自动控制装置及系统已成为火电厂中不可缺少的部分。

第五章　能源与环境

能源是人类社会存在和发展的物质基础。自从人类告别了渔猎进入农耕以来,从刀耕火种开始,人类社会的文明进步一直依赖能源这个物质基础的支撑。尤其是以蒸汽机的发明为代表的工业革命以来,能源技术推动了经济社会的高速发展。它无时无刻不在改变着我们的生活。人们的生活已离不开能源。但是在发展的同时,人们也越来越感受到大规模使用化石燃料所带来的严重后果:资源日益枯竭,环境不断恶化,还诱发了不少国家、地区之间的政治经济纠纷甚至是冲突和战争。为了人类社会的永久和谐,我们必须寻找一种清洁的、安全可靠的可持续能源系统。

第一节　环境的定义及分类

一、环境的定义

环境是人类和其他生物赖以生存的客观物质和生态系统所组成的一个整体。环境可分为社会环境(精神环境)和自然环境(物质环境)两大类。一般讲的环境,主要指自然环境。

自然环境是对我们周围的各种因素的总称,包括大气、水、土壤、岩石、生物、各种矿物等。自然界有它自己的运动规律。从环境保护的角度来说,最重要的是认识和掌握自然界的生态平衡规律。

二、环境污染及其分类

1. 环境污染的定义

环境污染是指人类活动使环境要素或其状态发生变化,环境质量恶化,扰乱和破坏了生态系统的稳定性及人类的正常生活条件的现象。实质是人类活动总将大量的污染物排入环境,影响其自净能力,降低了生态系统的功能。

2. 分类

环境污染按性质可分为化学污染、物理污染和生物污染。

化学污染物包括：燃料的污染、烹调油烟的污染、吸烟烟雾的污染、建筑材料的污染（放射性污染，石棉的污染，涂料、填充料及溶剂所含挥发性有机化合物的污染）、装饰材料的污染、家用化学品的污染、VOC 的污染、臭氧的污染等。

物理污染有噪声的污染、电磁波的污染、噪光的污染等。

生物污染有尘螨的污染、宠物的污染等。

第二节　能源与环境的关系

能源是决定人类进步的主要支撑，是经济增长的战略投入要素。经济增长和能源投入之间形成了一定的互动关系，能源是经济增长的动力源泉，经济增长又拉动能源消费。因此，能源对经济社会的积极影响还是很明显。但是能源的利用，对环境也造成了越来越严重的影响。

一、能源利用是引起环境变化的重要原因

人类是环境的产物，又是环境的改造者。人类在同自然界的斗争中，不断地改造自然。但是由于人类认识能力和科学技术水平有限，在改造环境的过程中，会对环境造成污染和破坏。

人类活动造成的环境问题，最早可追溯到远古时期。那时，由于用火不慎，大片草地、森林发生火灾，生物资源遭到破坏，人们不得不迁往他地以谋生存。随着社会分工和商品交换的发展，城市成为手工业和商业的中心。城市里人口密集，各种手工业作坊与居民住房混在一起，排出的废水、废气、废渣，以及城镇居民排放的生活垃圾，造成环境污染。

煤、石油、天然气是所有能源中最重要的能源，也是全球经济发展的基础能源。自 18 世纪英国工业革命以来，人们千百年来的自然生活方式大大地改变了。随着现代科学进步和工业化进程的急速发展，人们对于自己所处的环境——大自然的改造能力越来越强。人类对能源的需求量也明显地发生了变革。基础能源的使用量和需求量开始大幅度增加。下面是一座 1000 MW 的发

电厂在使用不同燃料时的污染物的排放量。

1000 MW 的发电厂在使用不同燃料时的污染物的排放量

污染物	年排放量/10^6 kg		
	煤气	油	煤炭
颗粒物质	0.46	0.73	4.49
硫氧化物	0.012	52.66	39.00
氮氧化物	12.08	21.70	20.88
一氧化碳	忽略不计	0.008	0.21
碳氢化合物	忽略不计	0.67	0.52

任何一种能源的开发和利用都会对环境造成一定影响。例如水能的开发和利用可能会造成地面沉降、地震、生态系统变化，地热能的开发利用能导致地下水污染和地面下沉。在诸多能源中，不可再生能源对环境的影响是最为严重的。煤、石油、天然气等大量能源的利用，也使得由于使用能源而导致的环境问题开始显现出来。大量使用化石燃料，对环境造成严重的危害。下面是 20 世纪的两件公害事件：

1. 比利时马斯河谷烟雾事件

1930 年 12 月 1 日至 5 日，地处狭窄盆地的比利时马斯河谷工业区发生气温逆转，工厂排出的有害气体在近地层积聚，三天后有人发病，症状为胸痛、咳嗽、呼吸困难等。一周内有 60 多人死亡。心脏病、肺病患者死亡率最高。这是 20 世纪最早记录的大气污染事件。

2. 日本水俣病事件

1953—1956 年，日本熊本县水俣市含甲基汞的工业废水污染水体，使水俣湾和其外围的“不知火海”的鱼中毒。人食用毒鱼后受害，造成了近万人患中枢神经疾病，其中甲基汞中毒患者 283 人中有 60 余人死亡。

二、能源利用导致的主要环境问题

1. 酸雨污染

大气中的硫和氮的氧化物有自然和人为两个来源。例如：二氧化硫的自然来源包括微生物活动和火山活动，含盐的海水飞沫也增加大气中的硫。自然排放大约占大气中全部二氧化硫的一半，但由于自然循环过程，自然排放的硫基本上是平衡的。环境中硫氧化物的人为来源主要是煤炭、石油等矿物燃料的燃烧、金属冶炼、化工生产、水泥生产、木材造纸以及其他含硫原料的工业生产。近年来,各国虽然采取了种种减少二氧化硫排放量的措施,使燃料单位质量的矿物燃料排出的二氧化硫量有所减少。但随着工业的发展与人口的增加,矿物燃料的总消费量在不断增长,世界的二氧化硫人为排放量仍在继续增加。

2. 荒漠化加剧

荒漠化是由于气候变化和人类不合理的经济活动等因素使干旱、半干旱和具有干旱灾害的半湿润地区的土地发生退化的现象。土地开垦成农田以后,生态环境就发生了根本的变化,稀疏的作物遮挡不住暴雨对土壤颗粒的冲击;缺少植被而裸露的地表经受日晒风吹,不断地损失掉它的水分和肥沃的表层细土;单调的作物又吸走了土壤中的某些无机和有机肥料,并随收获物被带出土壤生态系统以外。年复一年,土壤的肥力不断降低,导致土壤品质恶化,于是水土流失便加速进行。

3. 生物多样性减少

由于工业化和城市化的发展,能源的大量利用占用了大面积的土地,破坏了大量天然植被,造成土壤、水和空气污染,危害了森林,特别是对相对封闭的水生生态系统带来毁灭性影响。另外,全球变暖导致气候形态在较短的时间内发生了较大的变化,使自然生态系统无法适应,可能改变生物群落的边界。

4. 温室效应和全球气候变化

地球大气中起温室作用的气体主要有二氧化碳、甲烷、臭氧、一氧化氮、氟利昂以及水汽等。由于大气的运动是全球性的,大气没有国界,因而大气污染所造成的危害是共同的。当进入大气的有害物质在数量上超过了大气的自净能力时,就会对各方面造成污染,这就是大气污染。在大气人为污染源中,温室效应是全球性因空气污染而形成的环境问题。

三、各种能源的开发利用对环境的影响

1. 水力发电

水库建造的过程与建成之后,对环境的影响主要包括以下几方面:

(1)自然方面

巨大的水库可能引起地表的活动,甚至有可能诱发地震。此外,建造水库还会引起流域水文上的改变,如下游水位降低或来自上游的泥沙减少等。水库建成后，由于蒸发量大，气候凉爽且较稳定，会导致该地区降雨量减少。

（2）生物方面

对陆地动物而言，水库建成后，可能会造成大量的野生动物被淹没死亡，甚至灭绝。对水生动物而言，由于上游生态环境的改变，会使鱼类受到影响，导致灭绝或种群数量减少。同时，由于上游水域面积的扩大，使某些生物（如钉螺）的栖息地点增加，为一些地区疾病（如血吸虫病）的蔓延提供了土壤。

（3）物理化学性质方面

流入和流出水库的水在颜色和气味等物理化学性质方面发生变化，而且水库中各层的密度、温度甚至溶解氧等有所不同。深层水的水温低，而且沉积库底的有机物不能充分氧化而导致厌氧分解，水体的二氧化碳含量明显增加。

（4）社会经济方面

修建水库可以防洪、发电，也可以改善水的供应和管理，增加农田灌源，但同时亦有不利之处。如受淹地区的城市搬迁、农村移民安置会对社会结构、地区经济发展等产生影响。如果整体、全局计划不同，社会生产和人民生活安排不当，还会引起一系列的社会问题。另外，自然景观和文物古迹的淹没与破坏，更是文化和经济上的一大损失，应当事先制定保护规划和落实保护措施。

2. 电力

各种能源中，电力是控制方便、易于传输的。用燃料或核能经热机发电，热效率是有限的，总有相当于发电量一倍到两倍多的热能要就地耗散，这些热量可用冷却塔传给水体。冬季可能利用余热，夏季就会成为热污染。水体的温升应严格限制，以防发生有害生态影响。输电效率高，但也要防止使人受到过强的电磁场，电晕放电产生离子也会有不良效应。配送电用的电力电容器含多氯联苯，包裹蒸汽管道用的石棉，不用时如不妥善处置也会造成严重污染。

3. 化石燃料

化石燃料是目前世界一次能源的主要部分，其开采、燃料、耗用等方面的数量都很大，从而对环境的影响也令人关注。

以燃煤而言，开采时要挖出相当多的废碎石，还有矸石。矸石中的硫化物缓慢氧化发热，如散热不良或未隔绝空气就会自燃，释放出二氧化碳、二氧化硫及其他有害物质。为防止矿井中“瓦斯”积累爆炸，就要排风，排出大量甲烷（瓦斯)及氡。开采多需要抽水,矿井水多受到矸石煤及其杂质的污染,挖出的煤与石也能污染地面水。

四、我国能源环境问题

我国能源与环境发展的总体格局是:能源工业的发展以煤炭为基础,以电力为中心,大力发展水电,积极开发石油、天然气、核电,因地制宜开发新能源和可再生能源,依靠科学进步,提高能源效率,合理利用能源资源,对传统煤炭的开采利用向环境无害化方向改变,开发洁净煤技术以减少环境污染。

我国能源环境问题与世界主要国家的主要问题有一定差别。其根本在于石油使用导致的污染与煤炭导致的污染的主要差别。我国能源利用所导致的主要环境问题是:煤炭开采运输污染,燃煤造成的城市大气污染和农村过度消耗生物质能引起的生态破坏,能源与资源利用效率低导致的环境问题,还有日益严重的车辆尾气的污染等。

五、走可持续的清洁能源之路

面对未来中国能源发展的重大挑战,包括一次能源供应、石油和天然气的安全保障、能源消费造成的环境污染、全球气候变化对减排 CO_2 的压力等,中国走能源清洁发展之路必须解决如何实现可持续的能源战略以及以有限的资源满足可持续发展的需求的一系列问题。

根据当前能源发展遇到的严峻问题,国务院发展研究中心在"中国能源发展战略和改革国际研讨会"上提出,在未来 20 年,中国应实行"节能优先,结构多元,环境友好"的可持续能源发展战略。

1. 节能优先

节能的领域应该是全面的,以工业、交通和建筑三大耗能部门为主,全方面采取节能措施:一方面,今后 20 年能耗始终占一半以上的工业部门仍是节能的重点领域,预计节能潜力有 5 亿吨标准煤左右;另一方面,需要尽快改变偏重工业节能,忽略建筑、交通节能的现状,对当前已进入快速增长期、今后需求比例明显提高的建筑、交通部门,必须及早采取有效措施。

2. 结构多元

能源结构调整的原则如下:

(1)立足国内资源,充分利用国际资源,在保证供给和经济可承受性的前提下最大限度地优化能源结构。

（2）国家能源安全方面有充分保障。

（3）环境质量明显改善，可持续发展能力明显增强。

3. 环境友好

（1）发展环境友好能源，把发展洁净能源和能源洁净利用技术作为可持续发展能源战略的重要目标。

（2）按空气质量要求，对主要污染物实行严格的总量控制。

（3）提高排污收费标准，实行排污交易。

（4）实行环保折价，将环境污染的外部成本内部化。

（5）及早控制城市交通污染。

（6）取消对高耗能产品的生产补贴。

（7）应对全球气候变暖的国际行动。

第六章　能源与交通

第一节　概述

能源紧缺问题严重，全球石油资源储量的稀缺毋庸置疑，开发新能源是未来广为关注的研究课题。新能源的研发和应用会直接影响到交通行业的未来命运，率先生产出新能源产品将成为利在当代、功在千秋的伟业。

因此，发展新能源交通成为世界交通发展的必然选择。由于石油价格不断飙升，新能源交通显示出使用成本低的优势。各大交通设备制造厂商也看到了新能源交通的发展空间，开始加大研发和推广的力度。

全球环境保护的呼声日益高涨，新能源交通能够满足更为苛刻的环保要求，并且一定程度上抑制温室气体的排放。我国在交通产业飞速发展的今天同样面临着严峻的环境挑战，以雾霾为主的环境污染已成为我国政府面临的一大问题。交通尾气的排放是我国环境污染的一个主要来源。世界多个国家和地区针对交通尾气排放所制定的标准也越来越严格，而为了应对不断严格的交通尾气排放标准，各大厂商目前主要采用改进发动机、提升效率的方法，也面临技术提升难度越来越大的问题。此时，发展新能源交通代替常规交通工具，可以从根本上解决交通尾气排放问题，从而改善空气质量，保护环境。

第二节　新能源汽车

一、新能源汽车的概念

新能源又称非常规能源，是指传统能源之外的各种能源形式。新能源汽车是相对于传统汽车提出来的,传统的汽车以汽油、柴油为燃料,而新能源汽车是指采用非常规的车用燃料作为动力来源(或使用常规的车用燃料,采用新型车载动力装置),综合车辆的动力控制和驱动方面的先进技术,形成的技术原理先进、具有新动力系统的汽车。目前在工程上可实现的新能源汽车技术包括:混合动力、天然气车、纯电动车和燃料电池。同时,新能源汽车被认为是现阶段减少空气污染和减缓能源短缺的有效方式。

二、发展新能源汽车的意义

汽车工业是国民经济的支柱产业,汽车与人们的生活息息相关,已成为现代社会必不可少的组成成分。但是,以石油为燃料的传统的汽车工业,在为人们提供快捷、舒适的交通工具的同时,增加了国民经济对化石能源的依赖,加深了能源生产与消费之间的矛盾。随着资源与环境双重压力的持续增大,发展新能源汽车已成为未来汽车工业发展的方向。

(一)发展新能源汽车是缓解石油短缺的重要措施。发展新能源汽车是减少对石油依赖,解决快速增长的能源需求与石油资源终将枯竭的矛盾的必由之路。

近年来,我国汽车市场发展迅速,2012 年乘用车产销量就已突破 1500 万辆。加之我国正处于工业化、城市化和机动化的重要阶段,汽车需求的快速增长在所难免,且汽车消费市场还有相当大的发展空间。因此,大力发展新能源汽车是缓解我国石油短缺、降低石油对外依存度的重要措施。

(二)发展新能源汽车是降低环境污染的有效途径。新能源汽车与传统汽车相比,具有良好的环保性能,不仅排放低,而且效率高。

近年来,世界各国高度关注温室气体排放和气候变化问题,我国虽然是发展中国家,但由于我国的高速发展,目前也面临着严峻的环境问题。我国如果能在新能源汽车领域率先实现突破,将会改变我国在气候变化上的被动地位,并为全球解决日益严重的能源环境问题做出积极的贡献。

(三)发展新能源汽车是汽车工业发展的必由之路。新能源汽车将催生汽车动力技术的一场革命,必将带动汽车产业升级,建立新型的国民经济战略产业。

(四)发展新能源汽车(电动车)是智能电网建设的重要内容。传统的电力系统,实际用电负荷的波动性与发电机组额定工况下所要求的用电负荷稳定性之间存在固有矛盾,如何处理电力系统的峰谷差一直是电网企业头疼的问题。

我国电力装机已突破 8 亿千瓦,并将持续增长,然而许多机组是为了应对电力系统短时间的峰值负荷而建设的,如果措施得当,建设 6 亿千瓦的装机容量就够用了。可以预计,作为智能电网建设的重要组成部分,新能源汽车的发展能协助解决这一问题。

三、混合动力汽车

1. 概念

混合动力车辆是指使用两种或以上能源的车辆,目前的混合动力车多数以内燃机及电动机推动,此类混合动力车叫油电混合动力车(Hybrid Electric Vehicle,简称 HEV)。多数油电混合动力车使用燃油,因消耗燃油较少,且性能表现不错,被视为比一般由内燃引擎发动车辆更为环保的选择。近年来,有的车辆可以从输电网络上向内部电池充电,叫插电式混合动力汽车(Plug-in Hybrid Electric Vehicle,简称 PHEV),若发电厂使用可再生能源或碳排放量低的发电方式,那就可以进一步降低碳排放量。

2. 分类

混合动力汽车的种类目前主要有 3 种。一种是以发动机为主动力,电动发动机作为辅助动力的“并联方式”。这种方式主要以发动机驱动行驶,利用电动机所具有的再启动时产生强大动力的特征,在汽车起步、加速等发动机燃油消耗较大时,用电动机辅助驱动的方式来降低发动机的油耗。这种方式的结构比较简单,只需要在汽车上增加电动机和电瓶。另外一种是在低速时只靠电动机驱动行驶,速度提高时发动机和电动机相配合驱动的“串、并联方式”。启动和低速时只靠电动机驱动行驶,当速度提高时,由发动机和电动机共同高效地分担动力,这种方式需要动力分担装置和发电机等,因此结构复杂。还有一种是只用电动机驱动行驶的电动汽车“串联方式”,发动机只作为电力的动力源,汽车靠电动机驱动行驶。

3. 工作原理

混合动力电动汽车的动力系统主要由控制系统、驱动系统、辅助动力系统和电池组等部分构成。

以串联混合动力电动汽车为例，介绍一下混合动力电动汽车的工作原理。

在车辆行驶之初，电池组处于电量饱满状态，其能量输出可以满足车辆要求，辅助动力系统不需要工作。电池电量低于60%时，辅助动力系统启动；当车辆能量需求较大时，辅助动力系统与电池组同时为驱动系统提供能量；当车辆能量需求较小时，辅助动力系统为驱动系统提供能量的同时，还给电池组进行充电。由于电池组的存在，发动机工作在一个相对稳定的工况，使其排放得到改善。

混合动力汽车采用能够满足汽车巡航需要的小排量发动机，依靠电动机或其他辅助装置提供加速与爬坡所需的附加动力。其结果是提高了总体效率，同时并未牺牲性能。混合动力车装配可回收制动能量装置。在传统汽车中，当司机踩制动时，这种本可用来给汽车加速的能量作为热量被白白浪费。而混合动力车却能回收这些能量的大部分，并将其暂时贮存起来供加速时再用。混合动力车通过对动力系统的智能控制来取得最大的效率，比如在公路上巡航时使用汽油发动机：在低速行驶时，可以单靠电机驱动，不用汽油发动机辅助；某些情况下，两者相结合可以获得最优效率。

4. 优、缺点

混合动力汽车通过把内燃机和电动机巧妙结合，取得了最优效率，在保证动力足够输出的前提下，有效节省了燃油。此外，在目前充电站并未大规模建成的情况下，混合动力汽车可继续依靠现有加油站来保证它的正常使用。但混合动力汽车还存在一定的技术问题，电池效率和成本还有待进一步优化，需要降低实际使用成本，来实现大规模推广使用。

四、天然气车

1. 概念

简单地说，天然气汽车是以天然气为燃料的一种气体燃料汽车。天然气的甲烷含量一般在90%以上，是一种很好的汽车发动机燃料。目前，天然气被世界公认为最现实、技术上比较成熟的车用汽油、柴油的代用燃料。

2. 天然气车的工作原理

目前，国内外汽车使用天然气时，都是将原来的燃油发动机进行改装，以适应燃烧天然气。按燃烧天然气的特点专门设计、制造的发动机还比较少，天然

气车的工作原理根据工作原理的不同,改用天然气的工作方式有以下两种:

(1)汽油车的改装。使用天然气作为燃料的工作原理与原来的汽油机相同,即将高压气瓶中储存的天然气经过减压后送到混合器中,在此与空气混合,进入气缸,使用原汽油机的点火系统中的火花塞点火。原汽油机的压缩比不变,原发动机结构基本不变,只是另外加上天然气的储气瓶、减压阀及相应的开关。

(2)柴油汽车的改装。柴油汽车的改装有两种方法:第一种是原柴油机结构基本不变,按电点火方式改装,即按汽油机工作原理工作;第二种是原柴油机的燃料系统不变,再加上和上面相同的天然气燃料系统,一般压缩比不变,发动机气缸吸入空气和天然气的混合气后,由原来的柴油喷油器喷入少量的柴油作为引燃用,柴油压燃着火后,点燃可燃混合气进行工作,这就是双燃料天然气发动机。

3. 天然气车的优、缺点

优点

(1)天然气汽车是清洁燃料汽车。

(2)天然气汽车有显著的经济效益,可降低汽车营运成本。

(3)天然气汽车比汽油汽车更安全。首先,与汽油相比,压缩天然气本身就是比较安全的燃料,天然气燃点高,与汽油相比不易点燃;天然气密度低,很难形成遇火燃烧的浓度;天然气辛烷值高,抗爆性能好,爆炸极限窄,燃烧困难。其次,压缩天然气汽车所用的配件比汽油车要求更高。

缺点

(1)压缩天然气汽车的动力性比汽油汽车略低,燃用天然气时,汽车的动力性略下降5% ~15%。

(2)改装一次性投资较大。目前,改装一辆压缩天然气汽车需4000 ~6000元,不过随着日后技术的不断进步,费用会继续降低。

第三节　电动汽车

一、定义

指以事前已充满电的蓄电池供电给电动机，由电动机推动的车辆，但这不代表电动车不会产生污染或排碳。在产生电力给纯电动车驱动的过程中，视发电方式不同而会有不同程度的污染及碳排放。在制造过程中，纯电动车产生的碳排放量也较多，主要体现在电池的制造上。电池的生产过程会产生大量二氧化碳，占整个生产过程的43%，大大增加了纯电动车的排碳量。纯电动汽车是指由电机驱动的汽车，电机的驱动电能来源于车载可充电蓄电池或其他能量储存装置。纯电动汽车的电机相当于内燃机汽车的发动机，蓄电池或其他能量储存装置相当于内燃机汽车油箱中的燃料。目前，纯电动汽车是发展最快的新能源汽车，也是新能源汽车发展的重点。

电动汽车标准体系建设直接关系到整个产业的健康可持续发展。目前，我国已发布电动汽车标准80余项，涵盖电动汽车整车、关键总成(含电池、电机、电控)、充换电设施、充电接口和通信协议等，明确了电动汽车的分类和定义，以及动力性、经济性、安全性的测试方法和技术要求，规定了电池、电机等关键零部件的技术条件，规范了充换电基础设施建设，统一了车与充电设施之间的充电接口和通信协议。建立的电动汽车标准体系基本满足现阶段电动汽车市场准入、科研、产业化和商用化运行的需要。

内燃机汽车主要由发动机、底盘、车身和电气设备4大部分组成。发动机把燃料燃烧产生的热能变成机械能，再通过底盘上的传动机构，将动力传给驱动车轮，使汽车行驶。纯电动汽车与内燃机汽车相比，取消了发动机，底盘上的传动机构发生了改变，根据驱动方式不同，有些部件已被简化或省去，增加了电源系统和驱动电机系统等。

1. 电源系统

电源系统主要包括动力电池、电池管理系统、车载充电机及辅助动力源等。动力电池是电动汽车的动力源，是能量的存储装置，也是目前制约电动汽车发展的关键因素。要使电动汽车与内燃机汽车竞争，关键是开发出比能量高、比功率大、使用寿命长、成本低的动力电池。目前纯电动汽车以锂离子蓄电池为主。电池管理系统实时监控动力电池的使用情况，对动力电池的端电压、内阻、温度、电解液浓度、当前电池剩余电量、放电时间、放电电流或放电深度等动力蓄电池状态参数进行检测，并按动力电池对环境温度的要求进行调温控制，通过限流控制，避免动力蓄电池过充、过放电。对有关参数进行显示和报警，其信号流向辅助系统的车载信息显示系统，以便驾驶员随时掌握并配合其操作，按需要及时对动力电池充电并进行维护保养。车载充电机是把电网供电制式转换为对动力电池充电要求的制式，即把交流电转换为相应电压的直流电，并按要求控制其充电电流。辅助动力源一般为 12 V 或 24 V 的直流低压电源，它主要给动力转向、制动力调节控制、照明、空调、电动窗门等各种辅助用电装置提供所需的能源。

2. 驱动电机系统

驱动电机系统主要包括电机控制器和驱动电机。电机控制器按整车控制器的指令、驱动机的转速和电流反馈信号等，对驱动电机的转速、转矩和旋转方向进行控制。电机在纯电动汽车中被要求承担电动和发电的双重功能，即在正常行驶时发挥其主要的电动功能，将电能转化为机械旋转能；而在减速和下坡滑行时又被要求进行发电，承担发电机功能，将车轮的惯性动能转换为电能。

3. 整车控制器

整车控制器根据驾驶员输入的加速踏板和制动踏板的信号，向电机控制器发出相应的控制指令，对电机进行启动、加速、减速、制动控制。在纯电动汽车减速和下坡滑行时，整车控制器配合电源系统的电池管理系统进行发电回馈，使动力蓄电池反向充电。整车控制器还对动力蓄电池充放电过程进行控制。与汽车行驶状况有关的速度、功率、电压、电流及有关故障诊断等信息，还需传输到车载信息显示系统进行相应的数字或模拟显示。

4. 辅助系统

辅助系统包括车载信息显示系统，动力转向系统，导航系统，空调、照明及除霜装置，刮水器和收音机等，借助这些辅助设备来提高汽车的操纵性和乘员的舒适性。

未来电动汽车的车载信息显示系统将全面超越传统汽车仪表的现有功能，系统主要功能包括全图形化数字仪表、GPS 导航、车载多媒体影音娱乐、整车状态显示、远程故障诊断、无线通信、网络办公、信息处理、智能交通辅助驾驶等。未来的车载信息显示系统是人、车、环境的充分交互，是集电子、通信、网络、嵌入式等技术为一体的高端车载综合信息显示平台。

5. 纯电动汽车驱动系统布置形式

纯电动汽车驱动系统布置形式是指驱动轮数量、位置以及驱动电机系统布置的形式。电动汽车的驱动系统是电动汽车的核心部分，其性能决定着电动汽车行驶性能的好坏。电动汽车的驱动系统布置取决于电机驱动方式，可以有多种类型。电动汽车的驱动方式主要有后轮驱动、前轮驱动和四轮驱动。

(1)后轮驱动方式

后轮驱动方式是传统的布置方式，适合中、高级电动轿车和各种类型电动客货车，有利于车轴负荷分配均匀，汽车操纵稳定性、行驶平顺性较好。

后轮驱动方式主要有传统后驱动布置形式、电机—驱动桥组合后驱动布置形式、电机—变速器一体化后驱动布置形式、轮边电机后驱动布置形式、轮毂电机后驱动布置形式等。

传统后驱动布置形式与传统内燃机汽车后轮驱动系统的布置方式基本一致，带有离合器、变速器和传动轴，驱动桥与内燃机汽车驱动桥一样，只是将发动机换成电机。变速器通常有 2 ~ 3 个挡位，可以提高电动汽车的启动转矩，增加低速时电动汽车的后备功率。这种布置形式一般用于改造型电动汽车。

电机—驱动桥组合后驱动布置形式取消了离合器、变速器和传动轴，但具有减速差速机构，把驱动电机、固定速比的减速器和差速器集成为一个整体，通过 2 个半轴来驱动车轮。此种布置形式的整个传动长度比较短，传动装置体积小，占用空间小，容易布置，可以进一步降低整车的重量，但对电机的要求较高，不仅要求电机具有较高的启动转矩，而且要求具有较大的后备功率，以保证电动汽车的启动、爬坡、加速超车等动力性。一般低速电动汽车采用这种布置形式。

电机—变速器一体化后驱动布置形式相比单一的电机驱动系统、一体化驱动系统，可以综合协调控制电机和变速器，最大限度地改善电机输出动力特性，增大电机转矩输出范围,在提升电动汽车的动力性的同时,使电机最大限度地工作在高效经济区域内。变速器一般采用 2 挡自动变速器。

轮边电机后驱动布置形式将轮边电机与减速器集成后融入驱动桥上,采用刚性连接,减少高压电器数量和动力传输线路长度。优化后的驱动系统可降低车身高度、提高承载量、提升有效空间。

轮毂电机后驱动的纯电动汽车大大减少了零部件数量和动力系统的体积,让车辆的动力系统变得更加简单,大大提高了车内空间的实用性和利用率。每个车轮独立的轮毂电机相比一般电动汽车,也省掉了传动半轴和差速器等装置,同样节省了大量空间且传动效率更高。轮毂电机后驱动的纯电动车将动力蓄电池放置在传统的发动机舱中,而将辅助蓄电池、电机控制器、充电机等布置在车尾附近,根据实际需要,可以在车辆上灵活地布置电池组。从另一个方面来看,在满足目前空间需求的前提下,使用轮毂电机驱动的车辆在体积上可以变得更加小巧,这将改善城市中的拥堵和停车等问题。同时,独立的轮毂电机在驱动车辆方面灵活性更高,能够实现传统车辆难以实现的功能或驾驶特性。

(2)前轮驱动方式

前轮驱动纯电动汽车结构紧凑,有利于其他总成的安排,在转向和加速时行驶稳定性较好;前轮驱动兼转向,结构复杂,上坡时前轮附着力减小,易打滑。前轮驱动方式适合于中级及中级以下的电动轿车。

前轮驱动方式主要有电机—驱动桥组合前驱动布置形式、电机—变速器组合前驱动布置形式、电机—变速器一体化前驱动布置形式、轮边电机前驱动布置形式、轮毂电机前驱动布置形式等。

(3)四轮驱动方式

四轮驱动适合要求动力性强的电动轿车或城市 SUV。与四轮驱动内燃机汽车相比,四轮驱动纯电动汽车能够取消部分传动零件,提高空间的利用率和动力的传递效率。

四轮驱动主要采用轮边电机或轮毂电机方式。电机四轮驱动可以极大地节省空间,并且每个车轮都是一个独立的动力单元,因此能够实现对每一个车轮进行精准的转矩分配,反应更快、更直接、效率更高,这是目前传统四轮驱动汽车无法做到的。轮边电机和轮毂电机驱动布置形式是纯电动汽车驱动系统布置形式的发展趋势。

随着电机技术和变速技术的发展,会有更多种驱动系统布置形式出现。电动汽车驱动系统布置的原则是简单、节省空间、效率高。

6. 动力性能要求

车辆的动力性能应满足以下要求:

(1)30 min 最高车速

30 min 最高车速是指电动汽车能够持续行驶 30 min 以上的最高平均车速。按照 GB/T 18385 -2005《电动汽车动力性能试验方法》规定的试验方法测量 30 min 最高车速,其值应不低于 80 km/h。

(2)加速性能

按照 GB/T 18385 -2005《电动汽车动力性能试验方法》规定的试验方法测量车辆 0 ~50 km/h 和 50 ~80 km/h 的加速性能,其加速时间应分别不超过 10 s 和 15 s。

(3)爬坡性能

按照 GB/T 18385 -2005《电动汽车动力性能试验方法》规定的试验方法测量车辆爬坡速度和最大爬坡度,车辆通过 4% 坡度的爬坡速度不低于 60 km/h;车辆通过 12% 坡度的爬坡速度不低于 30 km/h;车辆最大爬坡度不低于 20% 。

7. 可靠性要求

车辆的可靠性应满足以下要求。

(1)里程分配

可靠性行驶的总里程为 15000 km,其中强化坏路 2000 km,平坦公路 6000 km,高速公路 2000 km,工况行驶 5000 km(工况行驶按照 GB/T 19750 中的要求进行)。可靠性行驶试验前的动力性能试验里程以及各试验间的行驶里程等可计入可靠性试验里程。

(2)故障

整个可靠性试验过程中,整车控制器及总线系统、动力蓄电池及管理系统、电机及电机控制器、车载充电机等系统和设备不应出现危及人身安全、引起主要总成报废、对周围环境造成严重危害的故障(致命故障),也不应出现影响行车安全、引起主要零部件和总成严重损坏或用易损备件和随车工具不能在短时间内排除的故障(严重故障)。

(3)车辆维护

车辆的正常维护和充电应按照车辆制造厂的规定。整个行驶试验期间,不应更换动力系统的关键部件,如电机及其控制器、动力蓄电池及管理系统、车载充电机等。

(4)性能复试

可靠性试验结束后,进行30 min最高车速、续驶里程复试。其中,30 min最高车速复测值应不低于初始所测值的80%,且应不低于70 km/h;工况法续驶里程复试值应不低于初始所测值的80%,且应不低于70 km。

二、纯电动车工作原理

电动汽车由电力驱动及控制系统、驱动力传动等机械系统构成。电力驱动及控制系统是电动汽车的核心,也是区别于内燃机汽车的最大不同点。电力驱动及控制系统由驱动电动机、电源和电动机的调速控制装置等组成。电动汽车的其他装置基本与内燃机汽车相同。纯电动车所用的电池多是镍氢(Ni-MH)电池或锂离子电池(Li-ion),可回收再用。

1. 纯电动汽车电源系统

纯电动汽车电源系统主要由动力电池、电池管理系统、车载充电机、辅助电源等组成,其功用是向用电装置提供电能、监测动力电池使用情况以及控制充电设备向蓄电池充电。

(1)动力电池主要性能指标

电动汽车上的动力电池主要是化学电池,即利用化学反应发电的电池,可以分为原电池、蓄电池和燃料电池。物理电池一般作为辅助电源使用,如超级电容器。

动力电池是电动汽车的储能装置,要评定动力电池的实际效应,主要是看其性能指标。动力电池性能指标主要有电压、容量、内阻、能量、功率、输出效率、自放电率、使用寿命等,根据动力电池种类不同,其性能指标也有差异。

电池电压主要有端电压、标称(额定)电压、开路电压、工作电压、充电终止电压和放电终止电压等。

1)端电压

电池的端电压是指电池正极与负极之间的电位差。

2)标称电压

标称电压也称额定电压,是指电池在标准规定条件下工作时应达到的电压。标称电压由极板材料的电极电位和内部电解液的浓度决定。铅酸蓄电池的标称电压是2 V,金属氢化物镍蓄电池的标称电压为1.2 V,磷酸铁锂电池的标称电压为3.2 V,锰酸锂离子电池的标称电压为3.7 V。

3)开路电压

电池在开路条件下的端电压称为开路电压,即电池在没有负载情况下的端电压。

4)工作电压

工作电压也称负载电压,是指电池接通负载后处于放电状态下的端电压。在电池放电初始的工作电压称为初始电压。

5)充电终止电压

蓄电池充足电时,极板上的活性物质已达到饱和状态,再继续充电,电池的电压也不会上升,此时的电压称为充电终止电压。铅酸蓄电池的充电终止电压为2.7~2.8 V,金属氢化物镍蓄电池的充电终止电压为1.5 V,锂离子蓄电池的充电终止电压为4.25 V。

6)放电终止电压

放电终止电压是指电池在一定标准所规定的放电条件下放电时,电池的电压将逐渐降低,当电池再不宜继续放电时,电池的最低工作电压称为放电终止电压。如果电压低于放电终止电压后电池继续放电,电池两端电压会迅速下降,形成深度放电。这样,极板上形成的生成物在正常充电时就不易再恢复,从而影响电池的寿命。放电终止电压和放电率有关,放电电流直接影响放电终止电压。在规定的放电终止电压下,放电电流越大,电池的容量越小。金属氢化物镍蓄电池的放电终止电压为1 V,锂离子蓄电池的放电终止电压为3.0 V。

(2)容量

容量是指完全充电的蓄电池在规定条件下所释放的总的电量,单位为A·h或kA·h,它等于放电电流与放电时间的乘积。单元电池内活性物质的数量决定单元电池含有的电荷量,而活性物质的含量则由电池使用的材料和体积决定，通常电池体积越大，容量越高。电池的容量可以分为额定容量、n 小时率容量、理论容量、实际容量、荷电状态等。

1）额定容量

额定容量是指在室温下完全充电的蓄电池以 $I1$（A）电流放电，达到终止电压时所放出的容量。

2）n 小时率容量

n 小时率容量是指完全充电的蓄电池以 n 小时率放电电流放电，达到规定终止电压时所释放的电量。

3）理论容量

理论容量是把活性物质的质量按法拉第定律计算而得到的最高理论值。为了比较不同系列的电池，常用比容量的概念，即单位体积或单位质量的电池所能给出的理论电量，单位为 A·h/L 或 A·h/kg。

4）实际容量

实际容量也称可用容量，是指蓄电池在一定条件下所能输出的电量，它等于放电电流与放电时间的乘积，其值小于理论容量。实际容量反映了蓄电池实际存储电量的大小，蓄电池容量越大，电动汽车的续驶里程就越远。在使用过程中，电池的实际容量会逐步衰减。国家标准规定，新出厂的电池实际容量大于额定容量值为合格电池。

5）荷电状态

荷电状态（State Of Charge，SOC）是指蓄电池在一定放电倍率下，剩余电量与相同条件下额定容量的比值，反映蓄电池容量变化的特性。SOC = 1 即表示蓄电池为充满状态。随着蓄电池的放电，蓄电池的电荷逐渐减少，此时蓄电池的充电状态可以用 SOC 值的百分数的相对量来表示电池中电荷的变化状态。一般蓄电池放电高效率区为 50% ~ 80% SOC。对蓄电池 SOC 值的估算已成为电池管理的重要环节。

（3）内阻

电池的内阻是指电流流过电池内部时所受到的阻力，一般是蓄电池中电解质、正负极群、隔板等电阻的总和。电池内阻越大，电池自身消耗掉的能量越多，电池的使用效率越低。内阻很大的电池在充电时发热很严重，使电池的温度急剧上升,对电池和充电机的影响都很大。随着电池使用次数的增多,由于电解液的消耗及电池内部化学物质活性的降低,蓄电池的内阻会有不同程度的升高。电池内阻通过专用仪器测量得到。

绝缘电阻是电池端子与电池箱或车体之间的电阻。

(4)能量

电池的能量是指在一定放电制度下,电池所能输出的电能,单位为 W·h 或 kW·h。它影响电动汽车的续驶里程。电池的能量分为总能量、理论能量、实际能量、比能量、能量密度、充电能量、放电能量等。

1)总能量

总能量是指蓄电池在其寿命周期内电能输出的总和。

2)理论能量

理论能量是电池的理论容量与额定电压的乘积,指一定标准所规定的放电条件下,电池所输出的能量。

3)实际能量

实际能量是电池实际容量与平均工作电压的乘积,表示在一定条件下电池所能输出的能量。

4)比能量

比能量也称质量比能量,是指电池单位质量所能输出的电能,单位为 W·h/kg。比能量常用来比较不同的电池系统。

比能量有理论比能量和实际比能量之分。理论比能量是指 1 kg 电池反应物质完全放电时理论上所能输出的能量;实际比能量是指 1 kg 电池反应物质所能输出的实际能量。由于各种因素的影响,电池的实际比能量远小于理论比能量。

电池的比能量是综合性指标,它反映了电池的质量水平。电池的比能量影响电动汽车的整车质量和续驶里程,是评价电动汽车的动力电池是否满足预定的续驶里程的重要指标。

5)能量密度

能量密度也称体积比能量,是指电池单位体积所能输出的电能,单位为 W·h/L。

6)充电能量

充电能量是指通过充电机输入蓄电池的电能。

7)放电能量

放电能量是指蓄电池放电时输出的电能。

(5)功率

电池的功率是指电池在一定的放电制度下,单位时间内所输出能量的大小,单位为W或kW。电池的功率决定了电动汽车的加速性能和爬坡能力。

1)比功率

单位质量电池所能输出的功率称为比功率,也称质量比功率,单位为W/kg或kW/kg。

2)功率密度

从蓄电池的单位质量或单位体积所获取的输出功率称为功率密度,单位为W/kg或W/L。从蓄电池的单位质量所获取的输出功率称为质量功率密度;从蓄电池的单位体积电池所获取的输出功率称为体积功率密度。

(6)输出效率

动力电池作为能量存储器,充电时把电能转化为化学能储存起来,放电时把电能释放出来。在这个可逆的电化学转换过程中,有一定的能量损耗,通常用电池的容量效率和能量效率来表示。影响能量效率的原因是电池存在内阻,它使电池充电电压增加,放电电压下降。内阻的能量损耗以电池发热的形式损耗掉。

(7)自放电率

自放电率是指电池在存放期间容量的下降率,即电池无负荷时自身放电使容量损失的速度,它表示蓄电池搁置后容量变化的特性。自放电率用单位时间容量降低的百分数表示。

(8)放电倍率

电池放电电流的大小常用"放电倍率"表示,即电池的放电倍率用放电时间表示或者说以一定的放电电流放完额定容量所需的小时数来表示。由此可见,放电时间越短,放电倍率越高,则放电电流越大。

放电倍率等于额定容量与放电电流之比。根据大小,放电倍率可分为低倍率(<0.5C)、中倍率(0.5 ~3.5C)、高倍率(3.5 ~7.0C)、超高倍率(>7.0C)。

例如,某电池的额定容量为20 A·h,若用4 A电流放电,则放完20 A·h的额定容量需用5 h,也就是说以5倍率放电,用符号C/5或0.2C表示,为低倍率。

(9)使用寿命

使用寿命是指电池在规定条件下的有效寿命期限。电池发生内部短路或损坏而不能使用,以及容量达不到规范要求时电池使用失效,这时电池的使用寿命终止。

电池的使用寿命包括使用期限和使用周期。使用期限是指电池可供使用的时间,包括电池的存放时间。使用周期是指电池可供重复使用的次数,也称循环寿命。

除此之外,成本也是一个重要的指标。目前,电动汽车发展的瓶颈之一就是电池价格高。

2. 动力电池主要类型

电动汽车用动力电池主要有铅酸蓄电池、金属氢化物镍蓄电池、锂离子蓄电池、锌空气电池、超级电容器等。

3. 动力蓄电池循环寿命测试

蓄电池循环寿命是衡量蓄电池性能的一个重要参数。在一定的充放电制度下,蓄电池容量降至某一规定值之前,蓄电池所能承受的循环次数,称为蓄电池的循环寿命。影响蓄电池循环寿命的因素有电极材料、电解液、隔膜、制造工艺、充放电制度、环境温度等,在进行循环寿命测试时,要严格控制测试条件。

动力蓄电池循环寿命主要分为标准循环寿命和工况循环寿命。标准循环寿命是指测试样品按规定办法进行标准循环寿命测试时,循环次数达到500次时放电容量应不低于初始容量的90%,或者循环次数达到1000次时放电容量应不低于初始容量的80%。工况循环寿命根据电动汽车类型的不同而不同。

第四节 燃料电池汽车

一、概念

汽车工业的迅速发展,推动了全球机械、能源等工业的进步以及经济、交通等方面的发展。但是,汽车在造福人类的同时,也带来了很大的弊端。内燃机汽车造成的污染日益严重,尾气、噪声和热岛效应对环境造成的破坏已经到了必须加以控制和治理的程度。特别在一些人口稠密、交通拥挤的大中城市,情况更为严重。例如在我国上海市,1995 年市中心城区内机动车的 CO、HC、NO 排污负荷分别占该区域内相应的排放总量的 76%、93% 和 44%。如不采取措施,预计到 2020 年,机动车排污负荷将进一步上升到 94%、98% 和 75%。而且,内燃机汽车是以燃烧油料、天然气等宝贵的资源为动力,而这些资源同时又是重要的、不可再生的化工原料,作为燃料直接烧掉是极大的浪费。按照目前的消耗速度,石油、天然气等资源仅仅能再维持数十年的时间。显然,内燃机汽车造成的环境污染以及对资源的消耗,极大地威胁着人类的健康与生存。随着保护环境、节约能源的呼声日益高涨,新一代电动车作为无污染、能源可多样化配置的新型交通工具,引起了人们的普遍关注并得到了极大的发展。电动车以电力驱动,行驶时无排放(或低排放)、噪声低,能量转化效率比内燃机汽车高得多。同时,电动汽车还具有结构简单(可以直接利用电子技术实现传动、显示和控制)、运行费用低等优点,安全性也优于内燃机汽车。

电动车的发明可以追溯到 1834 年,距今已有 185 年历史。在其开发应用过程中,曾经于 19 世纪末在欧美等地区达到一个高潮,但后来由于内燃机汽车有了突破性进展,而电动车始终没有解决电池的比容量、功率及寿命等方面的问题,因此电动车的性能远不及内燃机汽车,最后让内燃机汽车垄断市场。进入 20 世纪 80 年代后,节能与环保问题成为世界各国关注的主要社会问题,电动车项目已经成为许多国家和各大汽车公司的重要发展项目,电动车的研究进入了一个新的发展时期。

新一代电动车是一种综合性的高科技产品,其关键技术包括高度可靠的动力驱动系统、电子技术、新型轻质材料、电池技术、整车优化设计与匹配的系统集成技术等。由于受到每一种单元技术的制约以及人们对这种新生事物的重视程度不够的影响,尽管研制电动车的意义重大,项目开展也经历了数十年,但现在世界上真正能上路的电动车还是有限。目前,电动车存在的主要问题在于价格、续驶里程、动力性能等方面,而这些问题都是与电源技术密切相关的。如燃油汽车一次加油行驶距离可达 500 km 左右,而电动汽车一次充电行驶距离一般不会超过 200 km。因此,电动车实用化的难点仍然在于电源技术,特别是电池(化学电源)技术。电动车用动力蓄电池与一般启动用蓄电池不同,它以较长时间的中等电流持续放电为主,间断大电流放电(用于启动、加速或爬坡)。电动车对电池的基本要求可以归纳为以下几点:高能量密度(高质量比能量、高体积比能量)、高功率密度(高质量比功率、高体积比功率)、较长的循环寿命(充放电循环次数、工作年数多)、较好的充放电性能(快速充放电性能和抗过充、过放能力好)、较好的电池一致性、价格较低、使用维护方便、其他性能较好(如发生交通事故时的安全性能较好)、无环境污染问题(电池生产、使用、报废回收的过程中不能对环境产生不良影响)等等。

因此,根据电动车对电池的几点基本要求可以看出,技术成熟的铅酸电池、金属氢化物镍电池、镉镍电池或锂离子电池等已明显不能适应新一代电动车的要求。究其原因,可以看出虽然其续驶里程已基本能满足市区交通的要求,技术已经逐渐成熟并开始商品化,但尚不能得到大规模地应用。主要的制约因素在于电池本身。首先,有限的贮能不能满足长距离行驶的需要;其次,电池充电时间较长;再次,社会缺乏配套的充电基础设备,使用不便;最后,电池由于生产、销售量不大,甚至还可能造成二次污染,所以不能形成规模效应,使得电动汽车造价较高。虽然各家汽车制造厂商,用了各种补救措施,如混合动力车等,但仍不能做到零排放。因此一些汽车制造厂商致力于第三类电动车——燃料电池电动车的开发研制。燃料电池和普通的化学电源有很大不同,它实际上是一个电化学反应器:燃料不断输入,电能不断输出。其副产物一般是无害的水和二氧化碳。它没有运动的机械部件,工作时很安静;它没有原理上的热机效率的理论限制,实际效率可达 50% ~70%,远高于内燃机,因此被公认为 21 世纪理想的新型能源。

燃料电池(fuel cell)是一种主要通过氧或其他氧化剂进行氧化还原反应,把燃料中的化学能转换成电能的电池。最常见的燃料为氢,一些碳氢化合物天然气(甲烷)有时亦会作为燃料使用。燃料电池汽车有别于原电池,因为需要稳定的氧和燃料来源,以确保其运作供电。燃料电池的化学反应过程不会产生有害产物,因此,燃料汽车也是无污染汽车。从能源的利用和环境保护方面来看,燃料电池汽车是一种理想的车辆。

二、燃料电池汽车的工作原理

燃料电池汽车的燃料电池的基本元件是两个电极夹着一层高分子薄膜作为电解质。阴阳两极,除碳粉外也包含白金粉末,便于加快催化氧化反应。燃料电池汽车的工作原理是,使作为燃料的氢在汽车搭载的燃料电池中,与大气中的氧发生化学反应,从而产生出电能启动电动机,进而驱动汽车。甲醇、天然气和汽油也可以代替氢,不过会产生极度少的二氧化碳和氮氧化合物。总的来说,这类化学反应除了电能就只产生水。因此,燃料电池汽车被称为“地道的环保车”。

独立的燃料电池堆不能应用于汽车,它必须和燃料供给与燃料循环系统、氧化剂供给系统、水/热管理系统和一个能控制各种开关和泵的控制系统组成燃料电池发动机才能对外输出功率,燃料供给和循环系统在提供燃料的同时回收阳极尾气中未反应的燃料。目前最成熟的技术是以纯氢为燃料,系统结构相对简单,仅由氢源、减压阀和循环回路组成。

具体的过程如下:

1. 阳极

氢分子气体输入被制成多孔结构的阳极板,经过质传到达阴极后,在催化下分解反应:

$$H_2 \longrightarrow 2H^+ + 2e^-$$

电子由阳极导向外接电路,形成电流。而氢离子也由阳极端,透过可导离子性质(电子绝缘体)的高分子薄膜电解质,抵达阴极。

2. 阴极

空气输入阴极,氧气分子质传到阴极,与电子及氢离子起电化学反应,而产生水及1.229伏特的电压。反应如下:

$O_2 + 4H^+ + 4e^- \longrightarrow 2H_2O$

3. 燃料电池的基本组成

燃料电池的主要构成组件为：电极（Electrode）、电解质隔膜（Electrolyte Membrane）与集电器（Current Collection）等。

（1）电极

燃料电池的电极是燃料发生氧化反应与还原剂发生还原反应的电化学反应场所，其性能的好坏关键在于触媒的性能、电极的材料与电极的制程等。

电极主要可分为两部分，其一为阳极（Anode），另一为阴极（Cathode），厚度一般为200～500 mm。其结构与一般电池之平板电极的不同之处在于燃料电池的电极为多孔结构。设计成多孔结构，主要是因为燃料电池所使用的燃料及氧化剂大多为气体（例如氧气、氢气等），而气体在电解质中的溶解度并不高，为了提高燃料电池的实际工作电流密度与降低极化作用，故发展出多孔结构的电极，以增加参与反应的电极表面积，而这也是燃料电池当初之所以能从理论研究阶段步入实用化阶段的关键原因之一。

目前高温燃料电池的电极主要以触媒材料制成，例如固态氧化物燃料电池（简称SOFC）的Y203-stabilized-ZrO_2（简称YSZ）及熔融碳酸盐燃料电池（简称MCFC）的氧化镍电极等，而低温燃料电池则主要是由气体扩散层支撑一薄层触媒材料而构成，例如磷酸燃料电池（简称PAFC）与质子交换膜燃料电池（简称PEMFC）的白金电极等。

（2）电解质隔膜

电解质隔膜的主要功能是分隔氧化剂与还原剂，并传导离子，故电解质隔膜越薄越好，但亦需顾及强度。就现阶段的技术而言，其一般厚度在数十毫米至数百毫米。至于电解质隔膜的材质，目前主要朝两个方向发展，其一是先以石棉（Asbestos）膜、碳化硅（SiC）膜、铝酸锂（$LiAlO_3$）膜等绝缘材料制成多孔隔膜，再浸入熔融锂－钾碳酸盐、氢氧化钾与磷酸等中，使其附着在隔膜孔内；另一则是采用全氟磺酸树脂（例如PEMFC）及YSZ（例如SOFC）。

（3）集电器

集电器又称作双极板（Bipolar Plate），具有收集电流、分隔氧化剂与还原剂、疏导反应气体等功用。集电器的性能主要取决于其材料特性、流场设计及加工技术。

燃料电池电动汽车的主要电机有：永磁电机、无刷直流电动机、开关磁阻电机和特种电机。

三、燃料电池的分类

燃料电池主要分为以下几种：

1. 质子交换膜燃料电池(Proton Exchange Membrane Fuel Cell,PEMFC)

该电池的电解质为离子交换膜，薄膜的表面涂有可以加速反应的催化剂(如白金)，其两侧分别供应氢气及氧气。由于PEM燃料电池的唯一液体是水，因此腐蚀性很小，且操作温度为80 ℃～100 ℃，安全上的顾虑较低。其缺点是，作为催化剂的白金价格昂贵。PEMFC是轻型汽车和家庭应用的理想电力能源，它可以替代充电电池。

2. 碱性燃料电池(Alkaline Fuel Cell,AFC)

碱性燃料电池的设计与质子交换膜燃料电池的设计基本相似，但其电解质为稳定的氢氧化钾基质。操作时所需温度并不高，转换效率好，可使用的催化剂种类多且价格便宜，例如银、镍等。但是，在最近各国燃料电池开发中，碱性燃料电池却无法成为主要开发对象，其原因在于电解质必须是液态，燃料也必须是高纯度的氢才可以。目前，这种电池对于商业化应用来说过于昂贵，其主要为空间研究服务，包括为航天飞机提供动力和饮用水。

3. 磷酸型燃料电池(Phosphoric Acid Fuel Cell,PAFC)

因其使用电解质为100%浓度的磷酸而得名。操作温度为150 ℃～220 ℃，因温度高所以废热可回收再利用。其催化剂为白金，因此，同样面临白金价格昂贵的问题。到目前为止，该燃料电池大都使用在大型发电机组上，而且已商业化生产，但是，成本偏高是其未能迅速普及的主要原因。

4. 熔融碳酸盐燃料电池(Molten Carbonate Fuel Cell,MCFC)

其电解质为碳酸锂或碳酸钾等碱性碳酸盐。在电极方面，无论是燃料电极还是空气电极，都使用具有透气性的多孔质镍。该燃料电池操作温度为600 ℃～700 ℃，因温度相当高，致使在常温下呈现白色固体状的碳酸盐熔解为透明液体，废热可回收再利用，其发电效率高达75%～80%。此种燃料电池不需要贵金属当催化剂，适用于中央集中型发电厂，目前在日本和意大利已有应用。

5. 固态氧化物燃料电池(Solid Oxide Fuel Cell,SOFC)

其电解质为氧化锆,因含有少量的氧化钙与氧化钇,稳定度较高,不需要催化剂。一般而言,此种燃料电池操作温度约为1000 ℃,废热可回收再利用。固态氧化物燃料电池对目前所有燃料电池都有的硫污染具有最大的耐受性。由于使用固态的电解质,这种电池比熔融碳酸盐燃料电池更稳定。其效率约为60%,可供工业界用来发电和取暖,同时也具有为车辆提供备用动力的潜力。缺点是构建该种燃料电池的耐高温材料价格昂贵。

6. 直接甲醇燃料电池(Direct Methanol Fuel Cell,DMFC)

直接甲醇燃料电池是质子交换膜燃料电池的一种变种,它直接使用甲醇在阳极转换成二氧化碳和氢,然后如同标准的质子交换膜燃料电池一样,氢再与氧反应。这种电池的工作温度为120 ℃,比标准的质子交换膜燃料电池略高,其效率大约为40%。其使用的技术仍处于研发阶段,但已成功地显示出可以用作移动电话和笔记本电脑的电源。其缺点是当甲醇低温转换为氢和二氧化碳时,要比常规的质子交换膜燃料电池需要更多的白金催化剂。

7. 再生型燃料电池(Regenerative Fuel Cell,RFC)

再生型燃料电池的概念相对较新,但全球已有许多研究小组正在从事这方面的工作。这种电池构建了一个封闭的系统,不需要外部生成氢,而是将燃料电池中生成的水送回到以太阳能为动力的电解池中分解成氢和氧,然后将其送回到燃料电池。目前,这种电池的商业化开发仍有许多问题尚待解决,例如成本、太阳能利用的稳定性等。美国航空航天局(NASA)正在致力于这种电池的研究。

8. 锌—空燃料电池(Zinc-air Fuel Cell,ZAFC)

利用锌和空气在电解质中的化学反应产生电。锌—空燃料电池的最大好处是能量高。与其他燃料电池相比,同样的重量,锌—空电池可以运行更长的时间。另外,地球上丰富的锌资源使锌—空电池的原材料很便宜。它可用于电动汽车、消费电子和军事领域,前景广阔。目前Metallic Power和Power Zinc公司正在致力于锌—空燃料电池的研究和商业化。

9. 质子陶瓷燃料电池(Protonic Ceramic Fuel Cell,PCFC)

这种新型燃料电池的机理是:在高温下,陶瓷电解材料具有很高的质子导电率。Protonetics International Inc. 正在致力于这种电池的研究。

第五节 太阳能汽车

太阳能汽车是一种靠太阳能来驱动的汽车。相比传统热机驱动的汽车，太阳能汽车是真正的零排放。正因为其环保的特点，太阳能汽车被诸多国家提倡，太阳能汽车产业的发展也日益蓬勃。

从某种意义上讲，太阳能汽车也是电动汽车的一种，所不同的是电动汽车的蓄电池靠工业电网充电，而太阳能汽车用的是太阳能电池。太阳能汽车使用太阳能电池把光能转化成电能，电能会在蓄电池中存起备用，用来推动汽车的电动机。由于太阳能车不用燃烧化石燃料，因此不会放出有害物。据估计，如果由太阳能汽车取代燃汽车辆，每辆汽车的二氧化碳排放量可减少43% ~54%。

在太阳能汽车上装有密密麻麻像蜂窝一样的装置，它就是太阳能电池板。太阳能电池依据所用半导体材料不同，通常分为硅电池、硫化镉电池、砷化镓电池等，其中最常用的是硅太阳能电池。在阳光下，太阳能光伏电池板采集阳光，并产生人们通用的电流。这种能量被蓄电池储存并为以后旅行提供动力，或者直接提供给发动机也可以边开边蓄电。能量通过发动机控制器带动车轮运动，推动太阳能汽车前进，而且由于没有内燃机，太阳能电动车在行驶时听不到燃油汽车内燃机的轰鸣声。

到目前为止，太阳能在汽车上的应用技术主要有两个方面：一是作为驱动力；二是用作汽车辅助设备的能源。

完全用太阳能为驱动力代替传统燃油，这种太阳能汽车与传统的汽车不论在外观还是运行原理上都有很大的不同。太阳能汽车已经没有发动机、底盘、驱动、变速箱等构件，而是由电池板、储电器和电机组成，利用贴在车体外表的太阳能电池板，将太阳能直接转换成电能，再通过电能的消耗驱动车辆行驶，车的行驶快慢只要控制输入电机的电流就可以解决。目前，此类太阳能车的车速最高能达到100 km/h以上，而无太阳光最大续行能力也在100 km左右。

太阳能和其他能量混合驱动汽车相比，太阳能辐射强度较弱，光伏电池板造价昂贵,加之蓄电池容量和天气的限制,使得完全靠太阳能驱动的汽车的实用性受到极大的限制,不利于推广。复合能源汽车外观与传统汽车相似,只是在车表面加装了部分太阳能吸收装置,比如车顶电池板用于给蓄电池充电或直接作为动力源。这种汽车既有汽油发动机,又有电动机,汽油发动机驱动前轮,蓄电池给电动机供电驱动后轮。电动机用于低速行驶。当车速达到某一速度以后,汽油发动机启动,电动机脱离驱动轴,汽车便像普通汽车一样行驶。

实用型的太阳能汽车主要有两种:一是与比赛用车相近的专用车身上装载的5~7平方米电池和3~5千瓦·时的蓄电池的汽车;二是在轻型且结构紧凑的专用车身上装载的2~3平方米的太阳能电池和5~9千瓦·时的蓄电池汽车。

另外,还有一种实用型太阳能汽车,就是将市场上出售的小型乘用车改造后的电动汽车上装载1.5~2平方米的太阳能电池和14~18千瓦·时的蓄电池的车。实用型太阳能车上的车载蓄电池,除应对天气变化,还起到在太阳能电池电力不足时,配合太阳能电池一同工作的作用。

第七章　节　　能

节能，就是尽可能地减少能源消耗量，生产出与原来同样数量、同样质量的产品；或者是以原来同样数量的能源消耗量，生产出比原来数量更多或数量相等、质量更好的产品。

节能就是应用技术上现实可靠、经济上可行合理、环境和社会都可以接受的方法，有效地利用能源，提高用能设备或工艺的能量利用效率。

第一节　节能措施

由于能源紧张，随着节能工作进一步开展，各种新型、节能先进炉型日趋完善，且采用新型耐火纤维等优质保温材料后，使得炉窑散热损失明显下降。采用先进的燃烧装置强化了燃烧，降低了不完全燃烧量，空燃比也趋于合理。然而，降低排烟热损失和回收烟气余热的技术仍在快速发展。为了进一步提高窑炉的热效率，达到节能降耗的目的，回收烟气余热也是一项重要的节能途径。

烟气余热回收途径通常采用两种方法：一种是预热工件；二种是预热空气进行助燃。烟气预热工件需占用较大的体积进行热交换，往往受到作业场地的限制（间歇使用的炉窑还无法采用此种方法）。预热空气助燃是一种较好的方法，一般配置在加热炉上，也可强化燃烧，加快炉子的升温速度，提高炉子热工性能。这样既能满足工艺的要求，又可获得显著的综合节能效果。

此外，国内从20世纪50年代开始，在工业炉窑上采用预热空气的预热器，其中主要形式为管式、圆筒辐射式和铸铁块状等形式换热器，但交换效率较低。20世纪80年代，国内先后研制了喷流式、喷流辐射式、复合式等换热器，主要解决中低温的余热回收，在100 ℃以下烟气余热回收中取得了显著的效果，提高了换热效率。但在高温下，换热器仍因材质所限、使用寿命低、维修工作量大、固造价昂贵等原因影响推广使用。

21 世纪初，河南省巩义市终于研制出了荣华陶瓷换热器。其生产工艺与窑具的生产工艺基本相同，导热性与抗氧化性能是材料的主要应用性能。它的原理是把陶瓷换热器放置在烟道出口较近、温度较高的地方，不需要掺冷风及高温保护，当窑炉温度为 1250 ℃ ~ 1450 ℃时，烟道出口的温度应是 1000 ℃ ~ 1300 ℃，陶瓷换热器回收余热可达到 450 ℃ ~ 750 ℃，将回收到的热空气送进窑炉与燃气形成混合气进行燃烧，可节约能源 35% ~ 55%，这样直接降低生产成本，增加经济效益。

换热器在金属换热器的使用局限下得到了很好的发展，因为它较好地解决了耐腐蚀、耐高温等课题，成为回收高温余热的最佳换热器。多年生产实践表明，陶瓷换热器效果很好。它的主要优点是：导热性能好，高温强度高，抗氧化、抗热震性能好，寿命长，维修量小，性能可靠稳定，操作简便，是目前回收高温烟气余热的最佳装置。

陶瓷换热器可以用于冶金、有色金属、耐火材料、化工、建材等行业主要热工窑炉，为世界节能减排事业做出了巨大的贡献。

1. EET 高效流体节能技术

EET 高效流体节能技术（Energy Efficient Technology），专业全称“EET · 流体输送最佳运行工况检测纠偏技术与 EET 高效节能设备”。

节能原理：针对工矿企业流体介质输送普遍存在“大流量、低效率、高能耗”的状况，按最佳工况运行原则，“EET 高效流体节能技术”建立专业水力数学模型和参数采集标准，利用精密的仪器和先进的检测技术，检测复核系统当运行的工况参数和相关的设备参数，分析判断系统存在高能耗的原因，准确找到设备与流体输送相匹配的最佳工况点，并提出相应技改方案。

通过整改不利因素，按最佳运行工况参数量身定做“EET 高节能泵”，替换目前处于不利工况、低效率运行的水泵，消除因系统配置不合理引起的高能耗，并安装相应自动控制系统，降低因负荷变化较大引起的高能耗，从而提高输送效率，标本兼治，达到最佳节能效果。

2. 电效管理系统（3EM-PR）节能技术

电效管理系统（3EM-PR）节能技术，传统的设备是使用风门板、阀门等来控制鼓风机、补水泵、循环泵等设备的流量,设计时通常按照最大出力需求来考虑,而实际应用时,负荷往往受工艺需求变化而变化,这就使得大多数场合造成了“大马拉小车”的情况,带来了不必要的浪费。

通过 AC - DC - AC 拓扑变换,将三相交流整流出平滑的直流电压,再运用 PWM 控制算法,把直流电压逆变为可控的交流电压。根据负载需求,运用 Asina Net 独有节能控制软件,自动计算最理想的控制曲线,输出对应的功率,满足负载的运行。

3. 节能立法

为了推动全社会节约能源,提高能源利用效率,保护和改善环境,促进经济社会全面协调可持续发展,2007 年 10 月中华人民共和国全国人民代表大会常务委员会修订通过了《中华人民共和国节约能源法》。该法对节能管理、能源的合理使用、节能技术进步、节能的激励措施及有关法律责任等都做了规定。

“节能”即节约能源的简称。“节约能源法”界定:“节能”是指加强用能管理,采取技术上可行、经济上合理以及环境和社会可以承受的措施,从能源生产到消费的各个环节,降低消耗、减少损失和污染物排放、制止浪费,有效、合理地利用能源。

国家备案节能服务公司是根据《财政部、国家发展改革委关于印发〈合同能源管理财政奖励资金管理暂行办法〉的通知》(财建[2010]249 号)和《财政部办公厅、国家发展和改革委员会办公厅关于合同能源管理财政奖励资金需求及节能服务公司审核备案有关事项的通知》(财办建[2010]60 号)要求,国家发展改革委、财政部组织对地方上报的节能服务公司进行了评审。截至 2019 年 8 月,发改委已经审核通过了五批国家备案节能服务公司,在中国节能在线网可具体查询。

4. 节能显示器

说到节能,我们就不能忽略显示器的功耗问题。显示器的功耗取决于背光光源的选择。

背光光源的功耗直接决定了 LCD 的功耗,传统的 CCFL 背光灯的缺点就是功耗比较大,而解决这一部分的最佳选择就是采用 LED(发光二极管)背光。LED 背光源非常节电。其功耗要比 CCFL 冷阴极背光灯更低一些。LED 内部驱动电压远低于 CCFL，功耗和安全性均好于 CCFL（CCFL 交流电压要求相对较高，启动时达到 1500 ~ 1600 Vac，然后稳定至 700 或 800 Vac），而 LED 只需要在 12 ~ 24 Vdc 或更低的电压下就能工作。另外，虽然 CCFL 的发光效率并不比 LED 逊色，但是由于 CCFL 是散射光，在发光过程中浪费了大量的光，这样一来，反而显得 LED 光的效率更高。由于效率更高，可以减少使用 LED 灯的数量，其设计可以更加合理，也减少了露光的麻烦。

如今我们用的一般是液晶显示器。常规的 LCD 液晶显示器一般功耗在 35 W左右，而华硕则将 MS 系列 LED 的最大功耗控制在 30 W 以内，20 英寸（50.8 cm）的 MS208D 更是将最大开机功耗降低至 25 W，它们在待机时的功耗更是低至 1 W。对于开机时间较长的用户来说，如此低的功耗着实能为他们节省很多后期使用成本。

5. 变频节能

变频器节能主要表现在风机、水泵的应用上。

为了保证生产的可靠性，各种生产机械在设计配用动力驱动时，都留有一定的富余量。当电机不能在满负荷下运行时，除达到动力驱动要求，多余的力矩增加了有功功率的消耗，造成电能的浪费。风机、泵类等设备传统的调速方法是通过调节入口或出口的挡板、阀门开度来调节给风量和给水量，其输入功率大，且大量的能源消耗在挡板、阀门的截流过程中。当使用变频调速时，如果流量要求减小，通过降低泵或风机的转速即可满足要求。一般风机、水泵类负载消耗能量和转速的立方成正比，具体可以通过 VarSuv 节能计算器得出。一般经验数值节能比例可以达到 30% ~50%。

6. 补偿节能

无功功率不但增加线损和设备的发热，更主要的是功率因数的降低导致电网有功功率的降低，大量的无功电能消耗在线路当中，设备使用效率低下，浪费严重，使用变频调速装置后，由于变频器内部滤波电容的作用，从而减少了无功损耗，增加了电网的有功功率。

7. 软启节能

电机硬启动对电网造成严重的冲击，而且还会对电网容量要求过高，启动时产生的大电流和震动时对挡板和阀门的损害极大，对设备、管路的使用寿命极为不利。而使用变频节能装置后，利用变频器的软启动功能将使启动电流从零开始，最大值也不超过额定电流，减轻了对电网的冲击和对供电容量的要求，延长了设备和阀门的使用寿命，节省了设备的维护费用。从理论上讲，变频器可以用在所有带有电动机的机械设备中，电动机在启动时，电流会比额定高 5 ~ 6 倍，不但会影响电机的使用寿命而且会消耗较多的电量。系统在设计时在电机选型上会留有一定的余量，电机的速度是固定不变的，但在实际使用过程中，有时要以较低或者较高的速度运行，因此进行变频改造是非常有必要的。变频器可实现电机软启动、补偿功率因素、通过改变设备输入电压频率达到节能调速的目的，而且能给设备提供过流、过压、过载等保护功能。

第二节　政策奖励

从财政部获悉，为加快产业结构调整升级，提高经济增长质量，深入推进节能减排，根据国务院有关规定，中央财政将继续采取专项转移支付方式对经济欠发达地区淘汰落后产能工作给予奖励。

为加强财政资金管理，提高资金使用效益，财政部、工业和信息化部、国家能源局早在 2011 年就联合下发了《关于印发〈淘汰落后产能中央财政奖励资金管理办法〉的通知》，明确中央财政将继续安排专项资金，对经济欠发达地区淘汰落后产能工作给予奖励。

三部门明确，该管理办法适用的行业为国务院有关文件规定的电力、炼铁、炼钢、焦炭、电石、铁合金、电解铝、水泥、平板玻璃、造纸、酒精、味精、柠檬酸、铜冶炼、铅冶炼、锌冶炼、制革、印染、化纤以及涉及重金属污染的行业。

参 考 资 料

[1]魏双燕、谢刚.《能源概论》. 沈阳:东北大学出版社,2007.

[2]中国现代国际关系研究院经济安全研究中心.《全球能源大棋局》. 北京:时事出版社,2005.

[3]王革华、田雅林、袁婧婷.《能源与可持续发展》. 北京:化学工业出版社,2005.

[4]斯·日兹宁.《国际能源政治与外交》. 上海:华东师范大学出版社,2005.